大都市营造系列丛书

设计赋能 集成营造

上海新城规划设计创新实践

Innovative Practice of Planning and Designing of Five New Comprehensive Node Cities in Shanghai

上海市规划和自然资源局 编著

上海文化出版社

编写团队

主　　编：臧　玥

副 主 编：赖　峰　龚柳青　唐　松

编写人员：（按姓氏拼音排序）

蔡丽艳　岑　敏　陈海云　程　蓉　东　阳　董　艺　杜　安　戈壁青　刘晓嫣　吕蓝天　吕永鹏　毛烨琪　邱喜兰　王瑾瑾　魏晓雨　夏熠琳　徐　玮　杨国淑　杨　雷　赵　磊　钟晓华

参　　编：（按姓氏拼音排序）

陈瑞鑫　程　成　冯洁露　黄麟舒　欧　冉　钱明辉　孙　宇　王　婧　许　蓉　袁安君　翟伟琴　张颖倩　周建东　周绍波

著作权人　上海市规划和自然资源局

参编单位

上海市嘉定区人民政府

上海市青浦区人民政府

上海市松江区人民政府

上海市奉贤区人民政府

中国(上海)自由贸易试验区临港新片区管理委员会

同济大学

上海市城市规划设计研究院

上海市规划编审中心

上海同济城市规划设计研究院有限公司

同济大学建筑设计研究院(集团)有限公司

上海现代建筑规划设计研究院有限公司

华建数创(上海)科技有限公司

上海市政工程设计研究总院(集团)有限公司

上海市园林设计研究总院有限公司

上海市隧道工程轨道交通设计研究院

上海市建筑科学研究院有限公司

序

新城是集中体现上海城市总体空间发展的重要载体。上海多轮的城市总体规划都立足构建多中心结构体系以发展新城、优化布局、提升节点效应。新城发展经历不断探索、创新和演变的过程，其定位也从最初城市外围工业卫星城到郊区中心城镇，再到如今“独立的综合性节点城市”。今天的上海，已经是世界级超大城市，拥有近 2500 万人口。从上海自身发展的角度来看，这样一个超大规模、高密度的国际大都市,必须要走一条多中心、网络化发展的路径。落实实施《上海市城市总体规划（2017—2035 年）》，推动新城向更加独立的综合性节点城市目标迈进，无疑是必由之路。从国家和长三角区域视角来看，上海的竞争力在于长三角，在于以上海为中心的大都市圈。上海行政辖区范围实质上也是一个由中心城区和外围若干核心城区所组合形成的城市群。所谓综合性，是指这些新城应拥有能够自我支撑的高水平公共服务体系，有相对完整的、强大的产业链，具备完整的城市功能。所谓节点城市，是指这些新城理应在区域空间网络中发挥不可或缺的作用，在全国乃至全球经济网络中发挥重要作用。只有这样的新城定位，才能真正发挥上海中心城区与外围若干综合性节点城市共同形成的超大规模、超高能级的上海大都市圈的核心圈效应。

在新城规划建设过程中，我们需要认识到，城市发展的根本目的是为人提供更好的生存空间。今天的新城要真正成为一座“独立的综合性节点城市”，必须坚持“以人为本”，让城市空间更有“人的尺度”。令人欣喜的是，上海近年来始终坚持“以人民为中心”的理念，特别是市规划资源局通过开展一系列高水平的城市设计和公共建筑、绿地景观方案征集，以及同步推进的形式多样的公众参与活动通过设计赋能，持续优化五个新城的空间环境品质、提升公共服务功能,真正地把新城这一张张规划蓝图变成“施工图”，也让我们有理由相信不远的将来会在五个新城呈现出一幅幅亮眼的“实景画”。这些富有创新性和探索性的成果都集中体现在这本《设计赋能　集成营造：上海新城规划设计创新实践》的书中。书中展现的这些规划设计成果有助于让新城成为令人向往的城市，让生活在新城的每一个人都能产生强烈的幸福感。这也正是 2010 年上海世博会“城市，让生活更美好”的主题在新城的映射。在书中呈现的新城规划蓝图中，新城的建设发展不仅仅满足于基本的“配套”服务设施，而且更加强调如何为新城市民提供更为便利丰富和更多选择的公共服务，更可达和更生态的绿色开放空间，比上海中心城区更加便捷的公共交通体系。通过高水平的设计营造新城“窄马路、密路网”的空间模式，让城市的街道能够吸引人们餐后散步、休闲购物，充满生活气息，这样的城市才更有温度。此书也在传递一个重要的信息，新城的规划建设不是在白纸上画画，而是必须要对原有的历史文化、固有的生态底色给予足够的尊重。上海郊区是上海地方文化的重要源头，有着丰富的历史遗存和原生的自然生态水系地貌，他们是新城赖以发展的基础。在规划中也要给予小心翼翼地保护，让我们的新城有根有源。

本书不仅是对“十四五”上海新城规划建设工作的阶段性回顾，更是对新时代上海推进超大城市高质量发展一个生动篇章的小结，相信对中国乃至国际上更多未来城市建设发展的探索具有很好的启发意义。这条讲述中国发展上海故事的叙事逻辑，最早见于近八十年前金经昌、李德华等规划前辈在大上海计划中谋划的大都市规划蓝图。而今，来自全国各地乃至世界各国的规划团队，为上海的新城建设共绘蓝图，致力于将上海新城规划这一未来城市图景的实践探索向全球推广。我们有理由相信，一代又一代规划人的梦想，在不久的将来真正成为美好的现实画卷。

伍江
同济大学建筑与城市规划学院教授
上海市城市规划学会理事长

2024 年 8 月 1 日

深入学习贯彻党的二十届三中全会和习近平总书记考察上海重要讲话精神，按照十二届市委五次全会部署，上海正以钉钉子精神抓好各项重大改革开放任务的落地落实，在推进中国式现代化中充分发挥龙头带动和示范引领作用。在市委、市政府的坚强领导下，上海市规划资源局深入推进和落实全面深化改革，坚持“一张蓝图绘到底、干到底”，以扎实落地的行动举措创新谋划规划资源领域全面深化改革的总体部署和落地实施。

2023 年 10 月 18 日，市委、市政府主要领导实地调研新城规划建设并召开推进会，指出“五个新城”建设是深入学习贯彻习近平总书记考察上海重要讲话精神的重要部署，是完善城市化发展战略的重要决策。要在实践中不断深化对新城建设的认识，起而行之、奋发有为推动新城建设加快上台阶、上水平，真正成为希望之城、未来之城。贯彻落实市委、市政府的决策部署，上海市规划资源局会同嘉定、青浦、松江、奉贤区人民政府和临港新片区管委会，秉承“世界眼光、国际标准、中国特色、高点定位”，践行“人民城市”重要理念，完整、准确、全面贯彻新发展理念，把新城规划设计、功能优化提升与历史文脉传承、生态环境保护紧密结合起来，进一步摸清家底、做强特色、凸显亮点，增强示范项目的显示度和引领性，持续推进五个新城“规划蓝图”高质量地转化为“施工图”“实景画”。三年多来，我们以五个新城为示范样本，在工作中注重以“设计赋能”推动城市空间品质提升，以“集成营造”打开深化改革的工作局面，这也是编撰成书的初心。本书通过六个篇章系统性总结近年来上海新城规划建设工作的创新探索，以鲜活的设计实践展现新理念、新方法、新标准、新项目如何在嘉定、青浦、松江、奉贤、南汇五座新城落地生根；同时梳理提炼“新城之新、在于创新”导向下的“设计赋能,集成营造”的创新工作模式,如何通过空间规划、城市设计、建筑与景观营造，有效促进新城规划建设品质的持续提升。本书中所涉及的所有项目方案均为规划及前期阶段设计成果，后续实施过程中根据具体情况可能有所调整。

第 1 章“顶层设计，集成营造”，展示围绕独立的综合性节点城市总体目标，上海新城规划建设工作搭建起“1+6+5”的总体框架，以及集中推进的十大专项行动。梳理回顾“十四五”以来上海新城规划建设的重要工作历程,介绍以“高水平规划、高品质建设、高效能治理”为导向的五个新城总体城市设计成果。

第 2 章“五城十区，示范引领”，反映为体现新城规划建设的集聚度和显示度、强化核心区域能级提升与示范引领，上海市规划资源局会同五个新城所在区的区政府和管委会，高质量完成新城范围内十个示范样板区的城市设计与控制性详细规划的编制工作,以全面落实“最具活力”“最便利”“最生态”“最具特色”的发展导向。

第 3 章“人民城市，设计赋能”，主要以 2022—2023 年五个新城 25 个公共建筑及景观项目征集活动的设计成果为载体，展示如何汇聚国内外高水平设计力量，推动新城公共服务设施高质量建设的全过程，以设计赋能全面提升新城的生态景观空间、教育医疗空间、社区服务空间品质，并积极回应人民群众日益增长的提升生活品质的内在需求。

第 4 章“生态之城，绿环熠彩”，展现 2023 年五个新城绿环国际竞赛征集方案、专项规划及实施方案和“大师园和云桥驿站”的部分优秀作品。五个新城所在区政府和管委会邀请国内外 25 位设计大师，通过协同联创的方式在新城绿环打造精品力作,围绕“整田、育林、理水、塑形、配套服务、公共艺术”等方面进行详细方案设计,塑造新城绿色发展新典范。

第 5 章“创新之城，提质增效”，汇集伴随新城规划建设全过程的专项评估的丰富成果。包括“新城可持续发展指数”暨“上海指数”在新城的创新主题应用,以及五个新城在安全韧性建设、生态景观建设、绿色低碳建设、地下空间综合开发利用及数字化转型等五个专项领域的实施推进亮点、特色，以此来展示五个新城近年来具有示范性的创新实践案例。

第 6 章“公众参与，共同缔造”，整理围绕新城绿环和公共建筑方案征集等工作过程中开展的多项人民建议征集内容。新城规划建设工作始终坚持“以人民为中心”的宗旨，问需于民，问计于民。国内 7 所高校围绕新城公共建筑方案征集联合开展“设计共创、美好未来”高校联合课程设计的成果也得以一窥全豹。

“五个新城”建设实施三年来，全市各方面共同努力，推动新城框架基本形成、重大功能加快导入，一批教育、医疗、文化、体育设施加快建设,一批交通、住房、生态、产业重点项目加快推进，宜居、宜业水平不断提高，城市面貌发生新变化，增长极作用初步显现。一幅幅令人向往的未来之城美好生活场景正徐徐展开。谨以此书向所有参与和关心支持此项工作的领导、专家、单位、个人以及社会各界表示诚挚的感谢!

编者

2024 年 8 月

目录

南通
沿江廊道
海门
启东
苏
省
常熟
城桥
江
苏
省
太仓
沪宁廊道
昆山
嘉定新城
宝山
虹桥枢纽
主城区
青浦新城
虹桥商务区
浦东枢纽
张江科学城
长三角生态绿色
一体化发展示范区
松江新城
沪杭廊道
上海自贸区
临港新片区
奉贤新城
南汇新
浙
嘉善
嘉兴
金山
沿湾廊道
浙
江
省
杭
州
湾

新城之新

01

系统谋划 集成营造

围绕《上海市城市总体规划（2017—2035 年）》（以下简称“上海 2035”总体规划）实施“新城发力”战略，立足长三角一体化发展格局，加快新城向独立的综合性节点城市目标发力，按照“产城融合、功能完备、职住平衡、生态宜居、交通便利、治理高效”的总要求，持续推进五个新城规划建设。

本章着眼于五个新城规划建设的总体框架，阐述了上海新城规划建设工作的背景与意义、新城发力的顶层设计，并回顾上海新城规划建设与发展的历程，解读新城规划建设导则和五个新城城市设计方案。

1.1 总体工作框架

1.1.1 背景意义

“上海 2035”总体规划明确，将位于重要区域廊道上、发展基础较好的嘉定、松江、青浦、奉贤、南汇等五个新城，培育成在长三角城市群中具有辐射带动作用的综合性节点城市。

1. 响应国家城市化发展导向要求

2020 年 4 月，习近平总书记在中央财经委员会第七次会议上提出了完善城市化战略，推动大城市多中心、郊区化发展的重大战略命题。要建设一批产城融合、职住平衡、生态宜居、交通便利的郊区新城，推动多中心、郊区化发展，逐步解决中心城区人口和功能过密问题。2022 年 10 月，中国共产党第二十次全国代表大会上的报告提出，要加快构建新发展格局，着力推动高质量发展。报告指出，坚持人民城市人民建、人民城市为人民，提高城市规划、建设、治理水平，加快转变超大特大城市发展方式，实施城市更新行动，加强城市基础设施建设，打造宜居、韧性、智慧城市。2024 年 7 月，中国共产党第二十届中央委员会第三次全体会议提出，健全推进新型城镇化体制机制。构建产业升级、人口聚集、城镇发展良性互动机制。

2021 年，上海市人民政府发布《上海市国民经济和社会发展第十四个五年规划和二〇三五年远景目标纲要》，提出大力实施新城发展战略，承接主城核心功能，按照产城融合、功能完备、职住平衡、生态宜居、交通便利的新一轮新城建设要求，践行现代城市建设理念，加快创业创新人才集聚，夯实产业和科技基础，加快提升交通枢纽能级，完善公共服务配套，打造长三角城市群中具有辐射带动作用的独立综合性节点城市。

2. 贯彻落实长三角一体化发展战略

2018 年 11 月 5 日，习近平总书记在首届中国国际进口博览会上宣布，支持长三角一体化发展并上升为国家战略。2023 年 11 月 30 日，习近平总书记主持召开深入推进长三角一体化发展座谈会，强调推动长三角一体化发展取得新的重大突破，在中国式现代化中走在前列，更好发挥先行探路、引领示范、辐射带动作用。

“上海 2035”总体规划指出，要发挥上海在“一带一路”建设和长江经济带发展中的先导作用，强化上海对于长三角城市群的引领作用，进一步加强长三角城市群、长江流域城市的协同发展，形成区域合力，共同代表国家参与国际竞争。在城市功能上，充分发挥新城优化空间、集聚人口、带动周边地区发展的作用，承载部分全球城市职能，培育区域辐射、服务功能。在空间结构上，延续和优化城乡体系空间布局，形成由“主城区—新城—新市镇—乡村”组成的城乡体系。

3. 开辟“十四五”市域空间发展新格局

为深入贯彻新发展理念，推进超大城市和城市群协调发展，中国共产党上海市第十一届委员会第十次全体会议明确提出了“中心辐射、两翼齐飞、新城发力、南北转型”的市域空间新格局。“中心辐射”就是重点聚焦“五个中心”建设，加快提升主城区核心功能能级和对外辐射能力。“两翼齐飞”就是以东部的临港新片区和张江科学城、西部的虹桥商务区和长三角生态绿色一体化发展示范区为核心，聚焦国家战略落地，加快推进东西两翼国家战略承载区的高质量建设。“新城发力”就是要加快新城向独立的综合性节点城市目标发力。按照“产城融合、功能完备、职住平衡、生态宜居、交通便利、治理高效”的要求，推进五个新城规划建设。“南北转型”就是聚焦区域联动、产业升级、科技创新等领域，加快推进南北两侧金山、宝山地区转型升级。

在“十四五”市域空间新格局中，五个新城规划建设是重要着力点和发力点。赋予五个新城新的定位，就是要建设“独立的综合性节点城市”。“独立”是指五个新城不再是以往卫星城和郊区新城的定位，而是要集聚 100 万左右常住人口，形成功能完备、能够自给自足的独立城市功能，既包括产业、交通、居住、公共服务等基本功能，也要突显各新城的特色功能。“综合”是强调二三产业融合发展，居住与交通、就业、公共服务、生态等功能联动、空间统筹，实现产城融合、职住平衡，同时要形成良好的人居环境品质；“节点”是指新城要构筑区域辐射的综合交通枢纽，在长三角区域城市网络中的能级和地位要进一步提升，成为全市经济发展的重要增长极和上海服务辐射长三角的战略支撑点。

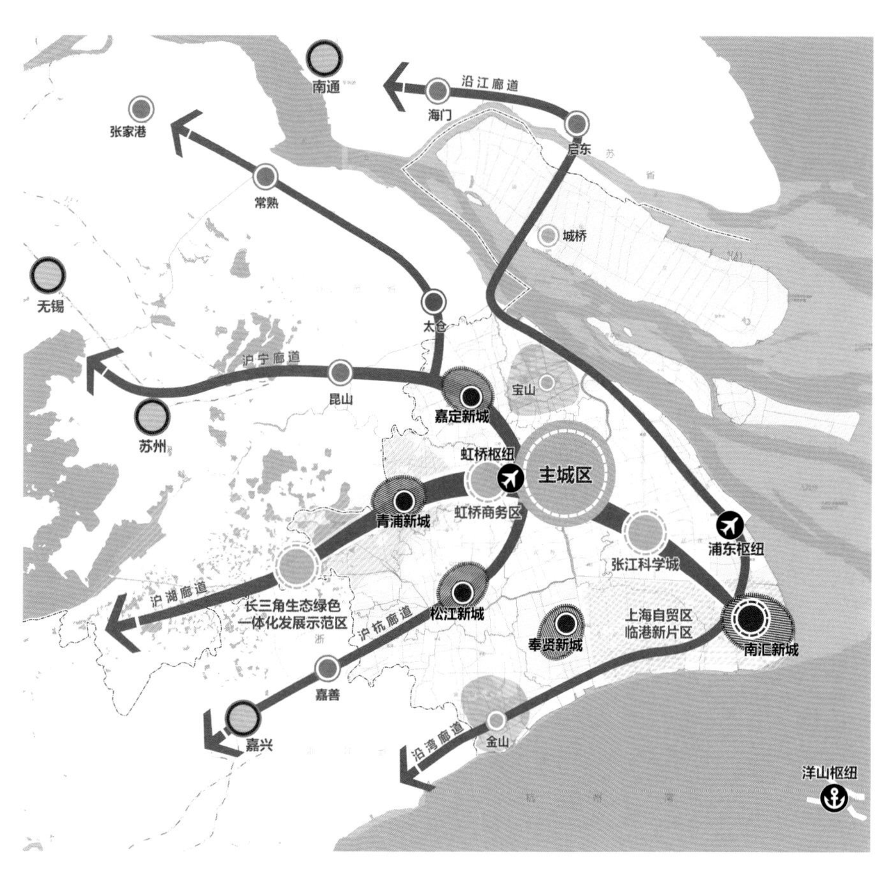

“十四五”上海市域空间新格局示意图

1.1.2 系统谋划

2020 年 9 月 22 日，上海市政府成立了由龚正市长任组长的市新城规划建设推进协调领导小组，下设领导小组办公室。市区共同按照“1+6+5”的总体框架，全力推进新城规划建设工作。

“1”起到统领作用，由上海市政府印发的《关于本市“十四五”加快推进新城规划建设工作的实施意见》（沪府规〔2021〕2 号，以下简称《实施意见》），是“十四五”期间指导新城规划建设的核心文件。

“6”发挥辅助作用，围绕政策、综合交通、产业发展、空间品质、公共服务、环境品质和新基建等方面制定六个重点领域专项工作文件。

“5”是落实主体责任，由各新城所在区、管委会牵头制定五个新城《“十四五”规划建设行动方案》。

“1+6+5”文件均于 2021 年初正式印发。依照“1+6+5”政策文件框架，并按照“全新的发展定位、全新的理念运用、全新的系统设计和对既往城市建设实践的全面超越”的导向，明确了“十四五”新城规划建设的总体目标要求。

1. 指导思想

以习近平新时代中国特色社会主义思想为指导，全面贯彻党的十九大和十九届二中、三中、四中、五中全会精神，牢固树立和贯彻创新、协调、绿色、开放、共享的新发展理念，全面落实构建“双循环”新发展格局要求，坚持从社会全面进步和人的全面发展出发，以“上海 2035”总体规划为引领，着眼于谋划超大城市整体战略布局和城乡空间新格局，按照独立的综合性节点城市定位，统筹新城发展的经济需要、生活需要、生态需要、安全需要，将新城建设成为引领高品质生活的未来之城，全市经济发展的重要增长极，推进人民城市建设的创新实践区、城市数字化转型的示范区和上海服务辐射长三角的战略支撑点。

2. 基本原则

坚持高点定位，落实新发展要求

按照产城融合、功能完备、职住平衡、生态宜居、交通便利、治理高效的要求，将新城建设成为“最现代”“最生态”“最便利”“最具活力”“最具特色”的独立综合性节点城市。在习近平生态文明思想和总体国家安全观指导下，推进新城规划、建设、管理，面向未来打造宜居城市、韧性城市、智能城市。

坚持以人民为中心，落实人民城市理念

重点关注人居品质提升，在公共服务设施覆盖、交通和市政基础设施提升、历史文化传承、生态环境治理、城市特色空间营造等方面创新突破，优先推进显示度高、获得感明显的重大民生项目。创新治理方式，提升新城科学化、精细化、智能化管理水平。

坚持改革创新，增强系统观念

破除制约新城发展的体制机制障碍，通过管理创新、体制创新，持续增强新城发展动力和活力，推进高质量发展、创造高品质生活、实现高效能治理。统筹好整体和局部、当前和长远、发展和安全、形态和功能、战略突破和整体推进的关系，坚持生态环境、基础设施和重大社会事业项目建设先行，坚持新城建设与城市管理并重，坚持新城发展与乡村振兴同步。

坚持因地制宜，形成发展合力

遵循城市发展规律，结合新城自然禀赋、现实基础和发展条件，在服务国家战略和上海发展全局中找准定位和比较优势，聚焦重点地区建设和重大项目带动，有序推进新城规划建设。强化“以区为主、市区联动”的工作机制，形成推进新城规划建设的工作合力。

3. 建设目标

到 2035 年，五个新城基本建成长三角地区具有辐射带动作用的综合性节点城市。

到 2025 年，五个新城基本形成独立的城市功能，在长三角城市网络中初步具备综合性节点城市的地位。具体表现为：

城市产业能级大幅提升

高起点布局先进制造业和现代服务业，高浓度集聚各类创新要素，实现新增一批千亿级产业集群，新城中心初步具备上海城市副中心的功能能级，新城成为上海产业高质量发展的增长极、“五型经济”的重要承载区和产城融合发展的示范标杆。

公共服务品质显著提高

拥有一批服务新城、辐射区域、特色明显的教育、医疗、文化、体育等高能级设施和优质资源，形成保障有力的多样化住房供应体系，基本实现普惠性公共服务优质均衡布局，15 分钟社区生活圈功能更加完备。

交通枢纽地位初步确立

形成支撑“30、45、60”出行目标的综合交通体系基本框架，即 30 分钟实现内部通勤及联系周边中心镇，45 分钟到达近沪城市、中心城和相邻新城，60 分钟衔接国际级枢纽。

人居环境质量不断优化。

形成优于中心城的蓝绿交织、开放贯通的“大生态”格局，骨干河道两侧和主要湖泊周边基本实现公共空间贯通，率先确立绿色低碳、数字智慧、安全韧性的空间治理新模式，新城精细化管理水平和现代化治理能力全面提升。

1.1.3 发展历程

1. 新城发展历程

上海的新城总体上经历了“卫星城—郊区新城—综合性节点城市”的定位演变。《关于上海城市总体规划的初步意见（1959 年）》提出“有计划地发展卫星城”；《上海市城市总体规划方案（1986 年）》继续明确要“充实和发展卫星城”；《上海市城市总体规划（1999 年—2020 年）》首次提出新城建设的任务；“上海 2035”总体规划明确了嘉定、青浦、松江、奉贤、南汇五个新城，并将它们定位为长三角城市群中具有辐射带动能力的综合性节点城市。2019 年以来上海市政府陆续批复的各区总规又进一步对新城的功能定位、人口规模、空间布局、交通组织等内容进行了细化和落实。

从卫星城到郊区新城

《大上海都市计划》（1946 年）提出“有机疏散”、发展卫星城设想，规划范围涉及浙江和江苏。《关于上海城市总体规划的初步意见》（1959 年）中规划了 17 个卫星城，目的是疏解市中心区的工业和人口，调整全市工业和人口布局。《上海市城市总体规划方案（1986 年）》延续中心城功能疏解思路，提出卫星城建设要形成一个比较完善的生产和生活环境，规划缩减卫星城的数量至 7 个。《上海市城市总体规划（1999 年—2020 年）》按照“构建反磁力中心”定位，在全国率先提出建设新城，定位为相对独立、功能完善、各具特色的中等规模城市，共规划 11 个新城。不同于以往卫星城，新城是具有综合功能的中等规模城市，并且和地方政府事权相对应，具有更强的自主性。“十一五”时期，上海进一步明确了市域“1966”城乡规划体系框架，规划建设 9 个新城。

独立的综合性节点城市

立足长三角视野，上海主城区已经扮演着类似伦敦、纽约在各自城市群和都市圈中的角色，发挥着引领长三角世界级城市群和上海大都市圈发展的核心城市作用。相应地，各新城也应跳出“中心城 + 郊区”的传统二元空间模式，和苏州市区、嘉兴市区、昆山市、太仓市等近沪城市一样，在全球城市区域网络中发挥综合性节点城市的作用。因此，“上海 2035”总体规划将位于重要区域廊道上、发展基础较好的嘉定、松江、青浦、奉贤、南汇等新城培育成在长三角城市群中具有辐射带动作用的综合性节点城市，并举全市之力推动新城发展，全面承接全球城市核心功能。

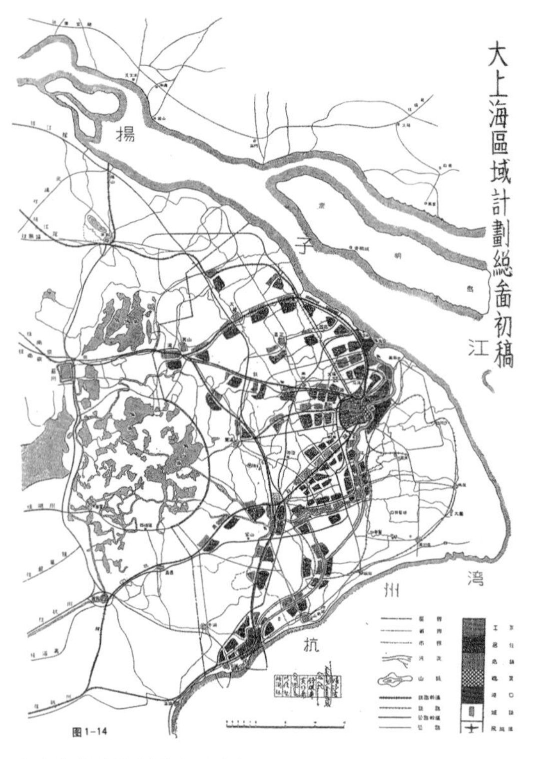

大上海都市计划（1946 年）

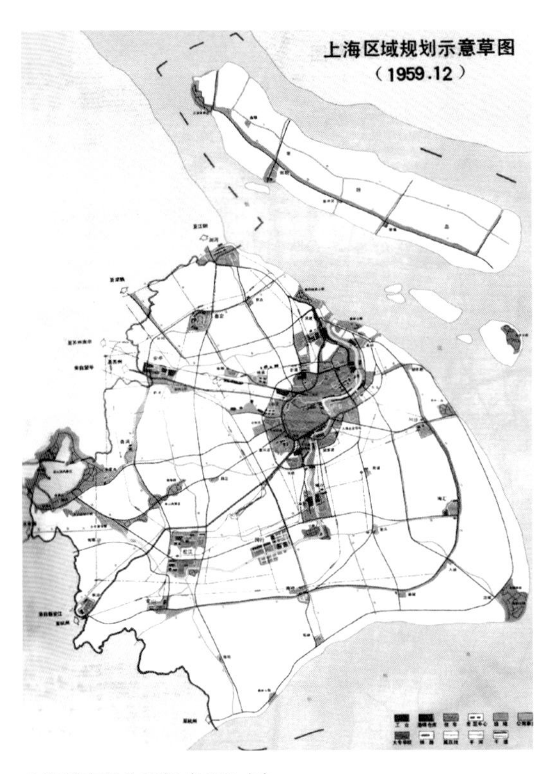

上海城市总体规划（1959 年）

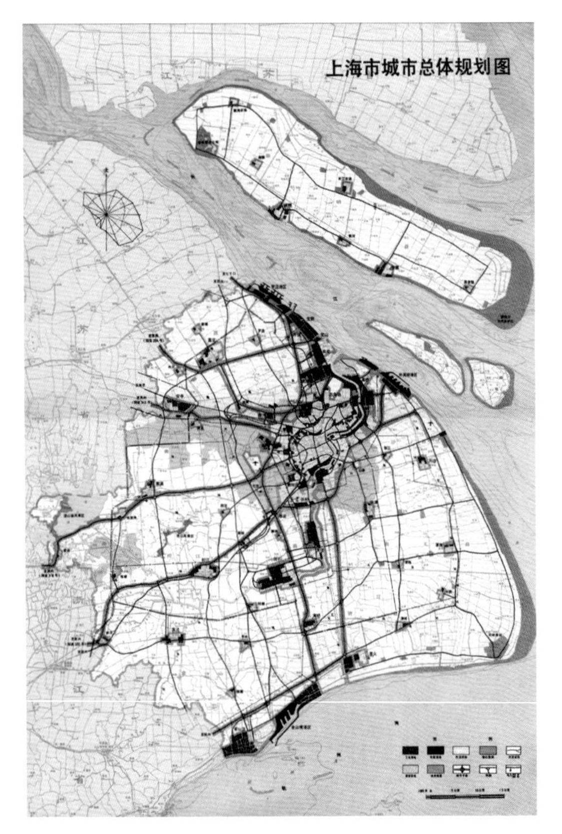

上海市城市总体规划方案（1986 年）

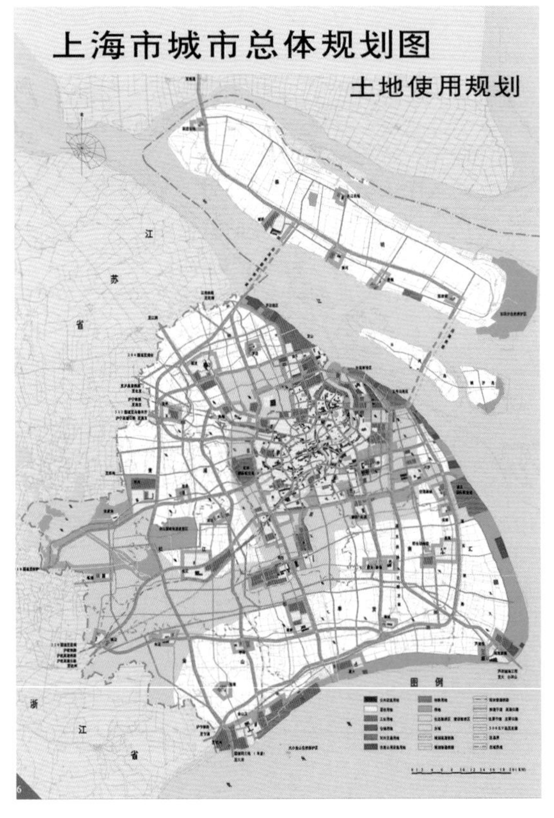

上海市城市总体规划（1999-2020）

2.“十四五”期间新城规划建设

2020 年——谋篇布局

“十四五”新城规划建设从 2020 年启动。2020 年 8 月，上海市委、市政府结合全市“十四五”规划编制，谋划市域空间新格局。落实中央要“建设一批产城融合、职住平衡、生态宜居、交通便利的郊区新城”的要求，明确了“把推进新城高水平建设作为上海‘十四五’规划战略命题来谋划”的决策部署。同年 9 月，上海市政府成立了由市主要领导任组长，常务副市长和分管副市长任副组长的上海市新城规划建设推进协调领导小组。11 月 25 日，中国共产党上海市第十一届委员会第十次全体会议明确“十四五”发展主要目标，提出加快形成“中心辐射、两翼齐飞、新城发力、南北转型”的市域空间新格局，按照独立的综合性节点城市定位推进五个新城建设。

2021 年——夯基垒台

2021 年全面推进新城规划建设工作，搭建新城发力的“四梁八柱”，规划和政策框架基本完善。2021 年 2 月 18 日，市委、市政府主要领导实地调研五个新城建设并主持召开座谈会，推动五个新城建设重大战略任务加快落地落实。2 月 23 日，上海市政府印发《关于本市“十四五”加快推进新城规划建设工作的实施意见》及系列文件，明确“1+6+5”的总体政策框架。3 月 1 日，召开全市“十四五”新城规划建设推进大会。会议强调，五个新城要建成引领高品质生活的未来之城、全市经济发展的重要增长极、推进人民城市建设的创新实践区、上海服务辐射长三角的战略支撑点。3 月 19 日，上海市政府举行新闻发布会，介绍《关于本市“十四五”加快推进新城规划建设工作的实施意见》相关情况并详细解读五个新城规划建设蓝图。4 月，五个新城“一城一名园”品牌对外发布，擦亮“新城”“名园”发展新名片，打造各具特色的五个新城产业发展新高地。6 月 28 日，嘉闵线、2 号线西延伸等 17 个重大工程集中开工，全面构建五个新城综合交通体系。9 月，嘉定、青浦、松江、奉贤、南汇五个新城总体城市设计成果印发。10 月 15 日，五个新城一批医疗、教育、保障房、交通、生态环境等民生领域重大工程集中开工。12 月 16 日，上海市委全面深化改革委员会第十二次会议听取五个新城规划建设情况及改革举措的汇报，要求五个新城建设要因城施策，以高端产业吸引人，以完善配套留住人，让人们在新城感受更美好的生活。

2022 年——乘势而上

2022 年聚焦 10 大专项行动和 10 个示范样板区，全面推进新城建设实施。2022 年 1 月 6 日，2022 年度五个新城首批重大项目集中开工（签约）仪式举行，标志着上海“新城发力”工作从规划政策设计转入大规模开发建设实施阶段。1 月 24 日，上海市新城规划建设推进协调领导小组会议召开并印发《2022 年上海市新城规划建设实施行动方案》，明确“1-5-10-10”工作框架（即 1 份全市新城规划建设实施行动方案，5 个新城各自的实施行动方案，10 大专项行动，10 个示范样板区）。7 月 6 日，上海举行 2022 年“潮涌浦江·重大功能性事项导入新城”发布活动，共导入 25 个重大功能性事项，推动企业总部、研发创新、要素平台、公共服务等功能向新城集聚。上海市政府办公厅同步印发《关于推动向新城导入功能的实施方案》。7 月 25 日，上海市政府召开 2022 年上海市新城规划建设年中工作调度会议，总结上半年新城规划建设工作进展，调度部署下半年工作。截止至 8 月底，“集聚全球智慧，擘画新城绿环未来图景”——新城绿环概念规划国际方案征集和上海市新城公共建筑方案征集顺利收官。10 月至 12 月，以“设计赋能 · 未来之城”为主题的 2022 上海新城设计展在上海城市规划展示馆举办，集中展示了“新城发力”战略实施以来多项优秀设计成果。

展览期间同步举办“人民城市 · 未来之城”“设计赋能 · 油墩璀璨”等专题论坛。截至12月，五个新城的十个示范样板区的城市设计与控制性详细规划全部获批。

2023年——全面发力

2023年新城工作进入加快实物性工作量和推进全面开发建设的攻坚阶段。2023年1月31日上海市新城规划建设推进协调领导小组会议召开，总结2022年度新城规划建设工作成效，全面动员部署2023年工作。会议指出五个新城建设已进入全面发力、功能提升的关键时期，要聚焦重点，持续推进建设“四个一”，即一城一中心、一城一名园、一城一枢纽、一城一绿环。2月，“践行人民城市理念，打造新时代绿色发展新标杆”，上海新城绿环专项规划获批并对外发布。6月，“设计赋能新城品质，集成营造美好生活”，2023年上海新城公共建筑及景观项目设计方案征集、人民众创、高校联创活动顺利收官。7月12日，2023年度上海市新城规划建设年中工作现场调度会召开，会议要求要进一步抓推进、促落实，跑出加速度，形成实物工作量。7月25日，2023年度重大功能性事项导入新城发布活动举行，共发布30个重大事项，紧扣“数量有增加、类型有拓展、能级有提升”的总体要求，助力新城发展综合能级进一步提升，持续推进功能导入项目实施落地。8月，上海新城绿环启动段实施方案编制完成，进入全面建设实施阶段。10月18日，市委、市政府主要领导实地调研新城规划建设并召开推进会，要求在实践中不断深化对新城建设的认识，起而行之、奋发有为，推动新城建设加快上台阶、上水平，真正成为希望之城、未来之城。

1.1.4 专项行动

自2022年起，聚焦“新城之新，在于创新”的基本导向，围绕功能集聚和产业提升、交通和生态筑底、民生服务保障、新理念落地实施四个方面，集中推进功能导入、产业发力、交通引导、蓝网绿脉、住有所居、公共服务提升、15分钟社区生活圈、数字化转型、绿色低碳和安全韧性等十个专项行动，涵盖36项重点任务。全市各委办局联合新城所在区的区政府和管委会，以行动为平台、以项目为抓手，形成贯穿规划、建设、管理全过程的实质性工作成果。两年来，向新城导入功能的实施机制构建取得突破性进展，规划编制、项目清单梳理、政策制定等工作完成节点目标，支撑绿色低碳、公园城市、数字化转型等各领域发展的一批新导则、新规划陆续出台，一批重大项目陆续开工签约，全面推动五个新城社会经济发展。

1. 持续推进功能集聚和产业发展

功能导入行动

整合全市优势资源向新城集聚，形成五个新城各具标识和特色优势的综合功能。重点引导各类功能向新城中心集聚，强化集约紧凑发展，推动新城中心成为功能综合、特色突出的城市副中心。2022年7月5日，上海市政府办公厅印发《关于推动向新城导入功能的实施方案》（沪府办发〔2022〕13号），明确建立向新城导入功能专项工作市级统筹协调机制。聚焦企业总部、研发创新、要素平台、公共服务等四大功能，确定了“十四五”期间70项拟向新城导入功能的事项清单，并于2022年和2023年先后发布了第一批25项、第二批30项功能导入事项清单。

产业发力行动

聚焦“强链、补链、固链”，加快高能级产业项目导入，推动“十四五”末在五个新城形成一批千亿级产业集群，产业规模实现大幅跃升。围绕嘉定新城国际汽车智慧城、青浦新城长三角数字干线、松江新城G60科创走廊、奉贤新城东方美谷、南汇新城数联智造，打造各具优势、特色鲜明的“一城一名园”品牌。2021—2023年，五个新城所在区（管委会）规模以上工业产值总额5.2万亿元左右，占全市比重约43.4%。

2. 筑牢交通体系和生态格局

交通引导行动

完善五个新城独立的综合性节点城市交通体系，建设内外衔接、站城一体的对外综合交通枢纽，整合高速铁路城际线、市域线、市区线等交通系统，形成与长三角近沪城市、中心城及相邻新城多向高效联系的网络化格局，推动实现“30、45、60”出行目标。两年来，推进新城枢纽、重要交通廊道等重大基础设施建设，松江枢纽、青浦新城枢纽、嘉定东枢纽等加快建设；嘉闵线、15号线南延伸、南枫线、示范区线等轨道交通市域线，以及大芦线东延伸、油墩港等航道整治项目已开工建设。

蓝网绿脉行动

充分发挥五个新城独特的生态禀赋，优化河、湖、林、田生态基底，打造优于中心城的蓝绿交织、开放贯通的大生态格局，将自然引入新城，将新城融入自然，实现步行5分钟进公园、20分钟进林带、1小时进森林的目标。加强新城内部蓝绿骨干网络与周边山水、河湖、林地、耕地等融合渗透，推进新城绿环建设，实现骨干河道两侧公共空间100%贯通，构建“区域公园—城市公园—地区公园—社区公园”四级便民公园绿地系统。2022年，组织完成五个新城绿环概念规划国际方案征集。2023年，基本完成新城绿环专项规划编制，推进约62公里绿环先行启动段建设。

3. 加大住房和优质公共服务资源保障

住有所居行动

以住有所居、安居宜居为目标，在五个新城强化职住平衡、租购并举、配套完善的住宅发展导向。围绕新城集聚百万人口目标，保障新城住宅总规模，优化新城住宅供给，提供特色化的高品质商品住宅、创业社区和国际社区等多样化居住产品，轨道交通站点600米范围内新建住宅以租赁房为主。加快建立多主体供给、多渠道保障、租购并举的住房制度，有序推进保障性租赁住房建设、旧住房更新改造、大型居住社区配套设施建设等工作。2021—2023年，五个新城累计建设筹措保障性租赁住房6.7万套（间），供应2.7万套（间）。

公共服务提升行动

为提升五个新城辐射服务能级，加大高品质公共服务资源倾斜，推进优质教育、医疗、文化、体育、养老等公共服务资源在新城布局。按照优于中心城的建设标准和品质要求，完善社区级公共服务配置，提升新城公共服务均衡水平，聚焦新城重点地区形成覆盖全年龄段人口、优质完备的公共服务体系。截止至2023年底，在新城布局的5家市级三甲综合性医院已全部实现开工；新开工中小学和幼儿园100余所，其中已竣工60余所；推动一批高等级文化体育设施如南汇新城临港水上运动中心、落英缤纷文化中心等建设，举办各类演展活动140余场。

15 分钟社区生活圈行动

坚持以人民为中心，在五个新城围绕“宜居、宜业、宜游、宜学、宜养”的目标愿景，聚焦“补短板、消盲区、提品质”全面开展“15 分钟社区生活圈”行动。重点建设一批示范性街镇，推动新城社区品质和治理水平得到显著提升。发挥党建在基层治理的引领作用，筑牢社区公共安全底线，破解“老、小、旧、远”民生难题，聚焦公共资源和服务共享，提升生活品质。目前五个新城已制定并实施《关于上海“十四五”全面推进“15 分钟社区生活圈”行动的指导意见》，落实五个新城推进 15 分钟社区生活圈工作的目标和主要任务。

4. 打造优良人居环境和高质量基础设施

数字化转型行动

立足于服务全市发挥“四大功能”和建设“五个中心”大局，在五个新城因地制宜探索“一城一特”的数字化转型发展路径，加快构建新城数据驱动的数字城市基本框架，在数据、经济、生活、治理等重要领域，率先打造一批具有引领性的数字化重点项目，推动新城成为全市数字化转型的先行者、排头兵和样板区。2022 年 8 月，市经济信息化委、市规划资源局和市住房城乡建设管理委联合印发《上海市新城数字化转型规划建设导引》（沪经信推〔2022〕474 号），截止至 2023 年年底，加速建设五个新城数字化转型示范区。夯实新城数字底座和信息基础设施，研究编制新城信息基础设施专业规划和 BIM 技术区域级应用技术导则。

绿色低碳行动

在五个新城落实“低碳城市”理念，聚焦能源利用、绿色建筑建造、低碳出行、空间布局形态、高碳汇公共环境、市政基础设施以及智慧管理系统等七个方向，推进绿色低碳试点区和新能源基础设施建设，探索绿色低碳规划建设管理的新路径，推动新城在全市“双碳”行动中发挥示范效应。2022 年 2 月，市住房城乡建设管理委印发《新城绿色低碳试点区建设导则（试行）》（沪建综规〔2022〕119 号）。截止至 2023 年年底，五个新城完成南汇新城临港顶尖科学家社区、南汇新城临港新片区滴水湖金融湾、嘉定新城远香湖中央活动区等 3 个绿色生态城区试点创建。

安全韧性行动

落实“韧性城市”理念要求，完善新城基础设施规划建设，“十四五”期末，五个新城建成区 40% 以上的面积达到海绵城市建设目标要求，35% 左右面积达到 3—5 年一遇排水能力，完成一批高品质饮用水示范工程建设。两年来，已完成五个新城所在区海绵城市专项规划编制，重点推进建筑与小区、公园与绿地、道路与广场、河道与水务等各类型海绵城市项目。加快推进新城综合管廊建设，持续推进南汇新城高品质饮用水试点项目建设。

1.2 新城规划设计导则

按照“1+6+5”新城规划建设总体政策框架，上海市规划资源局以总体城市设计研究为技术支撑，组织编制了《上海市新城规划建设导则》，展现“十四五”上海城市规划建设的最新理念和导向，指导五个新城高水平规划、高品质建设和高标准运营管理。

该导则立足当下，展望未来，以人为核心，将“迈向最现代的未来之城”作为新城规划建设的目标愿景。未来的新城，工作与生活更加融合、服务与交通更加智能、城市与自然更加和谐、人文与个性更加彰显。以此作为统领性要求，进一步演绎形成更有活力、更为便利、更加生态、更具特色等四个分目标，并对应四方面的发展策略。

1.2.1 最具活力——打造汇聚共享的城市

城市产业能级和综合功能是决定其辐射力和活力的重要基础。上海新城建设应强化以功能产业支撑人口集聚，以公共服务保障人口集聚，以街区活力吸引人口集聚，使更多的优秀人才将新城作为入沪就业、生活的首选地，将新城的平均人口密度标准确定为 1.2 万人 / 平方公里。

打造功能聚核、产城融合的繁荣都市。各新城加快构建与城市副中心能级相匹配的新城中心，加强商务办公、总部经济、文化娱乐等功能融合，注入高能级公共服务资源，就业密度达到 8 万人 / 平方公里。积极推进产业社区向综合城区转变。提供特色化、多样化的住宅类型，增加国际社区等高品质住宅，轨道交通站点周边 600 米范围内新建住宅以租赁房为主。

塑造人性化空间，打造活力街区。突出小街区、密路网、高密度，公共中心地区街坊规模宜控制在 2 公顷左右。强化界面整体连续、开放复合，推进地块内部空间对外开放，鼓励沿街建筑底层引入多样复合的功能业态，打造连续流动、精致宜人的公共空间。结合公共活动中心，率先建设无车步行的友好街区、24 小时全时段运营的公共活动集聚区等，突出示范引领作用。

加强地下空间综合利用，建设立体城市，分层管控分类利用。对于综合交通枢纽、新城中心和轨道交通站点等重点地区，开展整体性规划建设，提高地下空间联通度，强化景观设计，形成环境友好、功能复合、富有活力的地下“花园”。

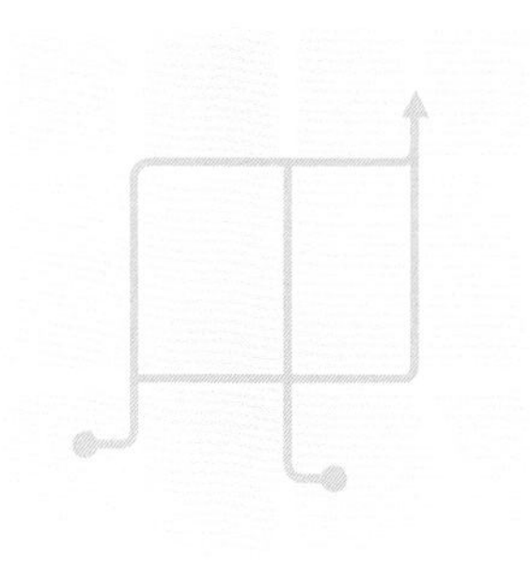

大街坊、疏路网

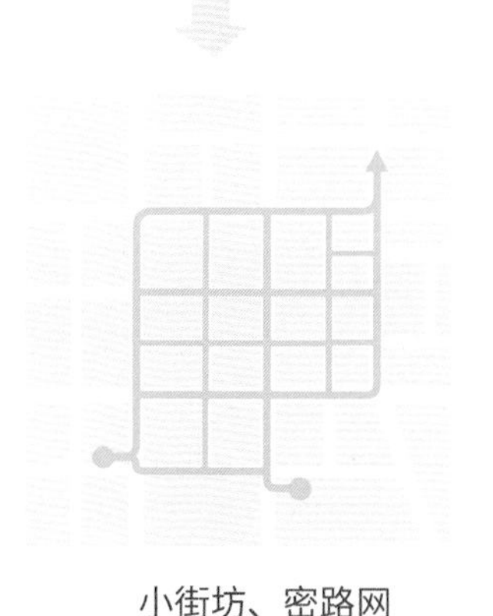

小街坊、密路网

小街区、密路网示意图

下沉广场
屋顶花园
地下共享空间
空中连廊
空中花园

开放互联的活力街区示意图

1.2.2 最便利——打造高效智能的城市

新技术革命必将会对未来生活方式、城市空间格局等产生深远影响。上海新城应注重推动整个社区功能复合和各类服务功能下沉延伸来提升城市韧性，以科技赋能公共服务和智慧出行场景来提高新城便利性，全面满足市民从物质、安全、归属到学习、交往、创造等各个层面的需求。

强化公共交通支撑，营造更方便优质的出行体验。强化对外便捷、对内便利的交通系统，按照“内外快速链接”“站城功能一体”的理念建设对外综合交通枢纽，构建以轨道交通（含局域线）为主的新城公共交通体系，建立高品质、立体化、覆盖全域的慢行交通系统，密度达到 10 公里 / 平方公里以上，兼顾骑行和步行要求，串联新城主要功能节点，打造安全高效的智慧出行场景。

做优基本公共服务功能，满足多元化需求。推进基本公共服务更贴近市民，将街坊作为构建 15 分钟社区生活圈的空间细胞，鼓励结合生活路径对服务设施进行混合布局，促进设施功能复合，确保市民就近就能享受更多的便民性服务。应对未来生活方式的变化，加强设施的空间规划预留和功能弹性兼容，建议将社区级公共服务设施建筑量在现有标准基础上提高 15%。

系统推进实施新基建，数字赋能建设“智慧新城”。加快 5G 等新型基础设施建设，促进新技术的应用，打造智慧出行、智慧物流、智能社区等，并以智能化管理推动新城数字化转型。同时，在设施建设上强化功能集成、空间集约和设计美感。

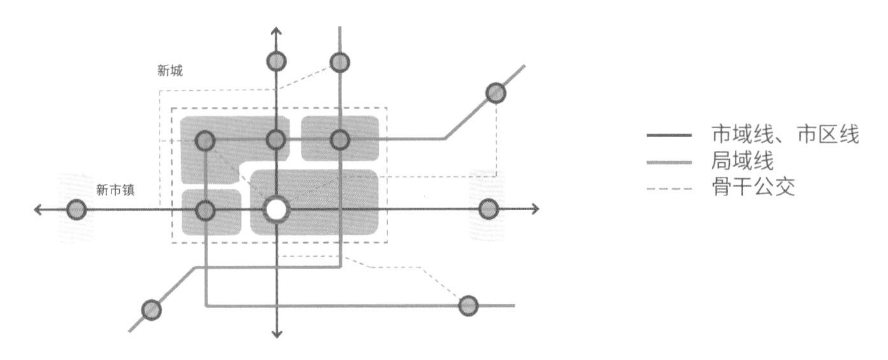

公共交通网络示意图

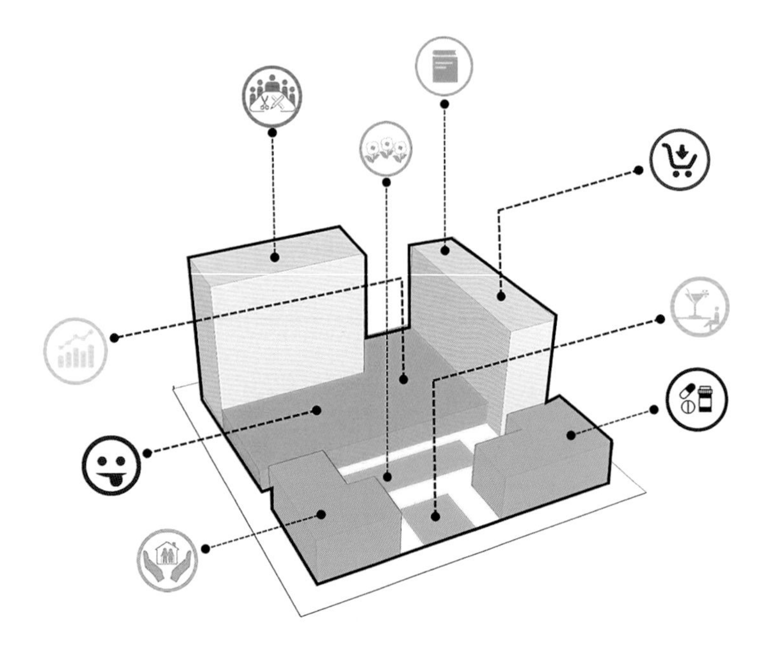

社区公共服务设施集中设置示意图

1.2.3 最生态——打造低碳韧性的城市

在生态文明背景下，必须把生态和安全放在更加突出的位置，打造韧性城市、低碳城市。上海新城应当率先成为全市低碳韧性发展的示范区，构建绿色、安全、有韧性的空间新格局。

夯实生态屏障，突显生态优势。锚固生态空间，强化组团嵌套，突出绿廊贯通，彰显“一园一湖”“城水相依”等生态特色，将自然引入新城，将新城融入自然，形成覆盖新城全域，以蓝网绿道为骨架的公共开放空间体系，实现 5 分钟步行可达。

构建安全韧性、弹性适应的城市空间格局。合理预留应急避难场所、方舱医院等应急空间，强化社区作为城市防灾减灾的前沿阵地。推广分布式能源系统建设，增强生命线系统的抗冲击和快速恢复能力，实现风险事件的事前—事中—事后管理，提高基础设施韧性。落实海绵城市建设要求，构建低影响开发雨水系统，新城年径流总量控制率为 70%。

建设绿色低碳城区。推进老城区有机更新，鼓励既有建筑节能、节水以及智能化改造，并由点到面，实现整个街区的绿色化、低碳化改造。新建城区按照绿色低碳城区标准建设，加强沿河沿路“绿化毛细血管”建设，推进公共建筑立体绿化建设，促进清洁能源和分布式能源的应用，实现绿色建筑完全达标。

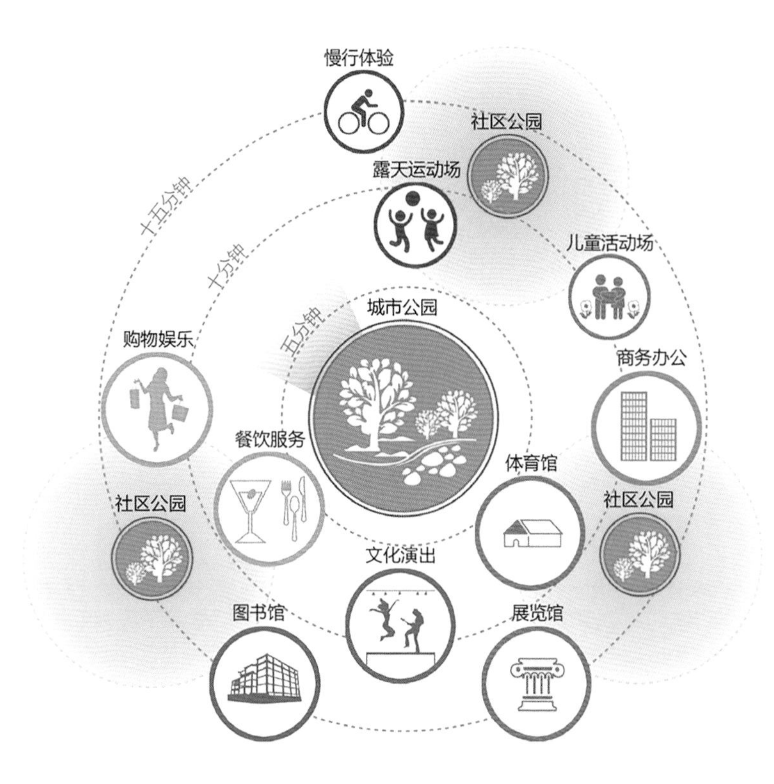

新城生态休闲空间示意图

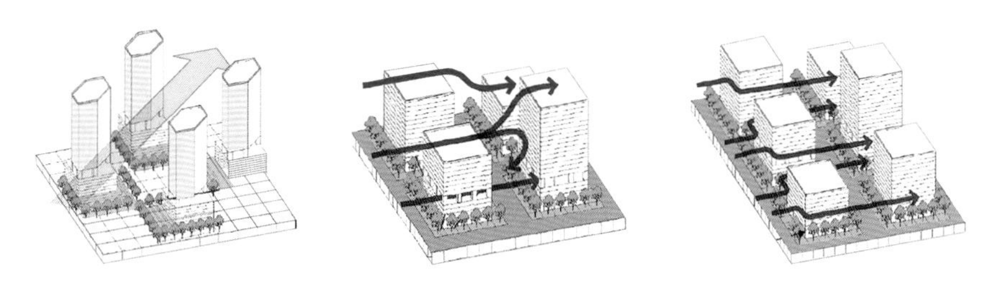

绿色街区通风廊道示意图

1.2.4 最具特色——打造个性魅力的城市

特色是城市保持独特性的关键，也是区别于其他城市的个性特征和内在特质。纵观各新城，不同的地理位置、自然环境和历史演变过程，都造就了不同的城市底蕴，形成不可替代的文化价值。上海新城应强化整体意象和空间形象，彰显独特、丰富、多样而又融合的文化特色，进一步突出空间个性魅力。

打造“一城一意象”的城市名片。强化新城特色，塑造新城气质，以“临港海湖韵”“奉贤贤者地”“松江上海根”“青浦江南风”“嘉定教化城”为主题形成具有个性的新城名片，并通过打造轴线清晰、节点有序的空间结构，形成疏密有致的城市肌理，加强整体协调的高度管控，构建视景丰富、视点可达、视廊通透的眺望系统，创造独特的城市意象。

塑造疏密有致、尺度宜人的整体空间格局。合理确定基准高度，老城区和新建城区宜分别控制在 24 米和 50 米。打造具有集中度和显示度的高层地标簇群，南汇新城地标建筑按照全市高度序列第二层级、480 米控制，其余新城按照第三层级、330 米控制。每处高层地标簇群宜结合新城中心和轨道交通站点布局，由 1~2 栋高层建筑和 3~4 栋烘托建筑构成，与背景建筑共同塑造韵律起伏、层次分明的城市天际线，形成视景丰富、视点可达、视廊通透的眺望系统。

突出历史保护，彰显文化特色。充分挖掘新城历史文化内涵，延续历史肌理格局，注重历史建筑和街区保护，灵活嵌入公共服务设施、绿地和开放空间，促进功能活化。强化公共艺术培育，打造高品质艺术化空间，提升文化魅力。

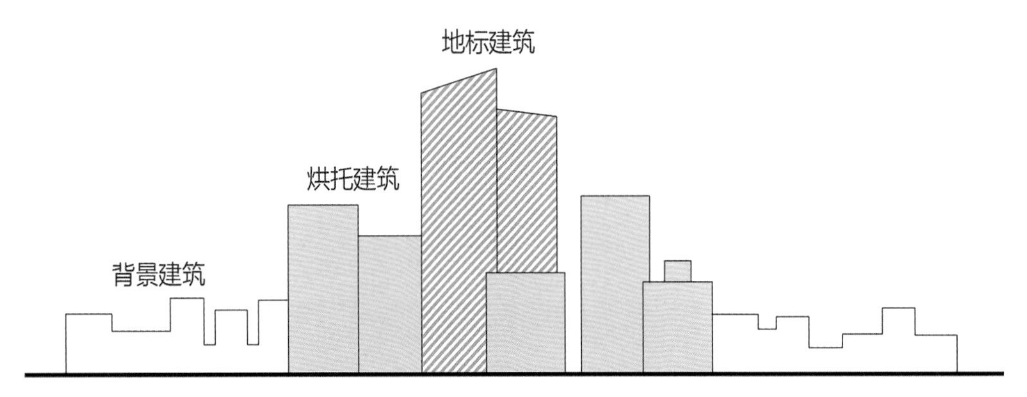

新城高层地标天际线示意图

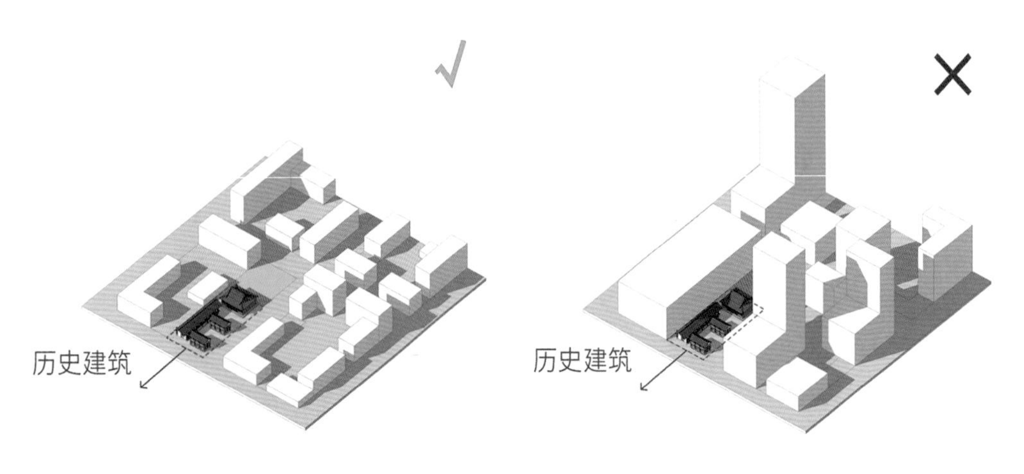

历史建筑保护与开发示意图

1.3 总体城市设计

为更高标准和更好水平地将新城规划建设成为引领高品质生活的未来之城，2021 年 3 月起，上海市规划资源局会同所在区的区政府和管委会，组织开展了五个新城总体城市设计。工作定位上，深入实践“人民城市”重要理念，充分落实市委、市政府对新城规划建设提出的“全新的发展定位、全新的理念运用、全新的系统设计和对既往城市建设实践的全面超越”的工作要求，以世界眼光和国际标准，贯彻新发展理念。工作过程中，全面汲取优秀设计团队的集体智慧，邀请新城核心专家全程指导把关，组织开展人民建议征集，以全方位共同参与的工作格局，对新城既有规划进行再审视和再优化，确保“十四五”新城高质量规划建设。具体内容和特色包括以下几方面：

一是坚持系统研究和整体谋划，按照独立的综合性节点城市目标，做好系统性用地保障。

在新城既有规划基础上，调整优化新城的用地和空间结构。首先，以高标准产业空间保障产业发展。将新城中心打造成为功能更综合、特色更突出的城市副中心，引导头部企业、千亿级产业集群向新城集聚。其次，以多样化住宅空间保障人口集聚。提供多样化、高品质、可负担的住宅。再次，以高能级公共服务促进人口集聚。布局一批显示度高、获得感强的重大民生项目，引入一批特色化的公共服务品牌资源，做优街坊基本公共服务功能。最后，以高品质公园绿地吸引人口集聚。构建优于中心城的蓝绿交织、开放贯通的大生态格局。保障新城内的绿地空间，构建均衡服务的便民公园绿地系统。

二是充分尊重新城自然地理格局，挖掘文化历史内涵，演绎独特的“一城一意象”。

因地制宜采用不同的空间策略，塑造城市空间意象。嘉定新城注重空间“耦合”策略，强化各类发展要素在功能与空间上的相互呼应和复合衍生，塑造“亘古通今、大气规整、双轴簇心”的城市意象。青浦新城聚焦空间“叠合”策略，以水网作为组织空间的重要纽带，有机叠合路网、绿网、公共服务等要素，塑造“高颜值、最江南、创新核”的城市意象。松江新城在功能、文化、环境和交通等关键要素上，强化不同功能片区的空间“缝合”策略，营造“山水间、上海根、科创廊”的城市意象。奉贤新城聚焦独一无二的中央生态林地资源，在空间上突出“聚合”策略，通过聚合多元要素，整体塑造“森林极核、疏朗有致、九宫簇芯”的城市意象。南汇新城优化环滴水湖相对分散均质的空间布局，强化功能、空间和交通的“汇合”策略，整体形成“国际风、未来感、海湖韵”的城市意象。

三是锚固交通枢纽，突出轨道交通和骨干路网的支撑作用，打造综合交通的新城标准。

按照新城独立的综合性节点城市的要求，实现由市域“末端”向区域“节点”转变。交通枢纽方面，在城镇开发边界内布局新城城市级枢纽，依托干线铁路节点或由两条以上都市圈城际线（市域线），锚固新城交通枢纽在网络中的节点作用。骨干路网方面，完善新城衔接外围高快速路的骨干道路系统，强化内部路网的系统性和连通性，健全外围分流通道，构建“快速畅达”的新城路网体系。

四是坚持近远结合、统筹平衡，有序衔接重点地区和专项规划建设。

在整体系统谋划新城长远发展的同时，突出重点、聚焦近期、统筹推进。一方面，衔接近期重点地区规划建设。统筹兼顾各新城“十四五”规划建设行动方案确定的发展目标、实施策略和推进计划，衔接好新城重点地区的城市设计及控制性详细规划编制工作，保障近期重点地区建设以及重大产业和功能性项目落地，确保新城“十四五”规划建设的集中度和显示度。另一方面，提出各重点领域专项工作指引。统筹平衡各新城需要编制的专项研究，制定针对性的具体要求，为各新城后续开展综合交通、产业发展、空间品质、公共服务、环境品质和新基建等重点领域的深化工作提出专项指引。

1.3.1 嘉定新城总体城市设计

嘉定新城东至横沥河—城镇开发边界—绿意路—浏翔公路，南至蕰藻浜，西至嘉松北路，北至城镇开发边界，总用地面积约 159.5 平方公里，规划人口 110 万人左右。嘉定新城作为沪宁廊道上的节点城市，将以汽车研发及制造为主导产业，发展为具有独特人文魅力、科技创新力、辐射长三角的现代化生态园林城市。

1. 用地布局

推动马陆产业社区整体转型，增加商办、研发、住宅和绿地的供应，与远香湖地区共同形成新城中心地区；菊园东、复华、南门等产业社区腾挪低效产业用地，引入生活功能，满足就业人口多元需求，促进职住平衡；产业基地内在保障先进制造业的工业用地规模前提下，适度提升研发功能；重点围绕“丰”字形核心绿廊增加绿地布局，锚固城市生态骨架。

产业空间

建设“汽车制造领跑 + 智能传感领航 + 精准医疗领先”的特色产业体系，打响“国际汽车智慧城”品牌。推动马陆产业社区转型升级和产城融合发展，重点引入居住功能、商业商办功能，增加大型绿地，引入汽车新能源、汽车智造等产业研发功能，形成集研发中心、商业服务、居住社区于一体的城市形态。

住宅空间

将产业社区内部分产业用地调整为住宅用地。在嘉闵线等轨道交通沿线地区规划新增住宅用地，提升新增住宅用地开发强度。部分启用马东战略预留区，增加商办、研发、住宅和绿地的供应。

高能级公共设施

建设一批突显嘉定文化、教育、医疗特色的重大功能性民生项目。依托 F1 赛车场，沿紫气东来轴布局体育培训与休闲功能。

高品质公园绿地

依托嘉定环城生态走廊、近郊绿环、嘉宝生态走廊、嘉宝生态间隔带，结合温藻浜等骨干水系和嘉北郊野公园、嘉宝郊野公园建成林田水复合的环城生态公园带。形成“丰”字形核心绿廊体系，强化骨干河道两侧公共空间贯通。

2. 综合交通

新城枢纽

依托沪宁发展廊道上的沪宁城际和沪苏通铁路，将既有安亭北与安亭西站组合形成安亭枢纽，服务上海西北地区，重点形成与沪宁、沿江、沿海方向的中长途城际交通联系，通过加强切向联系，强化枢纽对嘉定新城的发展带动作用。

结合远香湖东南侧马东地区的转型升级，设置高等级交通枢纽，重点辐射上海大都市圈苏州、南通方向，并引入沪苏、沪通方向都市圈城际轨道服务至新城核心区，与安亭枢纽错位联动发展，共同支撑嘉定新城综合性节点城市功能。

骨干路网

结合嘉定新城空间格局，深化嘉安高速线位方案和立交布局，提升嘉安高速的区域服务能力。深化郊环北延等上海北部高速北接江苏方案，构建嘉定北向对外高速多通道格局。

依托高速公路形成嘉定新城外围环路，分流嘉定新城过境和货运交通。缝合 S5 两侧路网，加强新城区东西向联动。依托干道提质增效改造，创造嘉定老城区域的慢行优先条件，引导沪宜公路和宝安公路货运功能外移。

3. 城市意象

以耦合为理念，重点在“横沥河 + 紫气东来”的十字双轴空间内，建立生态、交通、产业、居住、公共服务和城市形态之间的复合联动关系，耦合新城系统功能，带动各功能组团整合联动发展，总体形成“环廊贯通、轴心引领、五片融合”的空间结构和“教化精神古今交融、空间基底规整有致、天际轮廓三簇鼎立”的城市意象。

耦合自然生态要素。构建“双十字加环”的蓝绿体系。嘉定老城的“十字加环”是东西向的练祁河与南北向的横沥河相交而成的“十字河”，以及环绕嘉定老城的护城河。在嘉定新城中央活动区内规划的“新十字加环”，是由东西向的紫气东来轴、南北向的横沥河形成的“十字水轴”，以及依托龚家浜、石冈门塘、公孙泾、漳泾自然水系形成的“蓝色水环”构成。

耦合历史文化要素。通过“双十字加环”的水绿空间延续历史文脉，将嘉定历史空间、文化资源与城市重点功能板块有机耦合。

耦合城市形态。在十字双轴空间内，结合重点功能板块、交通支撑条件、自然要素特征等，耦合区域、界面、路径、节点、标志等城市设计要素，构建“风貌和谐、界面清晰、节点丰富、高度有序、标志突出”的城市形态。

北部延续老城空间肌理，以低层高密度彰显老城记忆，依托“十字加环”水系，形成以水兴城、以绿塑城的老城整体格局；南部沿紫气东来轴构建“一心两翼、三簇鼎立”的节点秩序，以远香湖地区高层建筑群为核心地标，西侧 F1 赛车场标志建筑、东侧马东地区高层建筑群两翼相望，共同组成高低起伏的城市天际轮廓线。

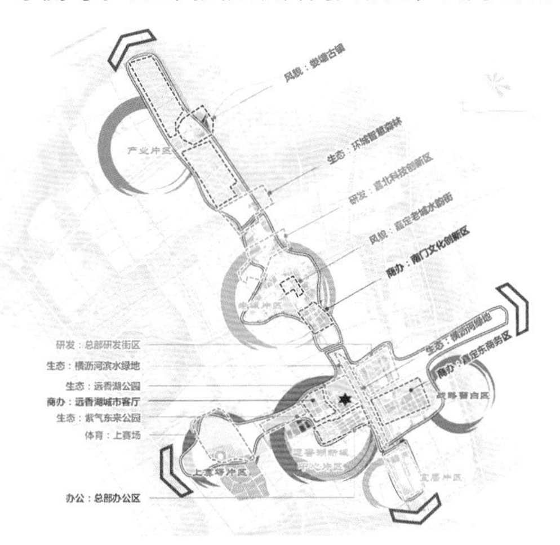

嘉定新城十字双轴
空间结构示意图

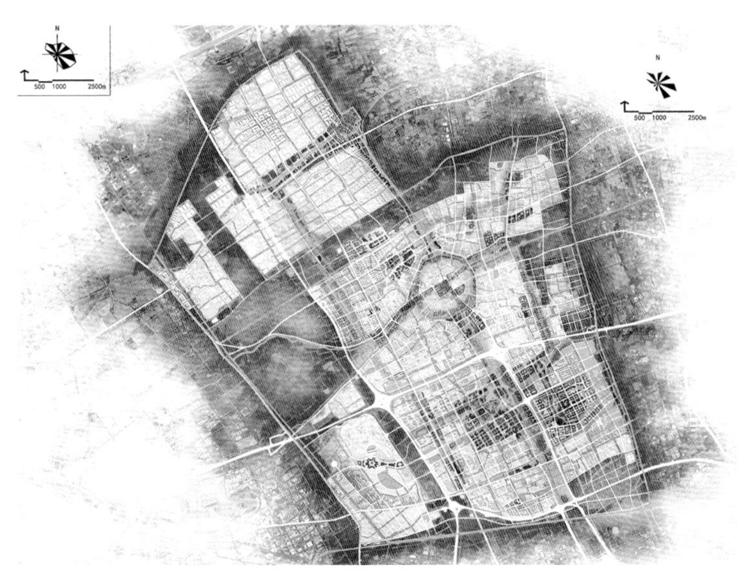

嘉定新城总平面图

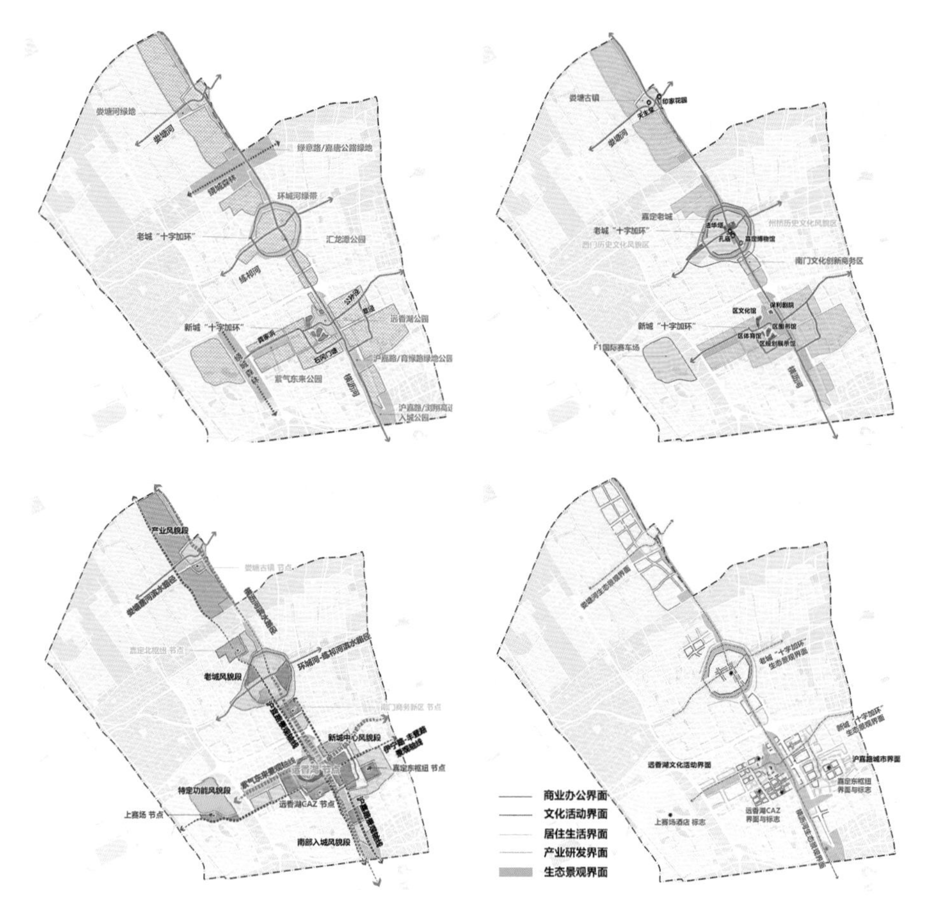

嘉定新城十字双轴的生态要素、历史文化要素示意图

嘉定新城十字双轴的城市设计要素示意图

嘉定新城总体效果示意图

1.3.2 青浦新城总体城市设计

青浦新城东至油墩港—章泾江—老通波塘，南至沪青平公路—中泽路—沪青平公路（新），西至青赵公路—上达河—西大盈港—五浦路—青浦大道—青顺路—新塘港路—新开泾—三分荡路—青浦大道，北至沪常高速（S26），总用地面积约91.1 平方公里，规划人口约 80 万人。青浦新城作为沪湖廊道上的节点城市，以创新研发、商务贸易、旅游休闲功能为支撑，建设具有江南历史文化底蕴的生态型水乡都市和现代化湖滨城市。

1. 用地布局

以“上”字水轴形成新城核心骨架，将高能级设施、公共空间等进一步向水轴集聚。推动外青松公路—东大盈港沿线整体转型，结合空间结构重塑，优化产业空间布局。结合示范区线站点，进一步完善综合服务功能配套，植入公共服务、科创研发等，促进产城融合。

产业空间

对接长三角生态绿色一体化发展示范区，承接虹桥商务区、西岑科创中心、市西软件信息园创新辐射及产业链延伸，打造“长三角数字干线”，着力发展氢能、人工智能、数字信息产业园等特色化产业园区。通过有序启用战略预留区与原有产业基地进行功能整合，促进产业集聚发展，进一步锚固产业发展本底，引导优势产业向五大园区集中布局。

住宅空间

中央商务区、未来样板社区以及青山社区为 TOD 主导居住社区，结合轨道换乘站点、新城中心布局普通住宅与租赁性公寓，营造良好的社区氛围，吸引人才集聚。大盈社区、青山社区、香花桥社区加大租赁住房供应，建立多层次住房租赁体系，满足产业人群居住需求。淀山湖大道周边建设生态型居住区，构建生态引领的未来社区示范区，建设高品质开放社区。

高能级公共设施

通过打造长三角演艺中心、福泉山遗址公园等，突显江南主题文化特色的文化展示功能。依托大型公园场地，以上达河公园、市政体育公园为核心，构建全域体育休闲网络。拓展医疗康养体系，加快推进中山医院青浦院区、青浦中医医院迁建，儿童医院长三角示范区诊疗中心项目落地；注重教育特色化，构建 1 所“未来学校”，强化校企联动，强化大学院校与物流总部、研发创新集群联动发展，复旦大学与华为公司合作共建创新学院。

高品质公园绿地

结合青浦新城水网交织、绿网阡陌的生态空间基底，结合水绿交界处打造公共活力节点，结合骨干水网、绿脉交汇处形成地区性公共服务节点；次干水网、绿廊交汇处形成社区性公共服务节点，延展形成独具江南特色的公共服务布局。

2. 综合交通

交通廊道

在现状 G50 沪渝高速公路的基础上，构建以高速公路、城际轨道为骨干的沪湖城际廊道，培育次级城镇发展走廊，形成青浦新城与湖州、嘉兴、苏州等周边地区的快捷联系，提升青浦新城的综合性服务功能和对长三角城镇的辐射服务能力。

枢纽节点

构建城市级对外客运枢纽、市域级公共交通枢纽，以及地区级公共交通枢纽

三级客运体系。结合区域客运走廊、新城中心，打造作为区域协同发展节点、未来新城活力核心的城市级客运枢纽——青浦新城枢纽，强化与湖州、苏州和嘉兴等对外方向的“直连直通”。

道路交通

针对江浙沪三地存在多条省界断头路、交通连接不畅的核心问题，东西方向贯通现有崧泽大道交通廊道，缓解南部沪渝高速和沪青平公路的交通压力，加强南北方向的直连直通。从而打通毗邻地区“毛细血管”，形成与长三角一体化导向相匹配的区域交通网络。

构建六横五纵的骨架路网，提高新城路网疏解能力。畅通对外多向大通道，外移新城内货运交通。将沪青平公路货运功能南移至南太路—秀沁路，外青松公路货运功能向秀横路—山周公路转移，在提高新城居民通行效率、保障出行安全的基础上，保证货运交通的畅达无阻。

3. 城市意象

聚焦空间“叠合”。旨在从面、线、点上系统性、有层次地规划生态水绿和城市功能空间，体现江南自然水生态、城市发达网络、人文荟萃的“江南城”。以水系作为组织青浦新城空间的重要纽带，充分发挥水生态、水功能、水环境的复合能效，有机叠合路网、绿网、公共服务等要素，形成以东大盈港、上达河、淀浦河为骨干水系的“上”字形水轴，实现功能轴线与生态轴线的叠合，构建城市发展轴线，塑造“高颜值、最江南、创新核”的城市意象。

以水为脉搭建生态本底。以青松、油墩港、新谊河等市区级生态廊道为骨架，融入区域生态发展大格局。沿水生绿，以骨干河道串联青北郊野公园、上达河公园、夏阳湖城市公园、沁园湖地区公园为主的公园体系，构建蓝绿叠合的特色生境。在水绿网络基础上，叠加文化、休闲等活力吸引点，布局具有江南特色魅力的公共设施体系。“长藤结瓜”，以水轴串联不同主题的特色魅力岛链，一岛一主题、一岛一特色。最后，结合青浦新城站和上达河公园建设一处集约紧凑的青浦新中心。依托上达河、东大盈港水系交汇形成生态公园，强化水上交通和滨水活动的轴向延展，提供丰富的空间组合模式，形成夹水商业街区、近水广场、亲水码头、临水体育场地、活水公园等活力空间，塑造“最江南”的生活场景。

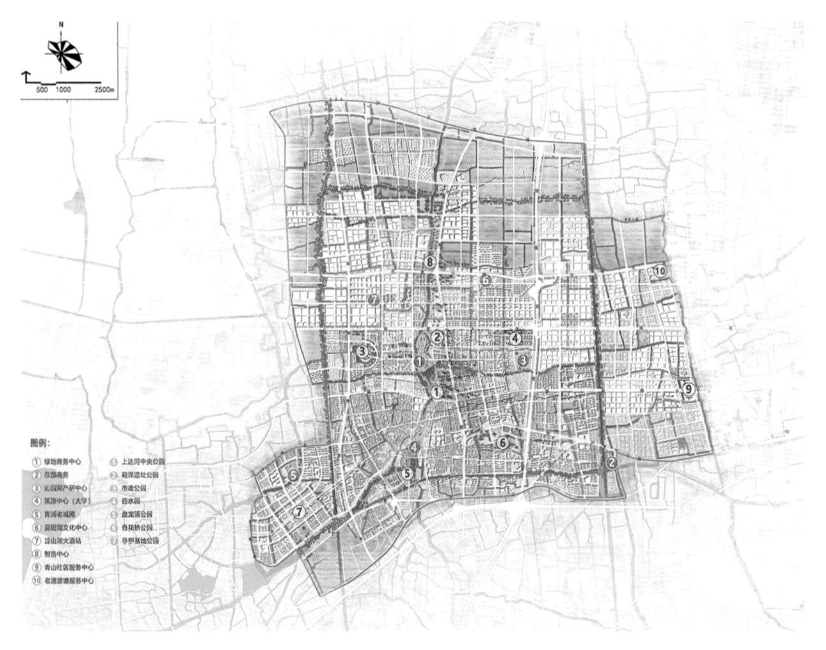

青浦新城总平面图

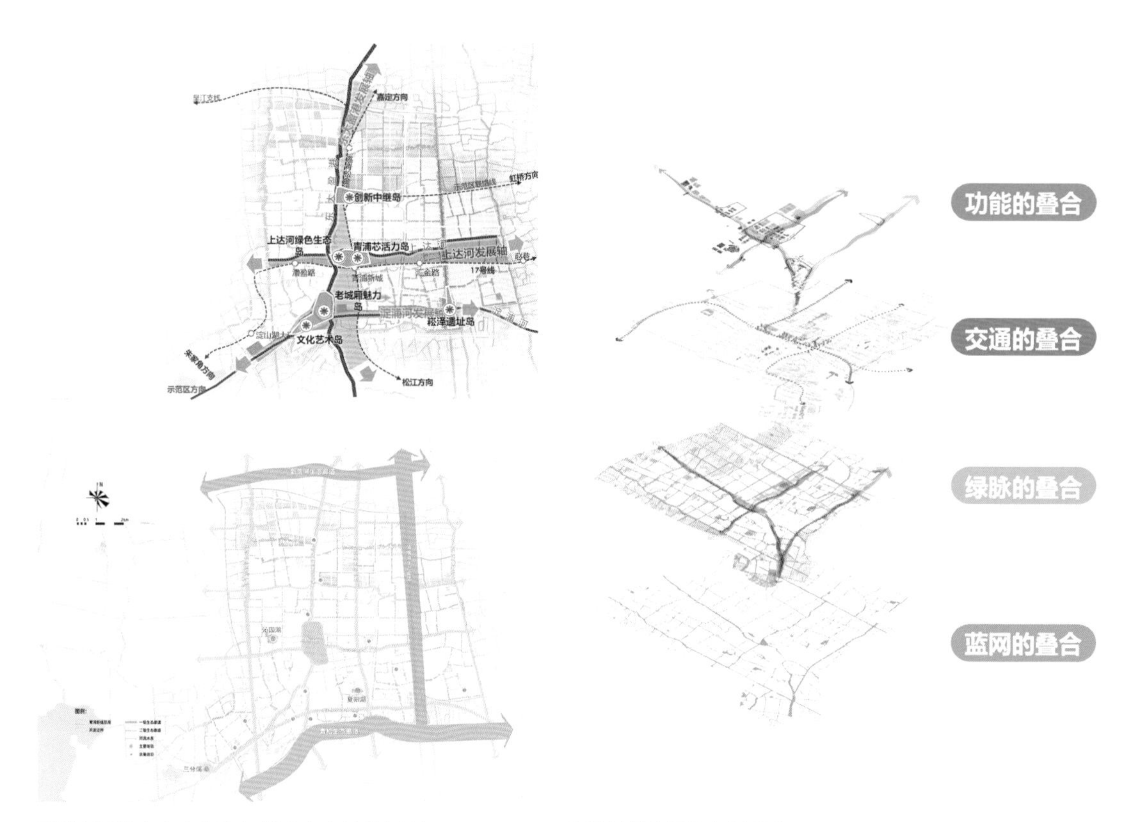

青浦新城生态本底构建与“上”字水轴核心骨架

青浦新城空间叠合分析图

青浦新城总体效果示意图

1.3.3 松江新城总体城市设计

松江新城东至区界—铁路金山支线，南至申嘉湖高速（S32），西至上海绕城高速（G1503），北至辰花路—卖新公路—明中路—沈海高速（G15）—沪昆铁路，总用地面积约 158.4 平方公里，规划人口约 110 万人。松江新城作为沪杭廊道上的独立综合性节点城市，将以长三角 G60 科创走廊为战略依托，以“松江枢纽”门户为战略支撑，建设面向长三角、面向未来、面向现代化的人民城市，打造体现科创人文的自然生态之城。

1. 用地布局

优化新城范围内“1 基地 +4 社区”的产业空间用地布局，产业基地保障先进制造业发展空间，推动新城东西两翼产业社区的转型升级，促进产城融合；适度启用战略预留区，引入多元化的居住功能，增加公共绿地和配套设施，同时满足松江大学城等科技成果转换的空间落地需求；系统平衡优化城市各类用地布局，为承载百万常住人口的城市空间提供保障。

产业空间

新城内构建“一廊两带、两翼两区”特色产业格局。“两翼”以松江经济技术开发区、松江综合保税区等为依托，在产业基地内稳定先进制造业用地红线，充分保障先进制造业的发展空间；引导产业社区用地向综合功能城区转型升级；“两区”以松江枢纽、松江大学城双创集聚区等功能区等为依托，为加快发展现代服务业提供用地空间，同时促进产学研城融合发展，提供企业全生命周期的服务平台和产业空间。

住宅空间

南部新城适度扩大住宅供应；老旧城区引导城市更新，适当转移住宅用地到新城其他地区；TOD 导向引导新增住宅布局，在区域轨道交通站点周边提高住宅容积率。未来住宅布局和人口导入的重点区域为华阳湖、车墩、广富林、中山和永丰等地区。

高能级公共设施

结合松江枢纽和中央公园两大公共中心区域，建设一批代表上海、辐射长三角的高能级公共服务设施和重大功能性民生项目，引入一批特色化的公共服务品牌资源。

高品质公园绿地

结合松江新城特有的“山、水、城”生态特质，依托天然河道、防护林带、农田等生态资源，形成全域蓝绿交织、内外开放贯通的“双环”空间网络，形成城市与自然协调、人与自然和谐共生的生态格局。

2. 综合交通

松江枢纽

加强松江枢纽功能与城市公共中心耦合，以及与各功能板块的交通联动。借助市域枢纽网络化构建格局，提升松江南站枢纽能级，疏解虹桥聚集压力，承接沪湖通道、沪杭通道和沪甬通道等对外通道，发挥上海西南对外网络节点辐射功能。

优化松江南站枢纽 2~4 公里范围内客货运交通组织引导，以便捷、畅通、高效的枢纽设计发挥枢纽聚集人流、提升人气以及对空间的导向作用，建设成为上海西南铁路枢纽综合体典范。

骨干路网

构建“井”字形干路交通环，打造松江新城内外交通转换的便捷系统。强化松江新城与虹桥枢纽的交通联系，优化松江枢纽的集疏运系统。完善松江新城道路网络系统，优化道路系统级配，适当扩容干路网络，疏通支路脉络，协调过境道路与城市集建区之间的联系，形成等级系统匹配、结构合理的道路系统网络。

3. 城市意象

以缝合为理念，构建“山水入城、一环双心、十字廊轴”的空间结构。强化功能、文化、环境和交通等关键要素对松江新城空间的优化引导作用，梳理、重构和提升松江新城的功能与空间体系。依托山水基底、历史文脉和资源特色，同时强化生态和文化的渗透，功能和交通的连通，整体营造“山水间、上海根、科创廊”的城市意象。

依托油墩港、洞泾港、辰山塘—沈泾塘—毛竹港、通波塘等骨干水系，形成多条连山通江的南北向结构性蓝绿通道，形成北达佘山、南通浦江的“大生态”格局；并沿市河、人民河、张家浜等东西向景观河道向新城内部渗透，将新城融于山水，形成“山—城—水”共融的空间基底。促进中央公园与松江大学城、广富林文化遗址、广富林郊野公园、泰晤士小镇等资源要素的空间联通和设施共享。依托沈泾塘、通波塘、张家浜、人民河等自然河道，构筑集生态景观、公共活动、历史文化、多元功能于一体的公共活力环，串联各公共空间、城市中心及功能节点，融合空间片区。强化东西向 G60 科创走廊和南北向嘉松南路中央功能轴的引领作用。

强调多元风貌，加强对历史文化遗存整体保护，梳理松江新城历史资源，以广富林文化遗址及仓城、府城、华阳桥三个历史文化风貌区为载体，打通主要历史联系路径，全景式展现松江府历史人文盛景。延续老城风貌肌理，推进城市更新，聚焦仓城历史文化风貌区及其周边老城整体性保护和中山路改造。强化各片区特色，形成城市“五片”风貌分区：花园新城风貌片区、古今协调风貌片区、枢纽门户风貌片区、未来宜居风貌片区、产城融合风貌片区，实现时空发展中的风貌自然转换。

延续舒缓的山水精神，打造与佘山相呼应的地标建筑簇群天际轮廓。新城的制高点位于松江枢纽公共中心，围绕华阳湖、大学城、科创总部等四个特色中心形成次级地标建筑簇群；在新城东、西结合 G60 高速公路出入口，各设一处产业地标。整体塑造标识突出、曲线分明、疏朗开阔的城市轮廓。

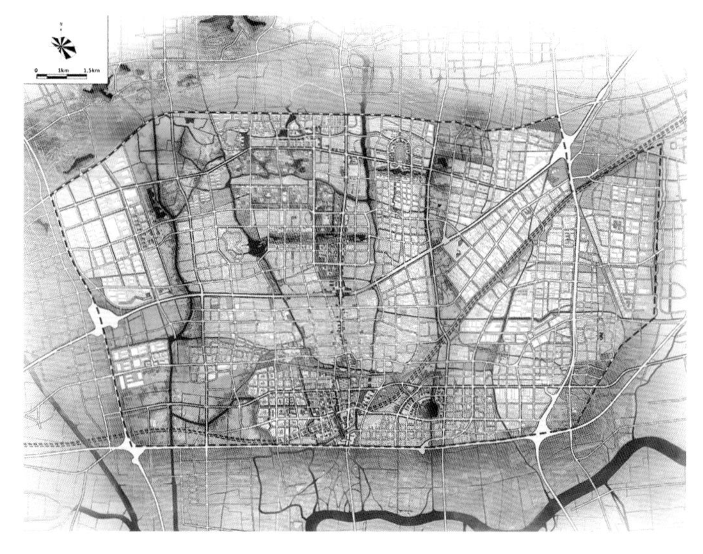

松江新城总平面图

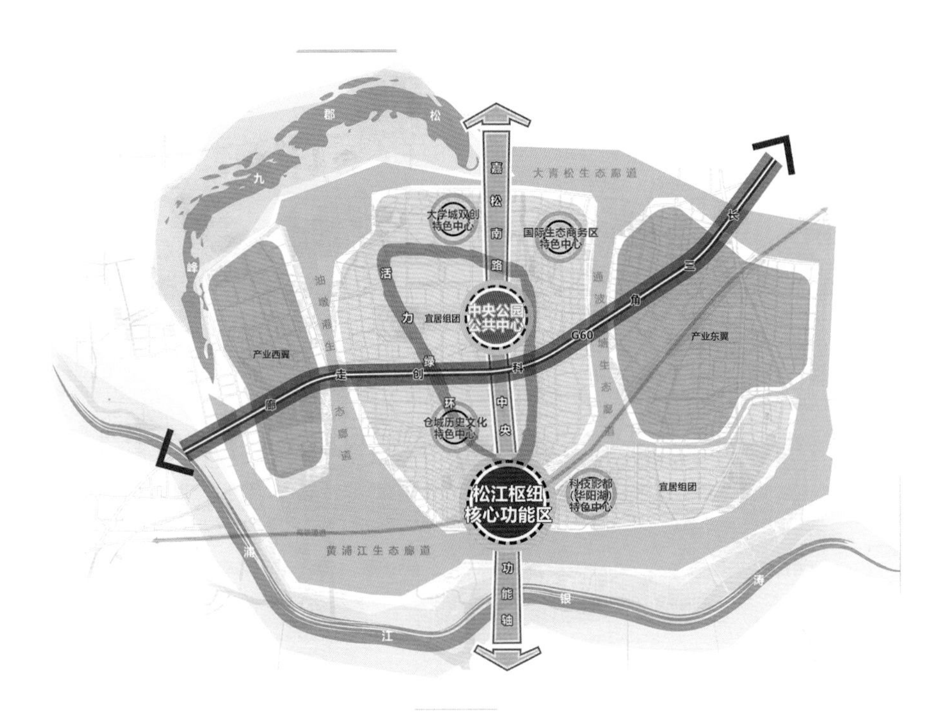

松江新城“山水入城、一环双心、十字廊轴”空间结构示意图

松江新城“十字廊轴”空间引领、“双心协同”公共中心格局示意图

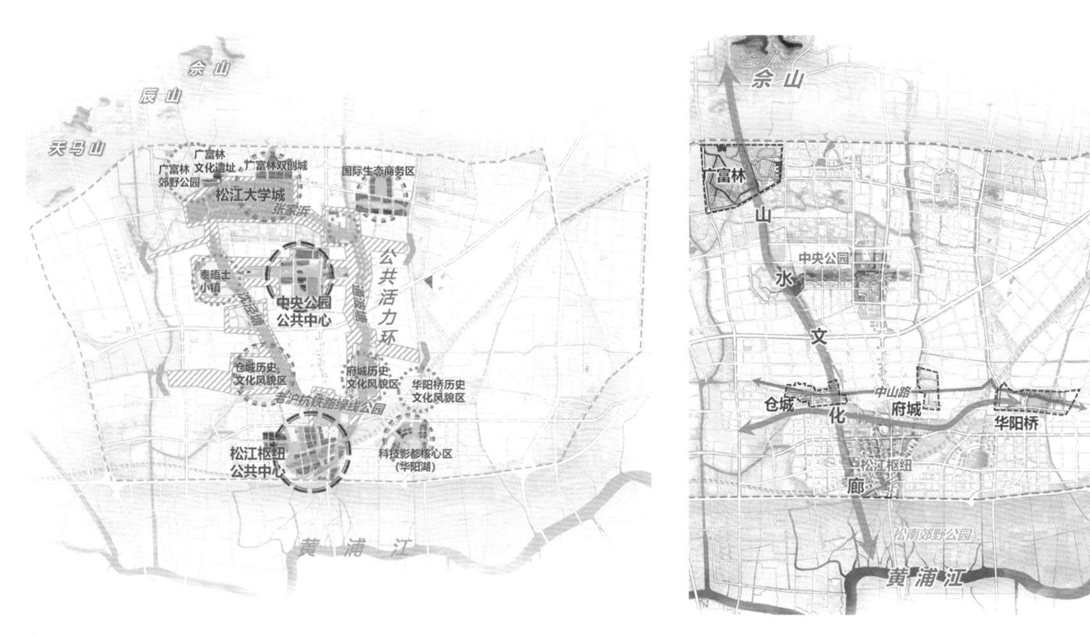

松江新城公共活力环、山水文化轴格局示意图

松江新城总体效果示意图

1.3.4 奉贤新城总体城市设计

奉贤新城东至浦星公路，南至上海绕城高速（G1503），西至南竹港—航南公路—沪杭公路，北至大叶公路，以及芝泽路—地灵路—奉庄公路—牡丹园路，总用地面积约 68.91 平方公里，规划人口 85 万人左右。奉贤新城通过交通枢纽搭脉长三角城镇群，承担上海大都市圈全球性功能节点，发展为新片区西部门户、南上海城市中心、长三角活力新城。

1. 用地布局

保障先进制造业用地供给，提高产业用地绩效，积极推进低效存量工业用地转型升级；合理配置城镇居住用地，提供多元住宅产品；加强公共设施用地供给，完善各类公共服务设施配套；加密城市路网，构建内畅外达的新城道路交通网络，保障新城出行与到达的便捷度；确保水绿生态底线，加强组团嵌套、绿廊贯通，将自然引入新城，将新城融入自然。

产业空间

以建设国际知名美丽健康消费目的地为目标，打造东方美谷特色产业品牌，以生命健康为主导、医美服务为特色、创新载体为支撑的三大产业方向，培育千亿级产业集群。空间上以东方美谷核心区为中心，打造“一城一名园”，聚焦产业链、价值链关键环节，以打造世界级美谷科技城为目标，以科技创新和扩大内需为支点，充分借力自贸区政策，促进国际创新要素集聚，拓展国际消费市场。对奉贤经济开发区与江海经济区进行更新转型，奉贤经济开发区进一步提质增效，聚焦生物医药研发、制造功能，江海经济区加快低效产业用地转型升级，进一步向综合功能城区转变。

住宅空间

优化调整用地结构和布局，增加住宅用地，将轨交站点周边原规划部分商业商办用地调整为住宅用地，为促进产城融合，在产业社区周边增加部分住宅用地。适度提升住宅用地的开发强度，增加住宅建筑面积。实施差异化住房供应，在保障奉贤南桥大型居住社区的功能及建筑规模稳定的基础上，金汇港以东增加国际社区，在东方美谷等产业板块内结合轨交站点增加人才公寓、租赁住房等多样化住宅产品，支撑新城多样化人口导入。

高能级公共设施

规划结合新城中心和大型开敞空间集中布局一批显示度高、获得感强的重大功能性民生项目，如国妇婴奉贤院区、奉贤新城体育中心、“海之花”文化中心等。

高品质公园绿地

依托中央林地、环城森林等独特的生态禀赋和自然基底，贯通区域生态网络和新城蓝绿空间。通过多级公园体系打造会呼吸的方城，保障 5 分钟进公园、10 分钟进林带、30 分钟入森林。重点关注以林地和滨水空间为核心的特色景观空间，加强绿地与公共活动的融合。建设贯穿全域的、漫步轻享的，风景道、蓝道、绿道三道复合的慢行网络，规划奉贤新城绿道长度达到 100 公里。

2. 综合交通

新城枢纽

重点优化新城枢纽选址，强化新城在区域空间发展新格局中的“节点功能”和“辐射能级”。面向杭州湾扇面：利用国铁干线、都市圈城际等方式，实现奉贤核心区至杭州、宁波湾区重要城市 1 小时可达。面向上海市域扇面：利用都市圈城际、城市轨道等方式，实现核心区至浦东枢纽、虹桥枢纽、临港自贸新片区、上海 CAZ 等重点板块 30 分钟直连直通。

骨干路网

加强新城与自贸区临港新片区的快速交通联系，保留大叶公路快速路，并强化沪杭公路、浦星公路作为新城外围过境分流和集散通道的功能。新城内部已基本形成方格网的主次干路系统，为促进沪金高速 S4 两侧东西城区融合发展，规划提出加快推进沪金高速 S4 新城北段立体化改造。

3. 城市意象

以“聚合”为整体设计策略，以“森林极核、人民之环”为主要抓手，促进新城的空间重构。围绕中央林地、上海之鱼和望园路生态商务区，打造新城独具特色的森林极核；沿人民之环链接国际服务、金汇、金海、奉浦、老城以及城南等六大地区中心，并强化人民之环的活力与生态功能。新城整体形成“疏朗有致、九宫簇芯”的空间形态，其中望园路生态商务区协调好与中央林地的关系，营造新城标志性地标建筑群，六大地区中心结合不同功能，引导形成各具特色的标志建筑群，彰显奉贤“贤者地”的城市风貌与空间秩序。

整体形成中心集聚紧密、外围疏密有致的空间格局。新城核心区结合中央林地、上海之鱼两大开放空间，于航南公路沿线布局，结合枢纽进行高强度开发，按照上海市城市副中心的开发建设标准，形成集聚紧密的城市公共中心和标志性的高度簇群。新城中心外围结合轨道交通站点和新城公共中心体系布局，贯彻 TOD 开发理念，形成若干个次级的高度簇群，打造整体有序、尺度宜人、形象鲜明的城市空间。

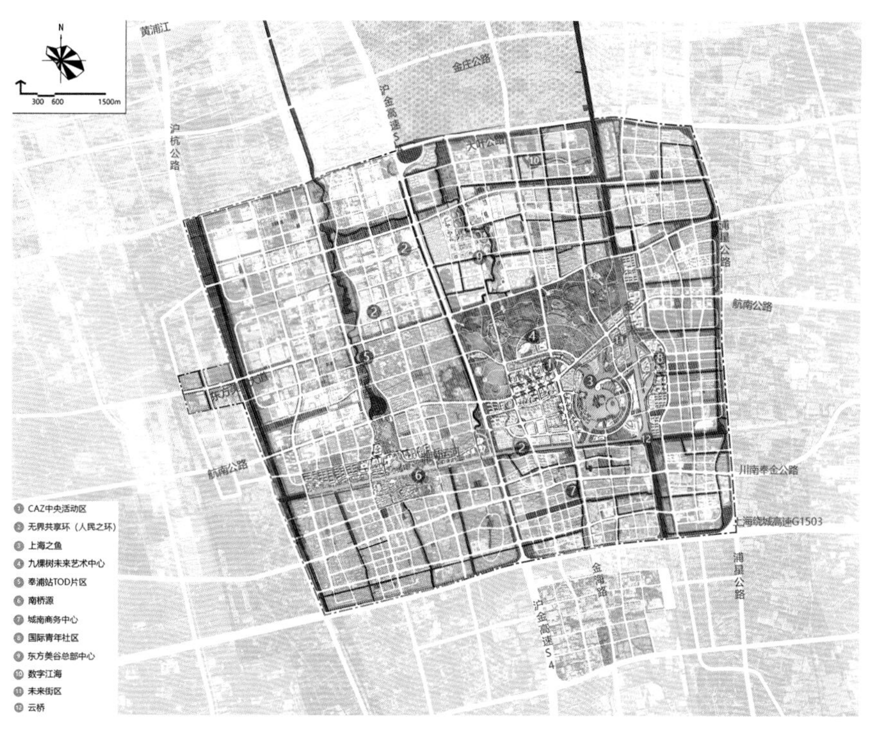

奉贤新城总平面图

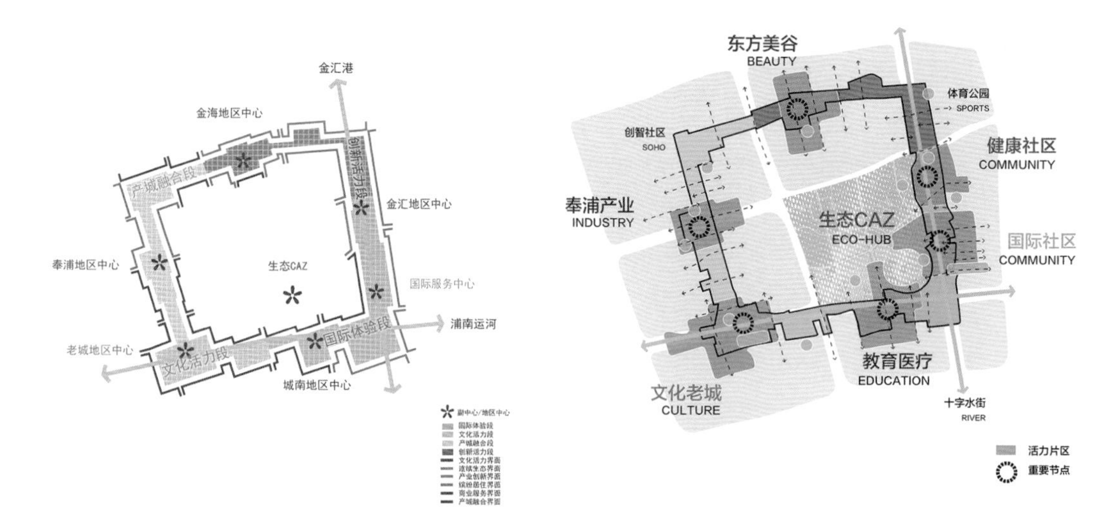

人民之环的功能布局和活力镶嵌示意图

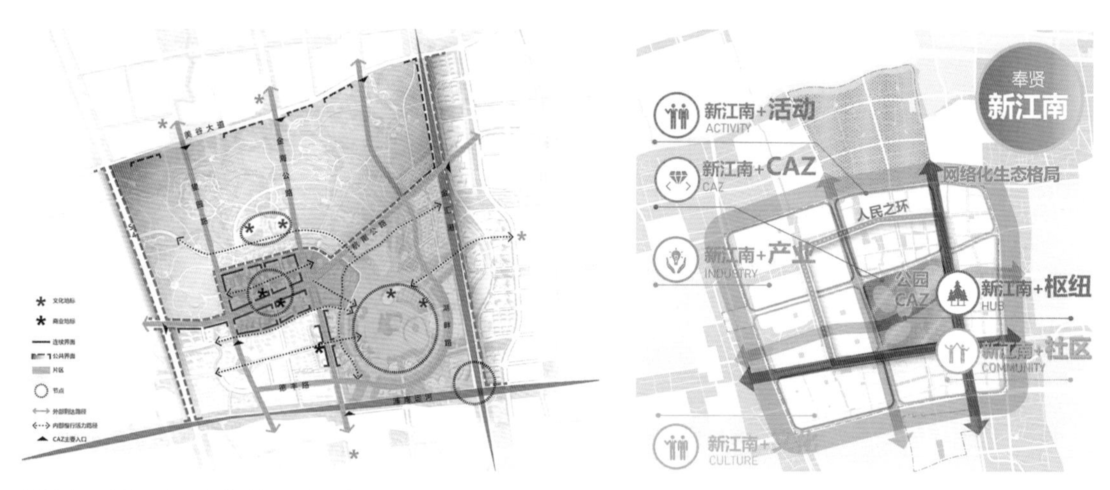

新城中心功能示意和城市设计要素汇总图

奉贤新城“森林极核、人民之环”空间结构示意图

奉贤新城总体效果示意图

1.3.5 南汇新城总体城市设计

南汇新城东南至海塘，西至上海绕城高速（G1503）—瓦洪公路—两港大道—中港，北至大治河，总用地面积约 343.3 平方公里，规划人口 144 万人左右。南汇新城是中国（上海）自由贸易试验区临港新片区的主城区，是临港新片区建设具有较强国际市场影响力和竞争力的特殊经济功能区和现代化新城的核心承载区，定位为离岸在岸业务枢纽、开放创新高地、宜业宜居的滨海未来城。

1. 用地布局

促进滴水湖核心功能片区人口集聚，提升活力，引导一般综合功能片区人口密度，实现职住平衡；保障产业基地内先进制造业发展空间，推动综合产业社区转型；促进人口结构优化，提供多样、平等的居住空间；建设滨湖沿海的公共服务设施；构建“内圈 + 外圈”双重环城生态空间体系。

产业空间

重点推进南汇新城“一城名园”建设，打响“数联智造”品牌。以数字赋能为引领，以智能制造为特色，推进数据便捷联通，聚焦硬核科技产业、高端前沿产业，大力发展集成电路、人工智能、生物医药、航空航天等重点产业，打造面向未来的高端产业基地。推动综合产业社区转型，打造产城融合发展带，产城融合、环境宜人、充满持续活力的“科创森林”。

住宅空间

加快建设人才汇聚高地，加大对顶尖科学家和跨境贸易服务人员、跨国合作科研人才、海外来华落地的高端科技企业家等“高、精、尖、缺”人才的引进力度。提供多样、平等的居住空间，合理引导就业岗位和居住空间均衡融合布局，促进城镇空间组团化、复合化发展。

高能级公共设施

建设滨湖沿海的文旅休闲、游憩娱乐等高等级、特色化公共服务功能。打造旗舰型的博物馆、音乐厅、大剧院等高能级文化设施，全面提升新片区文化服务品质。

高品质公园绿地

依托市区级生态走廊、环滴水湖楔形绿带构建“内圈 + 外圈”双重环城生态空间体系。内圈打造环城绿带，外圈形成绕城森林。打造观海观湖、林田交汇、村落清幽的多重游赏风景线。打造二环绿带公园等城市公园，营造环湖的水绿相融的优美生态空间。

2. 综合交通

新城枢纽

发挥沿江沿海发展走廊和环杭州湾发展走廊的重要枢纽节点作用，构建畅达连通区域的一体化交通走廊，推动从交通末端向面向全球、衔接亚太、服务长三角的国际前沿门户转变。

骨干路网

构建“两环、两联、一横、两纵”的高快速路网。提升新片区门户功能，补充北部高等级通道短板，并强化与中心城方向的联系。

3. 城市意象

以汇合为理念，梳理、重构和提升南汇新城的功能与空间体系。汇合全球开放经济功能和空间要素资源，赋能沿海发展带。通过打造核心功能汇合、空间多元复合、人口高度集聚的沿海发展带和南汇新城中心，总体形成“轴向带动，一核引领，海陆相汇”的空间结构。打造“国际风、未来感、海湖韵”的城市意象。

轴向带动：汇合重要城市功能，打造“特殊政策先试先行区”“前沿科技产城融合区”“智慧数字城市示范区”。一核引领：围绕滴水湖一环带北侧，综合布局总部湾区、科技产业总部集聚区，打造以金融、贸易为主，商业、文化、生活多功能复合与更具活力的中央活动区，重点导入面向国际的离岸金融、离岸贸易、数字经济等现代服务产业集群，布局文旅休闲、游憩娱乐等高等级、特色化公共服务功能。海陆相汇：依托生态廊道，围绕临港绿心限定空间边界，强化生态空间沿河湖水系向城区渗透，建设蓝色海湾，突出海洋文化要素，突显滨海标志形象，塑造人与自然和谐共存的滨海公共空间。

滨海形成总体集聚的现代化城市形象，向内陆腹地逐步扩展。着力打造新片区中央活动区及滴水湖周边商业、办公、公共服务等功能集聚区域国际化城市形象，形成“一主两辅”高层建筑簇群，打造具有辨识度的沿海天际轮廓。内陆依托古镇风貌和蓝绿交融的大地景观资源，打造江南田园水乡景观风貌。打造“国际风、未来感、海湖韵”的城市意象，构建自沿海到内陆，从气势磅礴到疏朗开阔渐次过渡的空间形态。

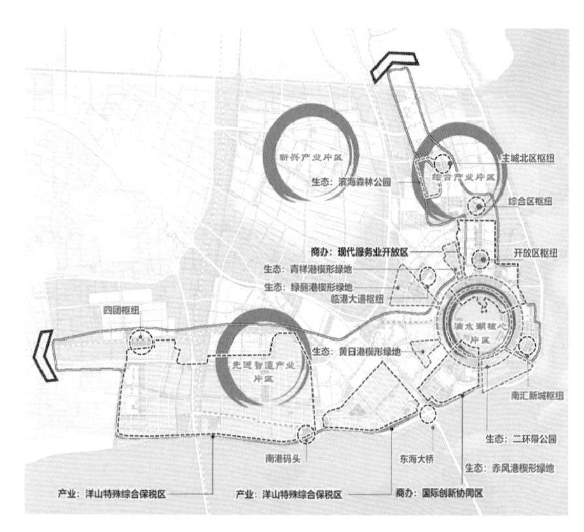

南汇新城空间结构示意图

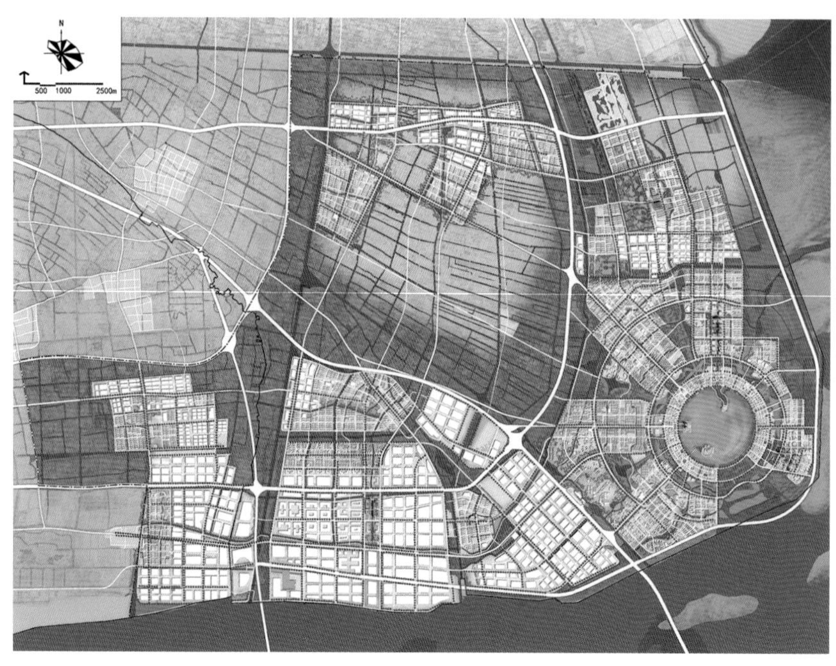

南汇新城总平面图

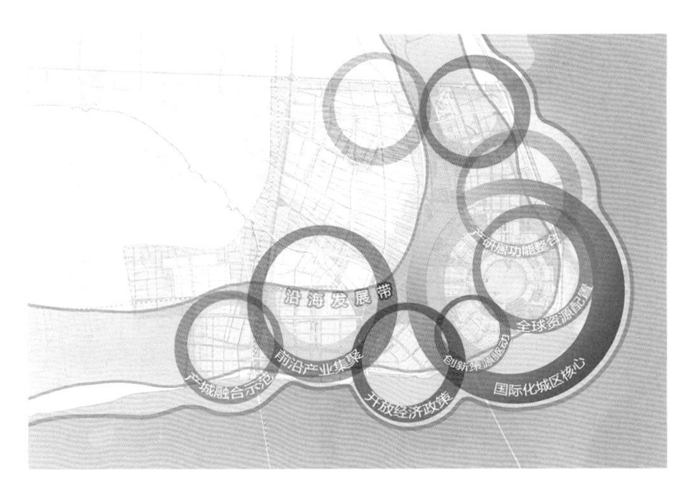

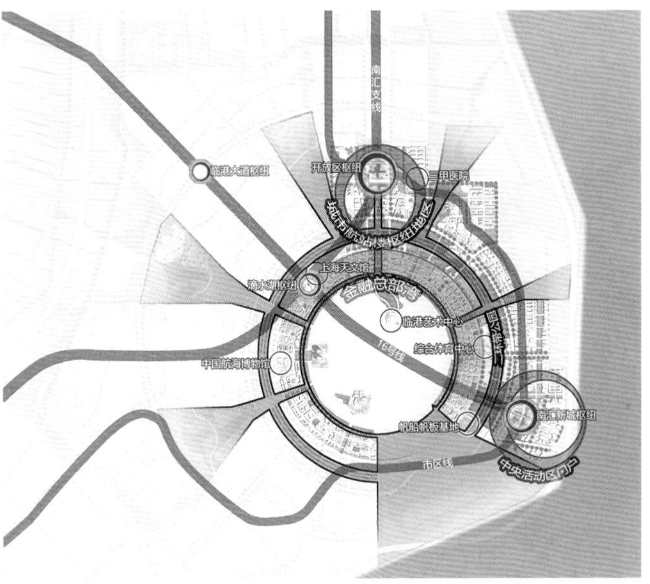

轴向带动、一核引领的城市设计要素示意图

南汇新城总体效果示意图

02 五城十区示范引领

为强化示范引领，新城规划建设工作聚焦新城中心、产业社区与老城社区三种类型的十个示范样板区，率先推进城市设计和控制性详细规划编制工作。通过聘请各领域专家全程把关，引入高质量的联合设计团队，采用多样化的公众参与，有序高效推进相关工作。来自中国、美国、德国、日本、英国、荷兰等国的六十余家顶尖设计团队共同参与，助力新城建设成为“最现代”“最生态”“最便利”“最具活力”“最具特色”的独立综合性节点城市。

本章重点展示十个示范样板区从挖掘资源禀赋，到开展城市设计方案征集和专题研究，最终形成控规法定成果的各阶段工作亮点。示范样板区规划坚持“人民城市人民建，人民城市为人民”，对标国际新理念，充分发挥各新城的资源禀赋，彰显先进的技术理念，是上海新城在新时期发展背景下的一次有益探索。

2.1 总体概况

2.1.1 样板选取

为聚焦重点、确保新城规划建设的集中度和显示度，五个新城按照突显地区风貌特色、保障近期项目需求、发展规模相对适中、覆盖多种功能类型等原则，共选取 23 片重点地区作为新城规划建设的抓手。为强化示范引领，又将其中十处面积在 1 ～ 2 平方公里的区域作为示范样板区着力推进，以打造新城开发建设的示范亮点，形成“五城十区、示范引领”的态势。

在选取示范样板区时，围绕“一城一中心、一城一名园、一城一枢纽、一城一意象”的目标，覆盖新城中心、产业社区与老城社区等多种地区类型。其中，新城中心聚焦加快现代服务业发展，按照上海城市副中心的功能能级打造，建设为高品质的商务商业文化集聚区；产业社区重点夯实制造业发展基础，聚焦产业链、价值链关键环节，以特色园区为关键抓手，加快引进功能型机构、高能级项目、重大平台和龙头型企业，打造相关产业的区域控制中心；老城社区注重加强特色风貌地区空间品质的整体性、系统性，强化历史风貌保护，推动老城区有机更新。

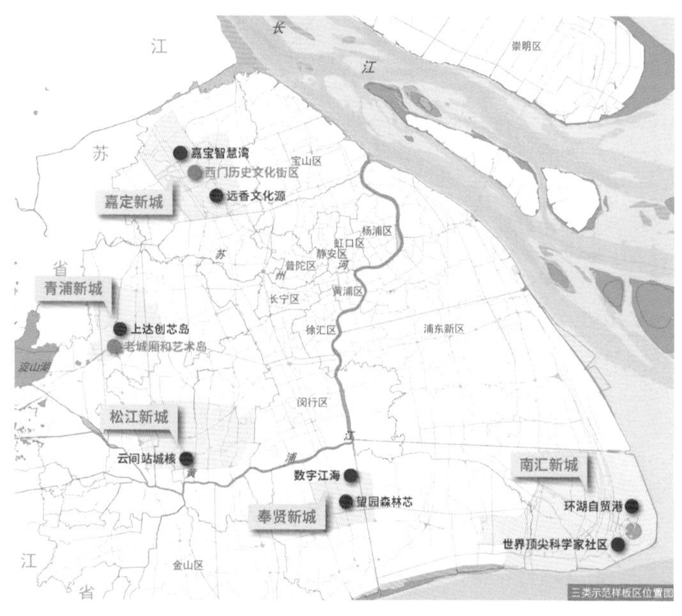

新城中心示范样板区
产业社区示范样板区
老城社区示范样板区

示范样板区分布示意图

2.1.2 规划理念

作为推动新城高品质建设的关键，示范样板区的城市设计和控制性详细规划（简称控规）工作一方面落实新城总体城市设计要求，另一方面对接实施，并在规划编制过程中充分落实“人民城市人民建，人民城市为人民”的总体要求，对标最高标准与国际最新理念，根据新城中心、产业社区与老城社区各自的发展目标，充分发挥地区资源禀赋，进行规划策略的差异化探索。

1. 新城中心是提升城市活力能级的重点区域

规划重点关注多功能融合激发城区活力、高品质空间提升城区吸引力、特色风貌彰显城区魅力、枢纽交通强化区域辐射力，着力打造亮点突显、地域特征鲜明的新城中心。其中，嘉定远香文化源强化其在长三角的文化引领地位，青浦上达创芯岛打造“最江南”的新江南水乡特色，松江云间站城核聚焦“出站即中心”的站城一体空间打造，奉贤望园森林芯彰显城区与超大规模森林的动静相宜，临港环湖自贸港突出“境内关外”的弹性适配。

2. 产业社区是推动产城融合发展的重要载体

规划重点关注以产城功能混合提升园区经济活力、以高品质公共空间促进园区的交往活力、以生产生活双配套提升园区便利。其中，嘉定嘉宝智慧湾打造新一代产城融合的示范，奉贤数字江海探索产业社区向综合功能城区的转变，南汇世界顶尖科学家社区力求全方位满足顶尖科学家工作与生活需求。

3. 老城社区是集中体现城市文脉和文化内涵的重点区域

规划重点关注多维度挖掘保护要素、保护与重塑历史空间格局、促进建筑功能活化，助力各老城社区寻根本土，对历史文化内涵进行新的演绎。其中，嘉定西门历史文化街区关注教化文化与再活化城市功能，青浦老城厢和艺术岛强调江南水城文化的复兴和跨时域的文化融合。

2.1.3 工作历程

积极创新工作组织方式，示范样板区规划工作由上海市新城规划建设推进协调领导小组牵头，充分发动市区相关部门、专家、设计团队以及公众等多元主体，有序高效推进相关工作。

1. 市区协同、强化实施

通过例会制度强化市、区规划部门的实时沟通，高效推进与市区相关职能部门的协同。加强与富有实施经验的团队沟通，共同研究实施需求与可行性；兼顾地区层面的整体系统性与街坊层面的实施性，结合实施节奏推进城市设计法定图则编制。

2. 层层深入、阶段推进

示范样板区的规划编制工作经历了城市设计国际方案征集、城市设计深化和专题研究、控规编制多个阶段，各阶段有序衔接，不断深化规划方案。方案征集阶段，注重拓展视野，全方位引入国内外先进理念；城市设计深化和专题研究阶段，注重挖掘规划特色亮点，并通过专题研究进一步突显亮点、解决问题；规划编制阶段，注重实施主体的同步参与，强化实施导向，将城市设计亮点准确转化为规划管理的法定文件。

3. 专家护航，高质量指导

分区组建核心专家团队，全程 60 余位专家深度参与指导规划编制，涉及规划、建筑、景观、风貌保护、社会经济、交通等多个专业领域。

4. 团队参与、多专题支撑

城市设计阶段，十个示范样板区共邀请 18 个国际优秀团队参与方案设计。控规编制阶段，搭建“1+1+X”的设计团队，依托 1 个控规编制团队、1 个城市设计团队及若干专题支撑团队，做到同步协调、专项推进，确保规划设计的深度和广度。全程合计邀请了 60 余个国内外顶尖设计咨询团队，开展产业策划、功能定位、低碳韧性、智慧城区等 30 多项专题研究。

新城中心

嘉定新城 嘉定远乡文化园

国际方案征集

珮帕施（上海）建设工程顾问有限公司（德国 PPAS）

中国城市规划设计研究院（中规院）

华东建筑设计研究院有限公司（华建集团华东院）

上海思倍安建设咨询有限公司（德国 SBA）

城市设计

珮帕施（上海）建设工程顾问有限公司（德国 PPAS）

控规编制

上海广境规划设计有限公司（广境设计）

专题研究

戴德梁行房地产咨询（上海）有限公司（戴德梁行）

同济大学交通运输工程学院（同济交通学院）

上海同济城市规划设计研究院有限公司（同济规划院）

青浦新城 青浦上达创芯岛

城市设计

Sasaki Associates（Sasaki）

中国城市规划设计研究院（中规院）

控规编制

中国城市规划设计研究院（中规院）

专题研究

中国城市规划设计研究院（中规院）

华东建筑设计研究院有限公司（华建集团华东院）

松江新城 松江云间站城核

国际方案征集

株式会社日本设计（日本设计）

上海思倍安建设咨询有限公司（德国 SBA）

上海同济城市规划设计研究院有限公司（同济规划院）

阿特金斯顾问（深圳）有限公司（英国 Atkins）

城市设计

上海市上规院城市规划设计有限公司（上规公司）

杭州中联筑境建筑设计有限公司（筑境设计）

控规编制

上海市城市规划设计研究院
（上规院）

专题研究

中国城市
规划设计研究院
（中规院）

上海社会科学院
（上海社科院）

上海市城市规划设
计研究院
（上规院）

中铁第四勘察设计院集团有限公司
CHINA RAILWAY SIYUAN SURVEY AND DESIGN GROUP CO.,LTD.

中铁第四勘察设计院集团
有限公司
（铁四院）

同济大学建筑设计研究院
（集团）有限公司
（同济建筑院）

奉贤新城 奉贤望园森林芯

城市设计

AS+P

亚施德邦建筑设计咨询 (上海) 有限公司
（AS+P）

控规编制

上海宝山规划设计研究院有限公司
（宝山院）

专题研究

设计学院
SCHOOL OF DESIGN
ARCHITECTURE 建筑 / DESIGN 设计
LANDSCAPE ARCHITECTURE 风景园林

上海交通大学设计学院
（交大设计学院）

ECADI

华东建筑设计研究院有限公司
（华建集团华东院）

南汇新城 临港环湖自贸港

国际方案征集

AECOM + FARRELLS

艾奕康环境规划设计 (上海) 有限公司 &
法雷尔建筑设计事务所联合体
（AECOM&TFP FARRELLS LIMITED 联合体）

三菱地所設計 ECADI

三菱地所设计咨询（上海）有限公司 &
华东建筑设计研究院有限公司联合体
（三菱地所 & 华建集团华东院联合体）

ARUP RONALD LU & PARTNERS

奥雅纳工程咨询 (上海) 有限公司
& 吕元祥建筑师事务所联合体
（奥雅纳 & 吕元祥联合体）

城市设计

上海市上规院城市规划设计有限公司
(上规公司)

控规编制

上海市上规院城市规划设计有限公司
(上规公司)

专题研究

安永（中国）企业咨询有限公司
（安永）

ECADI

华东建筑设计研究院有限公司
（华建集团华东院）

上海市政工程设计研究总院
（集团）有限公司
（上海市政总院）

产业社区

嘉定新城 嘉宝智慧湾

国际方案征集（快速遴选）

BDP.
百殿建筑设计咨询（上海）有限公司（英国 BDP）

NIKKEN
株式会社日建设计（日建设计）

SCP 邦城规划
SCP Consultants Pte Ltd（新加坡 SCP）

MVRDV
Sweco International AB（SWECO）

城市设计

AECOM
艾奕康环境规划设计 (上海) 有限公司（AECOM）

控规编制

广境设计 Grand Design
上海广境规划设计有限公司（广境设计）

专题研究

上海市嘉定区国有资产经营 (集团) 有限公司（嘉定国资集团）

华为技术有限公司（华为）

清华大学

THAD
清华大学建筑设计研究院有限公司（清华院）

奉贤新城 数字江海

城市设计

SOM
Skidmore, Owings& Merrill LLP（美国 SOM）

控规编制

上海宝山规划设计研究院有限公司（宝山院）

专题研究

罗兰贝格国际管理咨询公司 Roland Berger（罗兰贝格）

上海市政工程设计研究总院（集团）有限公司（上海市政总院）

南汇新城 顶尖科学家社区

城市设计

AUBE
深圳市欧博工程设计顾问有限公司（欧博设计）

控规编制

上海市城市规划设计研究院（上规院）

规划实施平台技术统筹

上海现代建筑规划设计研究院有限公司（华建集团现代院）

上海市上规院城市规划设计有限公司（上规公司）

专题研究

上海现代建筑规划设计研究院有限公司（华建集团现代院）

上海建筑科学研究院有限公司（上海建科院）

上海市政工程设计研究总院（集团）有限公司（上海市政总院）

老城社区

嘉定新城 西门历史文化街区

国际方案征集

上海同济城市规划设计研究院有限公司（同济规划院）

MVRDV B.V.（荷兰MVRDV）

华南理工大学建筑设计研究院有限公司（华南理工大学建筑院）

启迪设计集团股份有限公司（启迪设计）

城市设计

上海原构设计咨询有限公司（原构设计）

控规编制

上海市上规院城市规划设计有限公司（上规公司）

专题研究

上海创物建筑设计有限公司（创物设计）

奉贤新城 数字江海

城市设计

艾奕康环境规划设计（上海）有限公司（AECOM）

伍德佳帕塔设计咨询（上海）有限公司（BenWood Studio Shanghai）

控规编制

上海营邑城市规划设计股份有限公司（营邑公司）

专题研究

上海营邑城市规划设计股份有限公司（营邑公司）

上海章明建筑设计事务所（有限合伙）（章明建筑事务所）

2.2 新城中心示范样板区

新城中心示范样板区规划重点关注四个方面策略。多功能混合激发城区活力，强化新城中心对长三角区域的功能辐射作用，打造就业、休闲、居住时空复合，24 小时活力的全球城市核心功能承载区；高品质空间提升城区吸引力，塑造与新城中心功能相匹配的、可漫步可驻足、激发创意、兼具趣味性与互动性的公共空间与休闲氛围；特色风貌彰显城区魅力，依托自然本底与文化资源禀赋，提升地区景观与人文魅力，打造标志性建筑簇群，塑造具有曲折度、层次感的天际轮廓；枢纽交通强化区域辐射力，建设内外衔接、站城一体的综合交通枢纽，强化与长三角城市、相邻新城及中心城的多向高效联系，打造内外交通便捷、地标形象突显的枢纽门户。

2.2.1 嘉定远香文化源

项目概况

规划范围	东至横沥河，南至双单路，西至阿克苏路，北至白银路
规划面积	2.82 平方公里
规划人口	1.5 万人
总建筑面积	299 万平方米
住宅建筑面积	58 万平方米
商业商办建筑面积	139 万平方米
教育科研建筑面积	76 万平方米
文化建筑面积	10 万平方米

国际方案征集参与团队	珮帕施（上海）建设工程顾问有限公司、中国城市规划设计研究院、华东建筑设计研究院有限公司、上海思倍安建设咨询有限公司
城市设计深化团队	珮帕施（上海）建设工程顾问有限公司
控规编制团队	上海广境规划设计有限公司
专题研究团队	功能业态定位与策划专题 [戴德梁行房地产咨询（上海）有限公司]、智慧交通专题（同济大学交通运输工程学院）、特色街区专题（上海同济城市规划设计研究院有限公司）

嘉定远香文化源控制性详细规划土地使用规划图

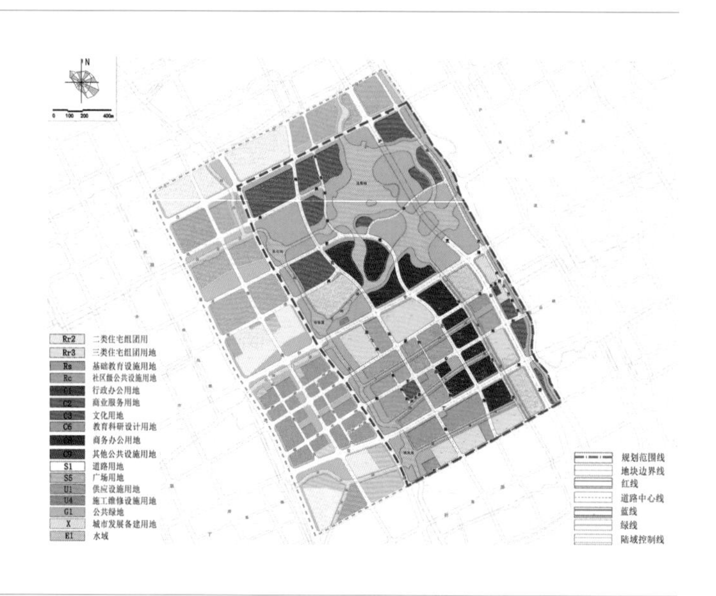

嘉定远香文化源城市设计鸟瞰示意图

嘉定远香文化源现状实景照

1. 资源禀赋

规划充分挖掘基地在区位、生态和文化方面的优势，主要包括：

一是区位优势显著。基地位于嘉定十字双轴的南侧十字轴交会处，是“综合性节点城市”和“上海市级副中心”核心功能的承载区，具有辐射引领嘉昆太地区的区位优势。

二是生态优势独特。基地内的城市空间与远香湖、紫气东来景观带等自然环境交织，城市融入自然的特征初显。

三是文化氛围浓郁。基地内建成已运营的保利大剧院、嘉定图书馆等高能级公共设施，强化“教化嘉定”的文化引领功能。

2. 规划方案

设计重点在于嘉定新城中央活动区都市活力的营造，谋划促进功能融合发展、实现空间品质升级，打造集中展示嘉定新城形象风貌的样板区。征集方案以“创造型新城中心”为规划目标，提出环湖文化休闲环和都市活力谷设计概念，奠定了“Z”字形的整体空间结构；以多元融合为设计理念，创造尺度宜人、富有活力的城市生活空间，充分融合办公、商业休闲、居住、文娱配套等功能；以新技术应用为引领，探索智慧化设计，提升人民的体验感。与此同时，为强化对规划功能定位与功能配比的支撑、塑造重点地区24小时活力街区、加强智慧交通前瞻性考虑，组织编制单位邀请专业研究团队分别开展功能业态、特色街区、智慧交通专题研究。基于上述工作，开展控制性详细规划方案编制。

总体定位与方案思路

打造文化氛围浓郁、生态魅力彰显、辐射长三角、引领嘉昆太的“远香文化源”。为强化新城中心与新城枢纽的联系，方案将新城整体结构十字轴中东西向的紫气东来轴进一步延展，依托打造南北向的熏风南至轴，在更大范围内形成“Z”字发展廊道，实现紫气东来—远香湖—预留轨交站—嘉闵线丰登路站的串联。为突显熏风南至轴在功能串联、活力延展方面的重要作用，方案在轴线上依次布局文化环、未来塔和活力谷，形成具有标识性、最富吸引力的城市会客厅。

方案亮点

绿色空间活力化，打造“远香漫步”的文化美景。在保利大剧院、嘉定图书馆等高能级文化设施基础上，结合湖区开敞空间，通过文化环的建设连接并激活沿湖各类文化活动空间。保护与扩大远香湖生态基底，发挥环湖集聚效应，丰富公共文化艺术、休闲游憩、综合公共服务等体验型功能，激活环湖精彩的大师建筑作品，构筑亲近人民、融入生态美景的文化环路。

宜人街区体验化，塑造丰富的活力场景。从人的体验和需求出发，以活力谷为核心，在全域塑造高度混合、小尺度、中低层高密度的街区空间，激发地区活力和创造。在街区、街坊和地块不同层面，有机地混合体验功能、创造功能、商业与休闲功能，关注建筑底层的功能业态、空间尺度及公共界面的连续性。通过中央林荫大道、滨水体验廊道、建筑平台和连廊、地下连通道等，塑造连续的公共活动空间。丰富夜间设施业态，突出全时段空间利用，打造24小时公共活动集聚区。

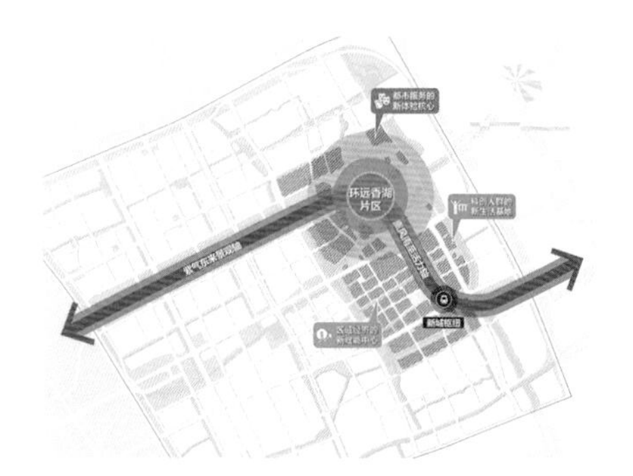

嘉定远香文化源“Z”字发展廊道示意图

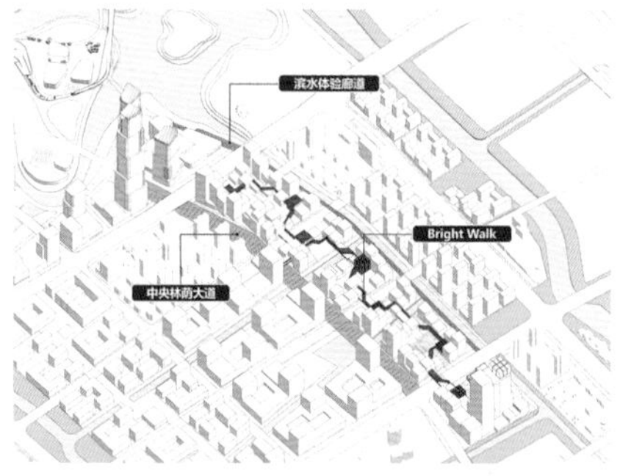

嘉定远香文化源“活力谷”公共空间系统示意图

嘉定远香文化源“文化环”构思示意图

城市运营智慧化，展现高效的未来图景。结合嘉定汽车产业特色，以智慧交通为先导，构建富有体验性的智慧城市系统，形成 1+n 的智慧底板。前瞻考虑城市空间和配套系统，实现地区交通动态管控、停车泊位自动诱导、地下停车智慧管理等功能。借助移动互联网、云计算、大数据、物联网等智慧技术，实现公交、慢行出行与区域轨交、中运量的高效衔接。设置区域物流分拨中心，通过鼓励单元联动开发，一体化考虑连通街坊内地下空间，在单元间预留联通道应对未来无人智慧物流的需求。

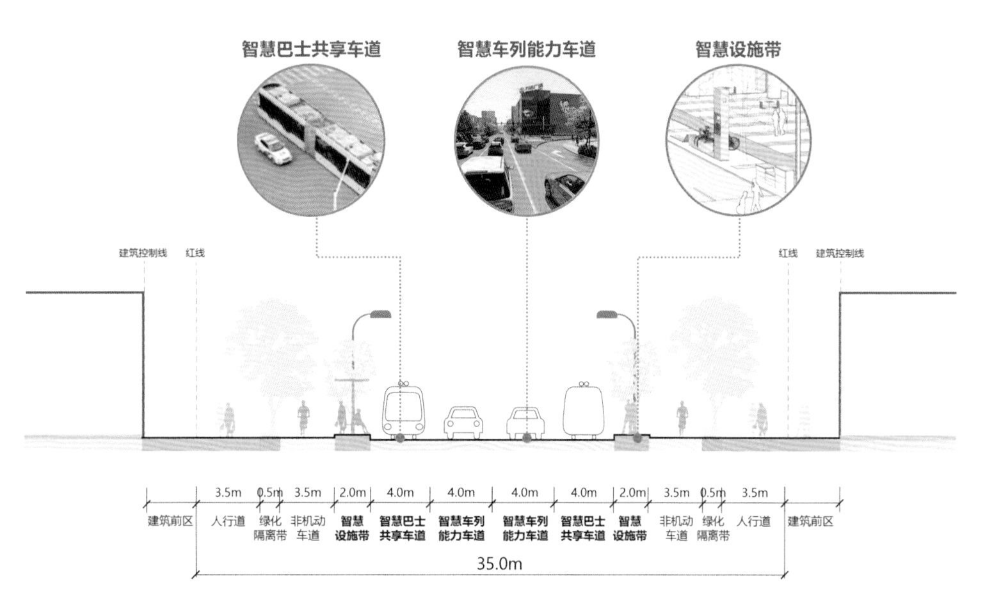

嘉定远香文化源“适应智能驾驶的道路断面优化”示意图

嘉定远香文化源城市设计总平面示意图

2.2.2 青浦上达创芯岛

项目概况

规划范围	东至华青路，南至盈港路，西至城中北路，北至崧泽大道
规划面积	3.0 平方公里
规划人口	1.5 万人
总建筑面积	312 万平方米
商业商务、研发建筑面积	200 万平方米
住宅建筑面积	65 万平方米
蓝绿空间占比	40%

城市设计及深化团队	Sasaki Associates、中国城市规划设计研究院
控规编制团队	中国城市规划设计研究院
专题研究团队	青浦之芯岛（中国城市规划设计研究院），上达河公园、水利、蓝线（华东建筑设计研究院有限公司）

青浦上达创芯岛控制性详细规划土地使用规划图

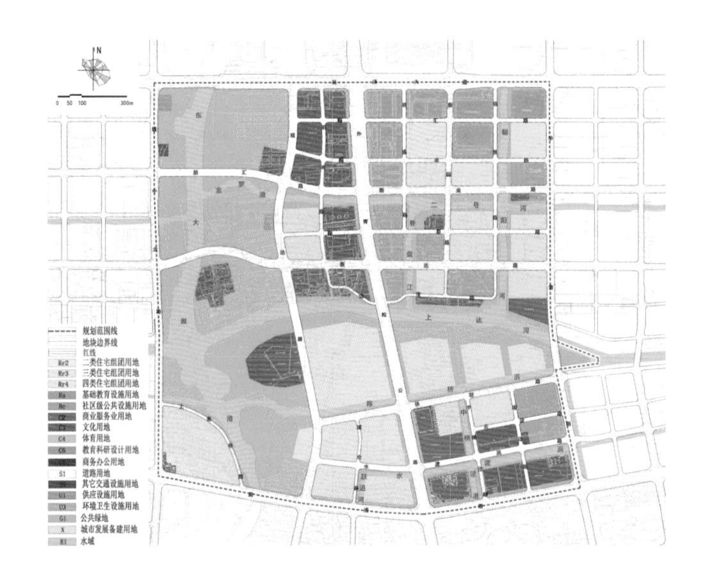

城市设计鸟瞰示意图

1. 资源禀赋

基地范围内高价值资源要素集聚，主要包括：

一是高密度的水网。基地总体呈现“河网纵横”的水系格局，水网密度 3.3 公里 / 平方公里。

二是高开放的区位。基地位于长三角数字干线和外青松公路产城融合发展轴交会点上，引领新城双向开放。

三是高价值的枢纽。轨道交通 17 号线与示范区城际线、嘉青松金线在这里实现同站换乘。

2. 规划方案

规划通过场地要素梳理和特色空间挖掘，识别了由骨干水系围合而成的“青浦之芯”岛，作为彰显新城“最江南”特色、集聚地区活力、体现新理念的核心载体，锚固了空间总体格局。在设计上，延续江南以水为脉的营城理念，目标做足“水”的文章，探索新江南水乡的现代空间演绎模式，将水网作为组织城市功能和空间场所的脉络，从水的不同维度提出空间设计策略。同时，为了突显“青浦之芯”岛的示范价值，以“新江南岛、公共活力岛、绿色慢行岛”为理念，开展青浦之芯岛专题研究。为了进一步擦亮新城水绿底色，实现城市与风景共融，进一步开展上达河公园、水利、蓝线专题研究。基于上述工作，开展控制性详细规划方案编制。

总体定位和设计思路

打造兼具活力与魅力的城市创新核，呈现“最江南”的“上达创新岛”。方案兼顾传承与创新、自然与现代、活力与高效，通过强化地区资源秉赋助推功能发展。一是“以水营城”，从水空间、水场所、水景观、水生活、水交通等多维度促进水城共融；二是“依水生绿”，依托水网将生态景观要素引入城市中心，实现“步行可至水边，有水即有风景”；三是“以岛聚能”，聚焦四面环水的中心岛屿，打造新江南韵味的“创新岛、活力岛、零碳岛”，建设令人向往的新城网红打卡地。

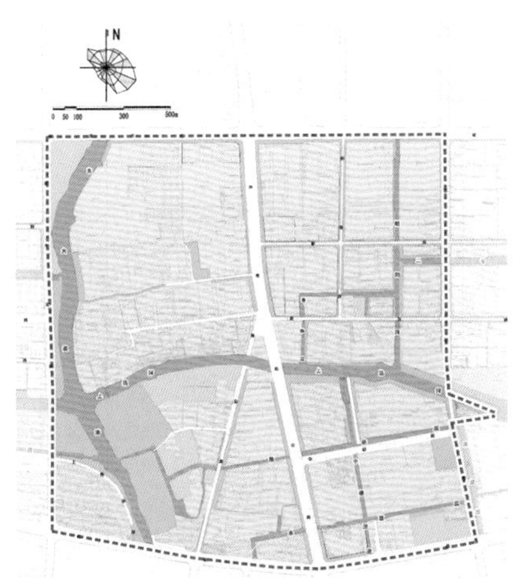

青浦上达创芯岛现状水系图

青浦上达创芯岛水系规划图

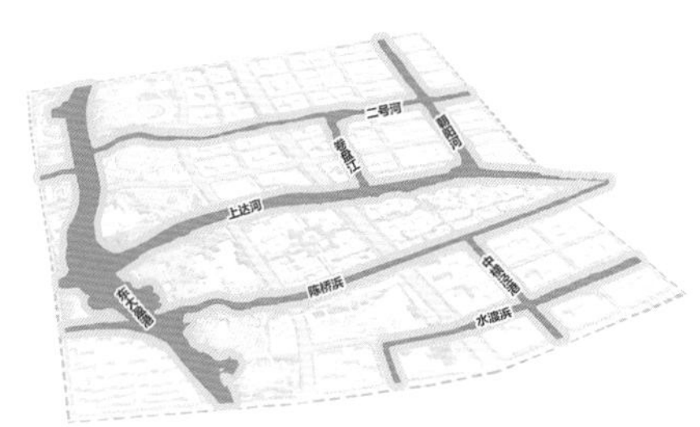

以水营城

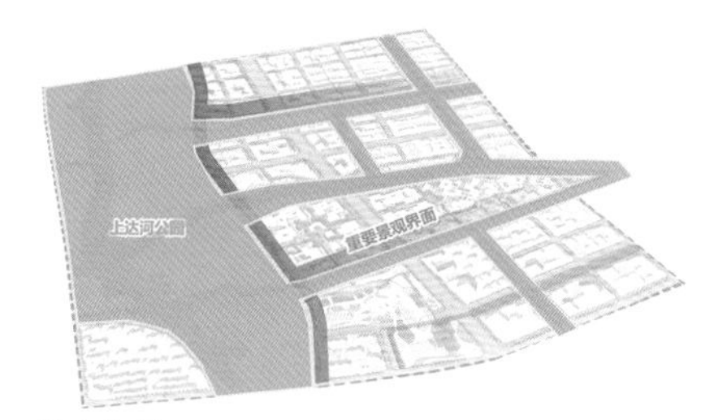

依水生绿

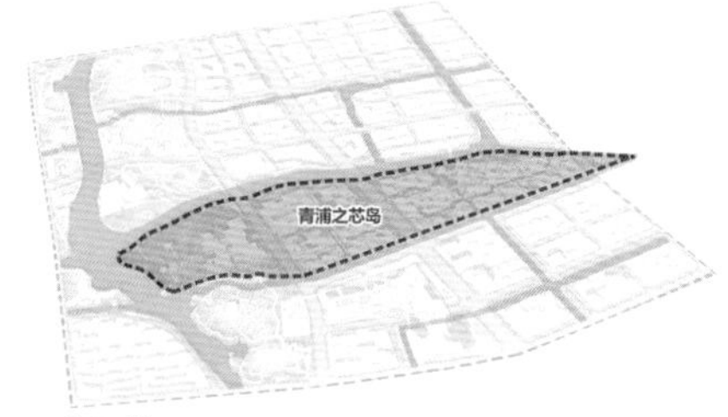

以岛聚能

青浦上达创芯岛方案演进分析图

方案亮点

理水，构筑丰富灵动的水系网络。营造近水亲水的空间感觉，以 300 米可达水边为标准联通拓宽河道，在公园和开发地块内增设水体，还原河道蜿蜒曲折、自然有机的线型。以水为脉，串联 TOD 区域、青浦之芯岛、上达河公园以及外青松总部园等核心功能区。

塑景，打造城水联动的水岸风貌。契合河道尺度和两岸功能特征，分类打造生态型、生活型和活力型岸线。通过丰富多元的景观、场地和建筑设计，满足现代生活对滨水活动空间的需求，强调感官体验。营造“处处可见水”的场景意向，通过营造前低后高、错落有致的建筑天际线，连续公共、有活力的滨水界面，实现贴水、近水、望水的不同观景效果。

宜居，构建独特的“水乡生活圈”。沿水岸布局居民高利用率的服务设施，沿水打造充满江南气质的生活街区，让居民生活回归水岸。沿水建设青浦特色的“青道”慢行系统。实现漫步道、跑步道、骑行道、蓝道（水上交通）“四道”合一。构建水上巴士线，实现轨交、公交、水上交通一体换乘。

青浦上达创芯岛贴水、近水、望水建筑管控示意图

青浦上达创芯岛水乡生活圈模式示意图

青浦上达创芯岛城市设计总平面示意图

2.2.3 松江云间站城核

项目概况

规划范围	东至大涨泾，南至申嘉湖高速，西至毛竹港，北至金玉路
规划面积	2.47 平方公里（研究范围面积 3.99 平方公里）
规划人口	2.1 万人
总建筑面积	302.1 万平方米
住宅建筑面积	71.0 万平方米
商业商办建筑面积	158.7 万平方米
文化建筑面积	13.1 万平方米
国际方案征集参与团队	株式会社日本设计、上海思倍安建设咨询有限公司、上海同济城市规划设计研究院有限公司、阿特金斯顾问（深圳）有限公司
城市设计深化团队	上海市上规院城市规划设计有限公司、杭州中联筑境建筑设计有限公司
控规编制团队	上海市城市规划设计研究院
专题研究团队	功能专题（中国城市规划设计研究院、上海社会科学院） 交通专题（上海市城市规划设计研究院）、站房设计 [中铁第四勘察设计院集团有限公司、同济大学建筑设计研究院（集团）有限公司]

松江云间站城核控制性详细规划土地使用规划图

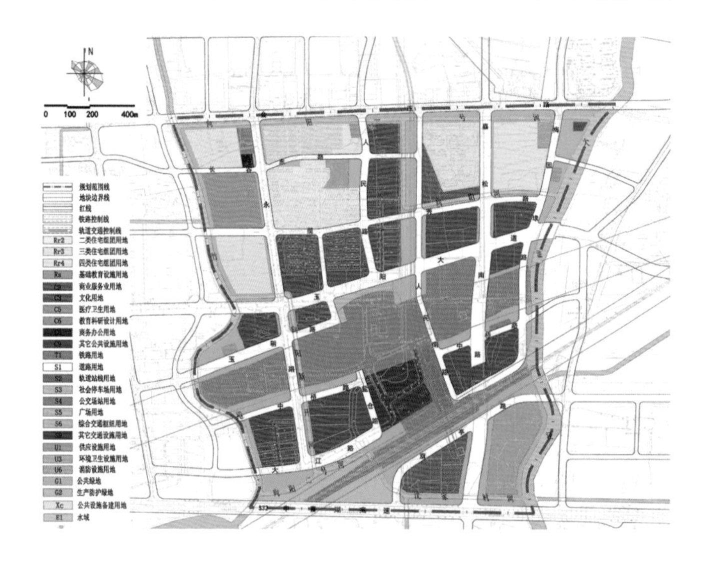

松江云间站城核城市设计效果图

1. 资源禀赋

规划充分挖掘基地在区位和交通方面的优势，主要包括：

一是核心区位条件优越。基地位于南北向城市发展轴的南端，是松江新城“一廊一轴两核”空间新格局中的南部核心，是新城“十四五”规划确定的四大重点地区之一。

二是枢纽门户优势显著。规划在既有沪杭高铁的基础上引入沪苏湖铁路，建设站台规模达到 9 台 23 线、年客流预测在 2000 万以上的松江枢纽，对外交通优势将进一步显现。但同时，松江枢纽较大的建筑体量，也为地区融合带来了一定的挑战。

三是文化引擎功能联动。基地可与东侧华阳湖科技影都片区形成联动，充分发挥科技影都与枢纽相结合的乘数效应。

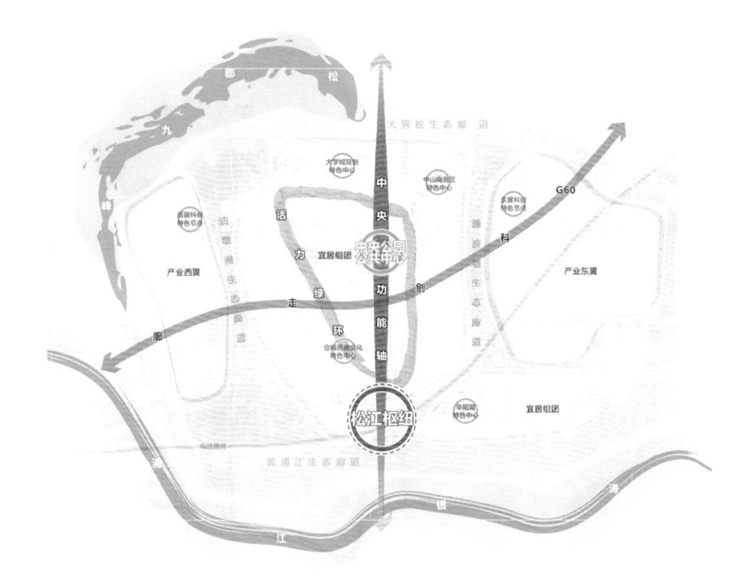

松江枢纽区位图

2. 规划方案

基地作为超大枢纽与城市中心的双重身份提升了项目设计的难度，征集方案提出的“站城一体、全域链接”、打造碳中和城市示范区、建设具有标志性的中轴公园景观、营造多样的地标场景等理念为城市设计深化开拓了思路。与此同时，为明确地区功能定位，解决枢纽和中心的复杂交通问题，组织编制单位邀请专业团队开展了两项专题研究。功能专题提出在枢纽核心圈层立足 G60 科创产业与影视文化产业，发展跨区域商务服务功能，打造功能融合街区与商旅文目的地枢纽。交通专题从枢纽客流特征分析出发，对地区综合交通系统组织提出枢纽设施集成、车行适度分离、强化公交配置等建议，并提出构建立体慢行系统的初步构想。基于上述工作基础，开展控制性详细规划方案编制。

总体定位和方案思路

围绕“出站即中心”理念，集聚 G60 科创走廊沿线商务功能，打造站城融合、通达宜居的“云间站城核”。一是理交通，以实现枢纽与城市最便捷的转换。通过高架和地面道路系统确保地区交通和枢纽交通适度分离，通过构建多层次的慢行网络保证枢纽地区的慢行友好。二是强功能，牢固树立基地在长三角地区的功能引擎地位。紧紧抓住在长三角地区颇具影响力的 G60 科创产业功能，建设独具魅力和吸引力的目的地。三是塑品质，强化地区中心和枢纽地区的特殊标志性空间。通过高品质公共空间、高质量的城市界面等精细化的打磨，为松江新城打造一张展示风采的靓丽名片，体现创新引领的功能引擎、符合时代发展的文化高地。

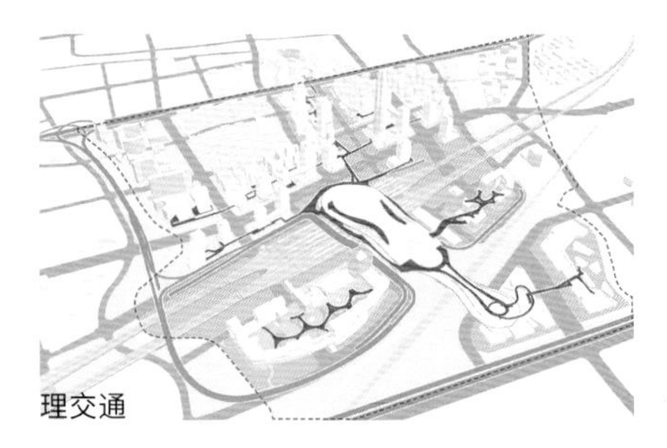

理交通

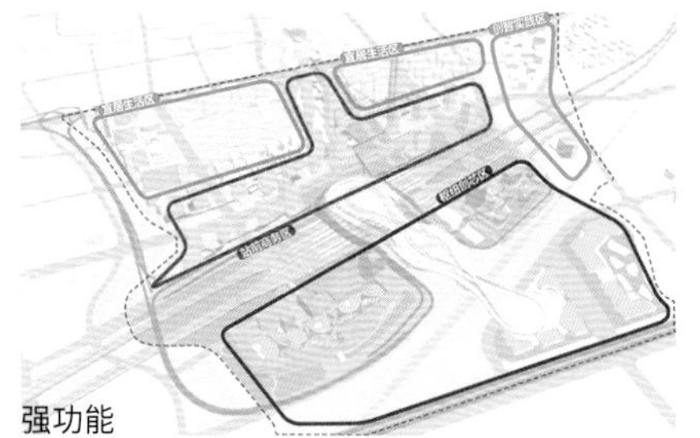

强功能

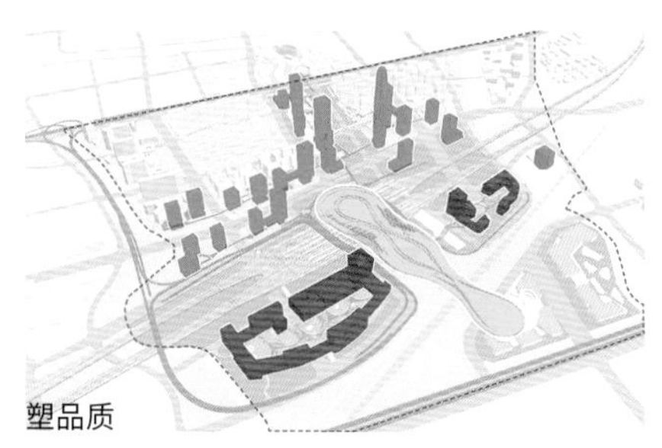

塑品质

松江云间站城核方案推演示意图

方案亮点

功能融合，突显城市目的地的多元魅力。交通中心高效链接新老站房，是站城功能高度融合的核心载体，除交通功能外，同时承载商业、展示、文化、娱乐、体验、休憩等多种城市公共功能，打造集约高效、独具魅力的站城综合体。新旧铁路线之间的夹心地重塑为影视目的地，规划引入松江特色的影视文化、旅游、科创等功能，打造具有吸引力的科创文旅创芯岛。夹心地采用围合式的特色建筑群落，弱化外围交通带来的负面影响；内部打造空中共享花园的城市秀场，结合上海本地文化 IP，塑造特色的体验型目的地，吸引全世界爱好影视的潮流客群。

空间无界，推动枢纽站房与城市区域的融合连通。依托轨道交通九号线线路上方的公共绿地打造公园候车厅，打破站体候车厅的物理边界，使得车站候车、集散的组织范围扩展到城市区域。通过立体慢行系统连接公园候车厅和枢纽站房内的城市通廊，实现站前与站体的空间融合。针对玉阳大道、人民路等主要道路的站前区域，形成连续的商业界面，营造丰富多样的亲站体验，营造大型枢纽的活力氛围。

松江云间站城核夹心地打造为体验性目的地

慢行畅通，实现站体与城市的无缝衔接。构建多层联通的立体慢行系统，有效串联各目的地，满足进出站、通勤、休闲等多样需求。其中，空中慢行系统供通勤和休闲人群直达站前商务区、枢纽创芯区，免受城市主干道车流以及铁路线路的干扰；地面慢行系统串联地铁及公园候车厅，供枢纽进出站人群使用；地下慢行系统串接站体与规划地铁站点，为通勤及进出站人群提供遮风避雨的便捷换乘通道。

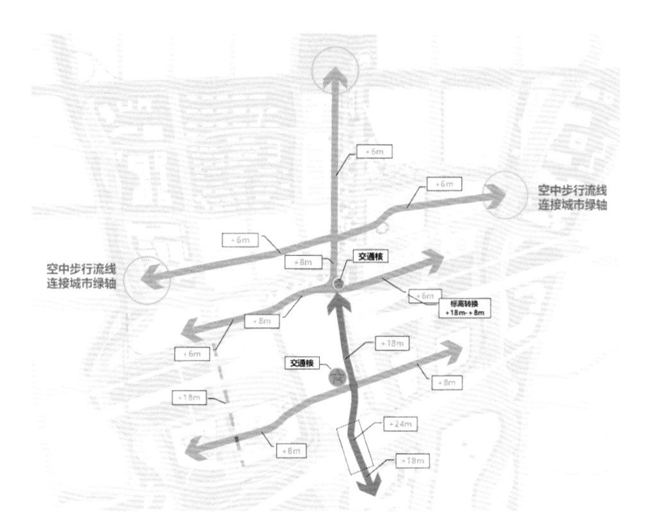

松江云间站城核立体慢行系统串联公园候车厅与城市通廊

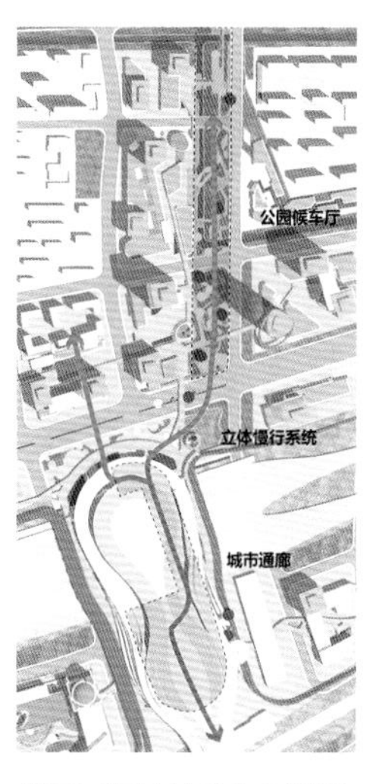

松江云间站城核空中慢行系统分析图

松江云间站城核城市设计总平面示意图

2.2.4 奉贤望园森林芯

项目概况

规划范围	东至金海公路、树悦路、水悦路，南至年丰路、湖堤路，西至望园路、庙园路、柘沥港，北至树贤路、树悦路
规划面积	1.0 平方公里（研究范围约 9 平方公里）
规划人口	1.1 万人
总建筑面积	213 万平方米
住宅建筑面积	39.6 万平方米
商业建筑规模	43 万平方米
办公建筑规模	103 万平方米
城市设计团队	亚施德邦建筑设计咨询（上海）有限公司
控规编制团队	上海宝山规划设计研究院有限公司
专题研究团队	生态专题（上海交通大学设计学院）、交通专题（华东建筑设计研究院有限公司）

奉贤望园森林芯控制性详细规划土地使用规划图

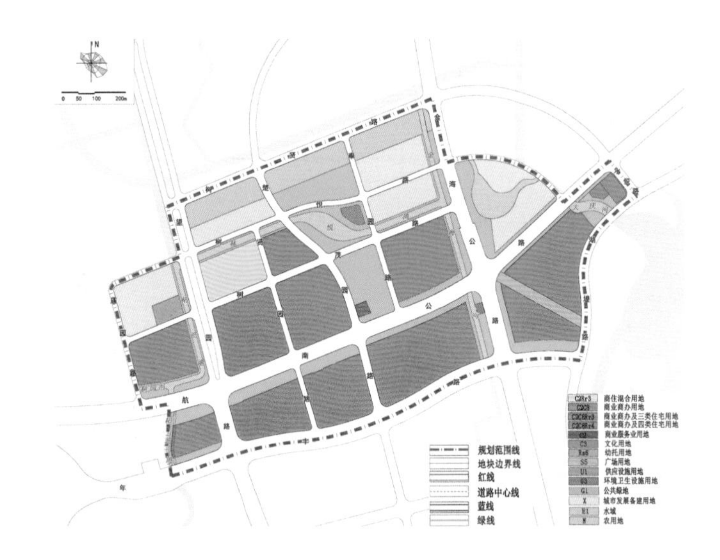

奉贤望园森林芯城市设计鸟瞰示意图

奉贤望园森林芯现状实景照

1. 资源禀赋

基地及周边高价值资源要素集聚，主要包括：

一是森林覆盖、生态资源独特。基地北枕中央森林、南望上海之鱼，现状林地约 3.5 平方公里，森林覆盖率达 70%。

二是通江达海、交通区位优越。基地位处通江达海的廊道节点，为航南公路、金海公路等城市主要干道的交会之处，也是多条轨道交通换乘的便捷之地。

2. 规划方案

本次城市设计的重点与难点在于充分发掘中央林地特质，塑造特色城市空间，并衔接好立体交通组织。城市设计方案提出“魅力湾区会客厅、森林枢纽 CAZ”的总体定位，以及 CAZ 区域一体设计、延续森林在地基因、融合森林意象与城市活力等核心策略。同时，就中央森林与基地的城林共生、基地内外交通组织开展生态专题及交通专题研究，其中生态专题重点针对功能协同发展、水绿系统互联互通、生态活力营造、多类型生态系统建构等开展研究；交通专题针对进一步优化基地内外交通组织、确保地区交通的可承载性，在基地路网优化、慢行空间系统规划、公共交通引导等方面提出相应策略，强化对城市设计方案的支撑。基于上述工作，开展控制性详细规划方案编制。

总体定位和方案思路

发挥超大林地生态效应，延续森林基因，建设引领城市新生活方式的魅力湾区会客厅，打造活力与野趣相映生辉的“望园森林芯”。方案强调将森林引入城区，实现“最生态”的森林体验与“最活力”的城区空间动静两相宜。

一是板块融合。围绕打造新城中心的总体定位，基地与中央森林、金海湖板块开展一体化设计，促进各板块在功能、空间结构等方面形成联动融合，实现将城市融入森林、在森林中体验发现 CAZ 的设计意向。

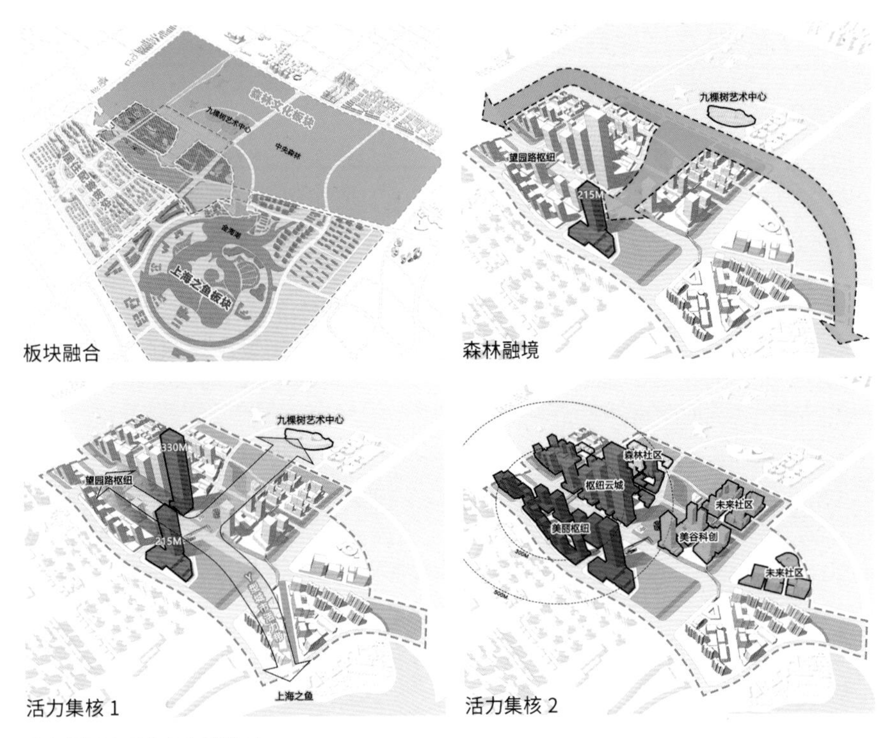

奉贤望园森林芯方案推演图

二是森林融境。识别并延续基地内的森林基因，将森林风貌融入城市钢筋混凝土，将森林活动注入功能多元的城市区域内，以全方位的城林渗透，让人置身于一个绿色、亲自然又充满活力的环境中。

三是活力集核。形成枢纽周边集中高强度开发、向外逐渐递减的开发格局；引入全球城市核心功能，打造就业、休闲、居住时空复合的 24 小时活力区。

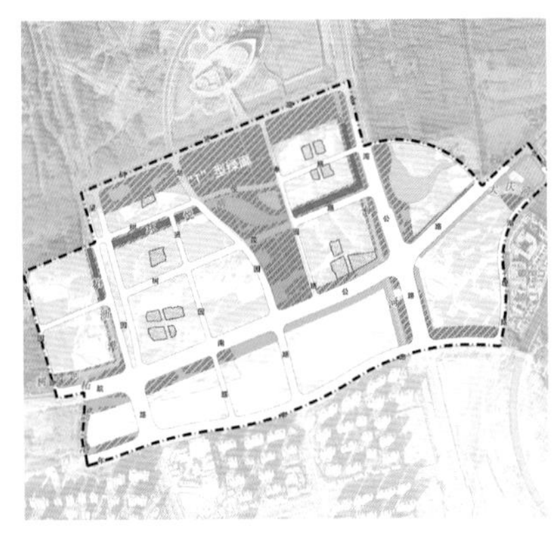

奉贤望园森林芯水绿网络分析图

奉贤望园森林芯生境体验系统分析图

方案亮点

锚固森林基底。一是构筑区域层面水绿网络。整合 9 平方公里研究范围内的水绿空间，预控联系中央森林、金海湖与基地的骨干水系、重要绿廊，形成互联互通、串联成网、水绿交融的整体生态系统。二是夯实城林互融的空间基底。以延续森林基因为原则，在 1 平方公里规划范围内，结合林地林相与九棵树艺术中心的景观关系，保留“T”形廊，打造中央绿地公园，使其成为感受森林风貌的核心场所；在地块内部延续原生态森林图斑形成内部绿化，通过补植优化，强化城林无界的意象。

强化生境体验。一是打造城林渗透的森林界面。针对活力街道，扩大建筑退界空间，建设充满森林氛围的商业外摆区，使人在行进中既能体验森林的葱郁，也可感受城市的热闹。针对街坊内建筑群，重点导入商业、娱乐等公共功能，确保界面开放；控制低层建筑形式和材质选择，形成城、林、水的渗透；增加景观树的种植，使人对空间的感知从高楼变为林木。二是形成随林而动的森林慢行“U”径。通过 U 形廊道串联地块内的林地图斑，并与沿线的绿地森林、河湖、广场，共同形成连接街坊的生态自然之径和活力系统。

突显枢纽活力。充分发挥基地通江达海的门户区位优势，围绕换乘枢纽站汇聚交通流、人流、物流活动，借力塑造功能聚合、特色彰显的城市副中心，打造奉贤新城门户地标。核心区域采用混合用地、立体复合的形式，重点集聚高端商业商办、总部经济，云集剧院、酒店等全球城市核心功能。

奉贤望园森林芯枢纽周边效果图

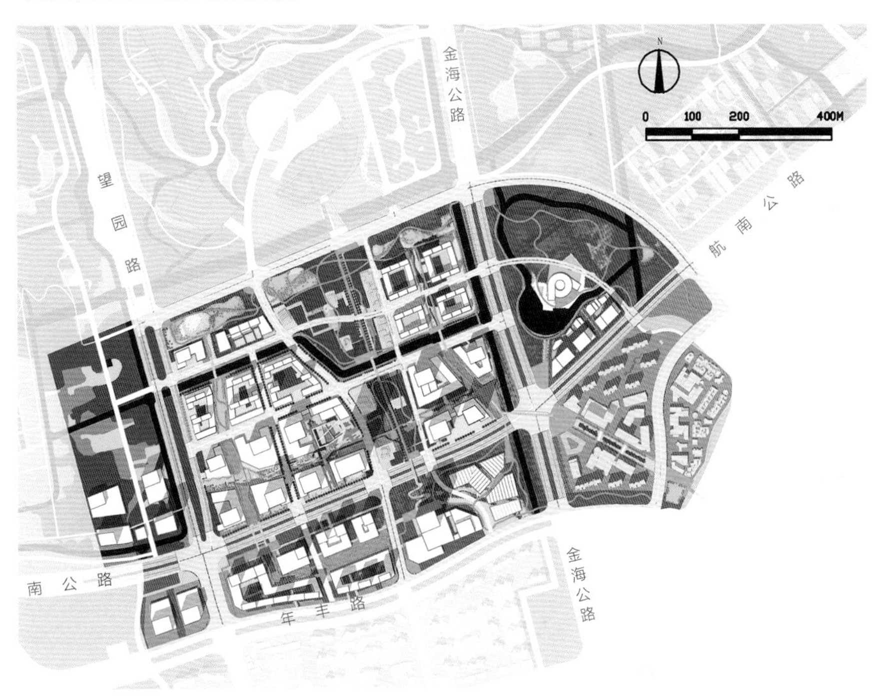

奉贤望园森林芯城市设计总平面示意图

2.2.5 南汇环湖自贸港

项目概况

规划范围	东至川杞路，南至环湖北三路，西至杉云路，北至 L15 路
规划面积	0.81 平方公里
规划人口	0.51 万人
总建筑面积	184 万平方米
住宅建筑面积	6.5 万平方米
商办建筑面积	99 万平方米

国际方案征集参与团队	艾奕康环境规划设计（上海）有限公司 & 法雷尔建筑设计事务所联合体、三菱地所设计咨询（上海）有限公司 & 华东建筑设计研究院有限公司联合体、奥雅纳工程咨询(上海)有限公司 & 吕元祥建筑师事务所联合体
城市设计深化团队	上海市上规院城市规划设计有限公司
控规编制团队	上海市上规院城市规划设计有限公司
区域规划实施统筹主体	上海临港经济发展（集团）有限公司
专题研究团队	功能策划 [安永（中国）企业咨询有限公司]、建筑验证（华东建筑设计研究院有限公司）、地下空间 [上海市政工程设计研究总院（集团）有限公司]

南汇环湖自贸港土地使用规划图

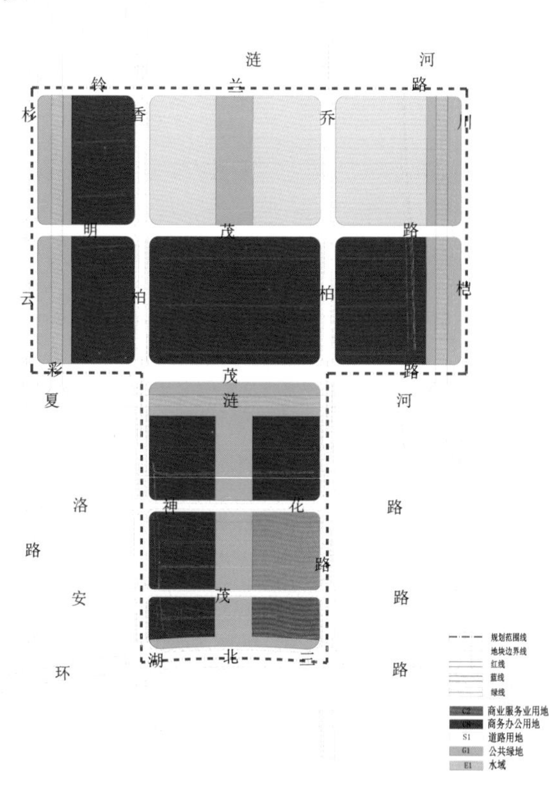

临港环湖自贸港城市设计鸟瞰示意图

1. 资源禀赋

基地具有良好的交通优势与发展机遇优势，主要包括：

一是直达枢纽的交通区位优势。基地位于临港新片区滴水湖北部，是衔接东方枢纽与临港新片区的重要节点，轨道交通 15 分钟到浦东机场、20 分钟到上海东站，对周边区域的辐射和带动能力强。

二是特殊政策的发展机遇优势。基地作为浦东社区主义现代化建设引领区的先行样板，以建设国际化、外向型、离岸型、高开放为特征的特殊经济功能区为目标，是探索特殊经济政策、国际创新协同的重要地区。

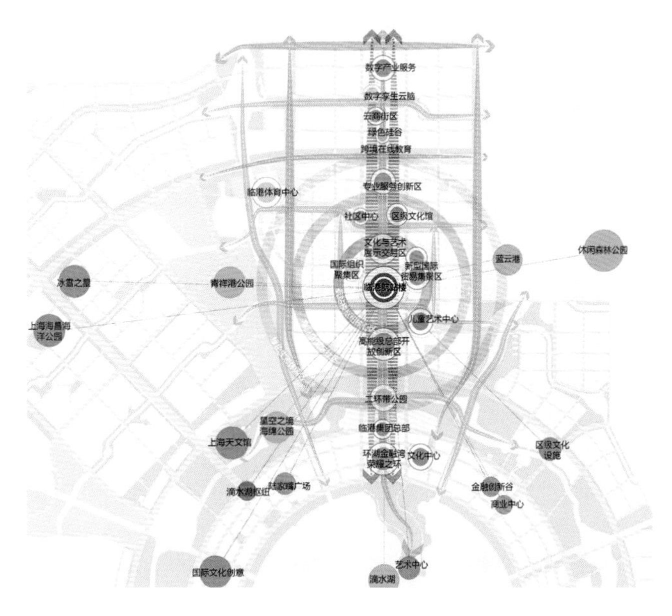

临港环湖自贸港区位图

2. 规划方案

本次国际方案征集的重点与难点在于城市航站楼功能业态的探究与管理、地区风貌特色的塑造。征集方案提出以“二层平台”解决“境内关外”管理问题，通过弹性适配、立体城市等设计理念进行管理机制的创新；以航站楼为主体，构建枢纽综合体，突出临港地区的空间标识性；以可实施性为导向，在功能、布局、空间、交通等方面，系统研究地区与城市的协同发展。同时，进一步开展功能策划专题研究以及核心区建筑验证，强化对城市设计方案的支撑。基于上述工作，开展城市设计深化和控制性详细规划方案编制。

总体定位与方案思路

打造立体复合、弹性适配、兼具自贸与枢纽功能、链接全球的“环湖自贸港”。一是理清功能，明确“境内关外”功能业态、围网需求、航站楼和机场建立空侧直通通道的功能需求，在城市设计方案中预留空间和弹性管理要求；二是衔接实施，明确两港快线开放区站点建设进度要求及相邻地块工程预留必要条件，使城市设计方案更具可实施性；三是塑造空间，基于中央景观绿轴及轨道交通出入口，确定建筑位置并优化地标塔楼簇群的空间组织。

方案亮点

探索“境内关外”、近远结合的功能弹性管控。规划以“境内关外 +CAZ（中央活动区）”为特色功能切入点，综合考虑近期、远期和远景需求。根据现行国际组织政策、国内宏观管理要求、相关行业部门管理要求，依托枢纽及新片区产业板块优势，近期布局全球新型消费中心、专业性组织办公集聚区、国际金融贸易服务中心功能。远期产业功能在近期产业培育基础上，依托政策优势，升级境内关外特殊产业，包括免税消费、国际健康管理、国际娱乐综合特区、国际组织服务区、离岸金融等。结合海关、边检对部分核心功能监管的要求，预留建筑空间和管理的弹性，以适应未来政策变化。

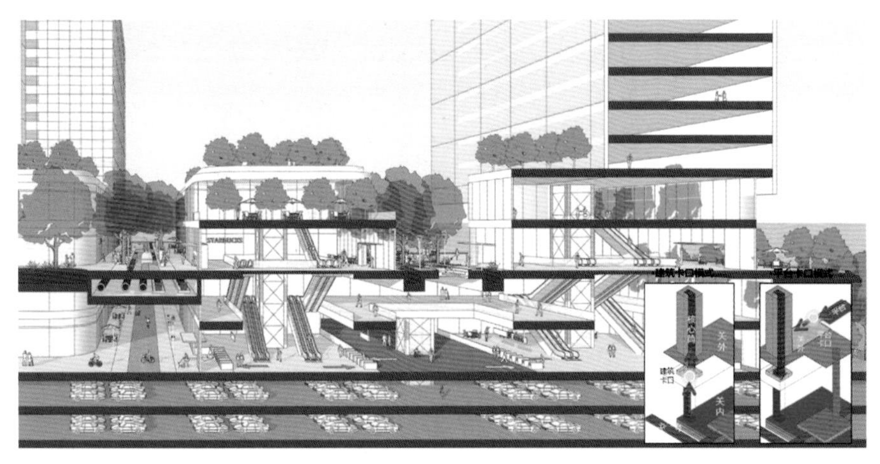

临港环湖自贸港建筑弹性空间示意图

打造标志突出、肌理融合的立体城市。结合中央绿轴，面向滴水湖形成环抱之势，在枢纽和地标区域错落布局塔楼。通过立体空间的连接，实现站、城、景的充分融合，塑造动感、流线形的空间。

塑造生态智慧、先锋体验的未来城市试验场。构建智慧出行系统，更好地满足枢纽周边社区居民的出行需求。通过多层次交通系统，完善短途接驳服务，满足到达人群通向工作地点及滴水湖国际旅游度假区的最后一公里需求。构建智慧物流系统，在智慧物流中心的指挥下，通过地面无人车、无人机或地下物流管道将物品运送至纵向交通电梯，并送达各层用户，实现高效、准时、全天候配送。

临港环湖自贸港核心地区空间效果图

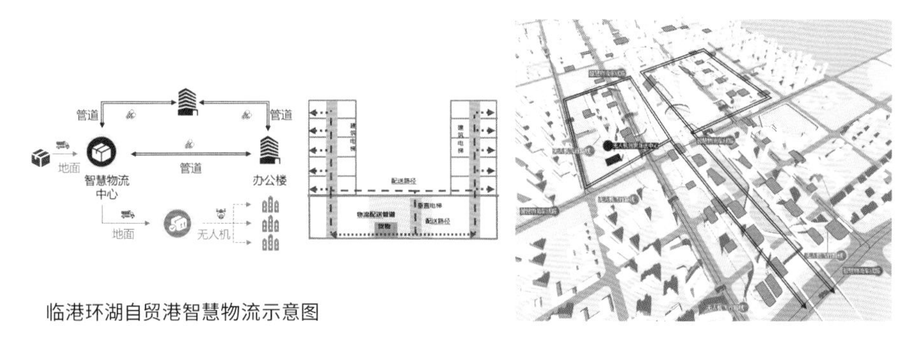

临港环湖自贸港智慧物流示意图

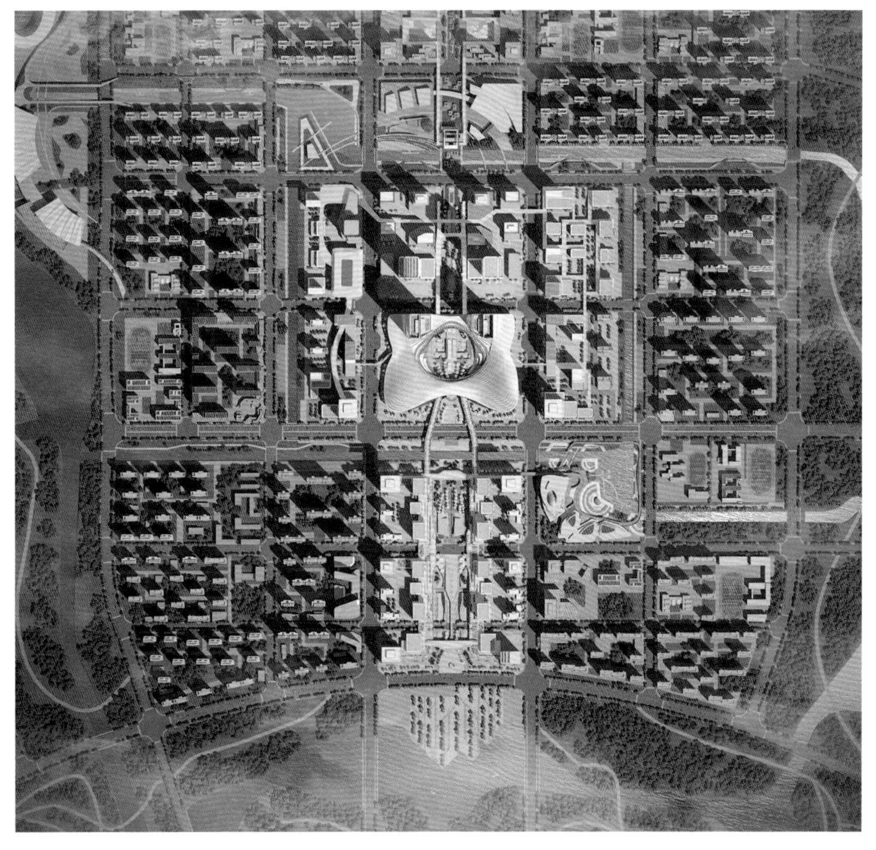

临港环湖自贸港城市设计总平面示意图

2.3 产业社区示范样板区

产业社区示范样板区规划重点关注三个方面策略：产城功能混合提升园区经济活力，鼓励创新要素空间集聚与职住功能混合，鼓励制造业与研发、商业商办等功能有机融合，引导产业组团的弹性管控；高品质公共空间促进园区的交往活力，鼓励形成系统合理、开放共享和多场景使用的公共开放空间和高质量的非正式交往空间，激发创意，适应新一代产业的创新需求；生产生活双配套提升园区便利，引导产业平台设施及生活配套设施的合理布局，改变传统产业园区产业配套缺乏、生活配套不足的问题。

2.3.1 嘉定嘉宝智慧湾

项目概况

规划范围	东至城北路，南至祁迁河，西至胜辛北路，北至顾家门泾—田泾
规划面积	0.82 平方公里
规划人口	0.92 万人
总建筑面积	约 82 万平方米（不含发展备用地）
住宅建筑面积	31 万平方米
教育科研建筑面积	44.26 万平方米
商业商办建筑面积	3.07 万平方米
文化体育建筑面积	1.90 万平方米
国际方案征集（快速遴选）参与团队	百殿建筑设计咨询（上海）有限公司、日建设计城市工程株式会社、SCP Consultants Pte Ltd Sweco International AB
城市设计深化团队	艾奕康环境规划设计（上海）有限公司
控规编制团队	上海广境规划设计有限公司
专题研究团队	产业发展专题（嘉定国资集团）、智慧城市专题（华为技术有限公司）、绿色生态专题（清华大学、清华大学建筑设计研究院有限公司）

嘉定嘉宝智慧湾控制性详细规划土地使用规划图

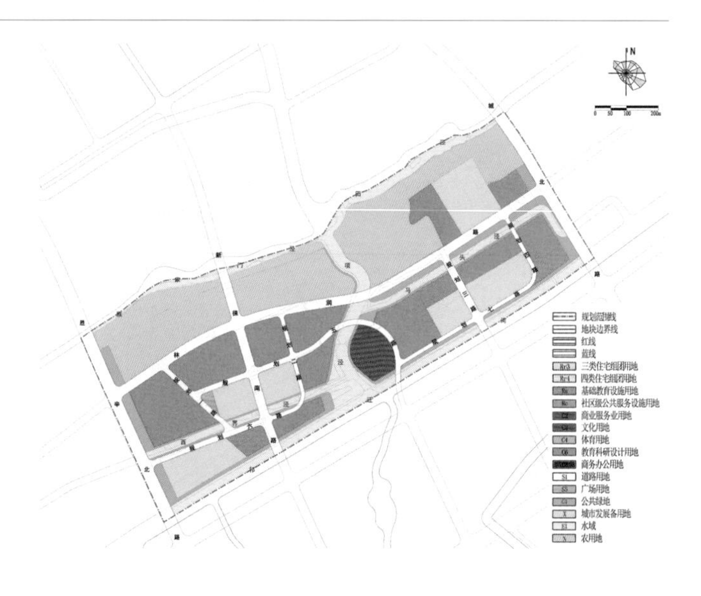

嘉宝智慧湾城市设计鸟瞰示意图

1. 资源禀赋

基地范围内兼具产业发展潜力和自然生态资源优势，主要包括：

一是地处产业发展格局的关键节点。基地位于嘉定老城区与嘉定工业区北区之间，处于传感器产业园的中枢位置，是建构上海集成电路“一体两翼”的重要载体。

二是融于环城生态走廊的良好环境。基地位于嘉定环城生态走廊内，周边水网纵横，林地资源丰富，景观环境优美，是嘉定新城北部重要的生态开敞空间。

嘉宝智慧湾现状水系分布示意图

2. 规划方案

城市设计方案以打造产城共融、低碳共生、活力共建、智慧共享的未来科创之城为目标，立足区域产业优势，汇聚产业全生态链，引领区域产业发展；依托蓝绿网络本底，结合新技术应用，为入驻企业和人群提供优越的发展环境，构筑“一河连两湾、一带融产城”的总体空间结构。同时，为进一步明确嘉宝智慧湾的产业定位和功能结构开展产业专题研究，为把握未来城市建设的智慧技术前沿趋势开展智慧城市专题研究，为更好践行碳中和的生态发展目标，开展绿色生态专题研究，提出落地性强的空间布局思路和城市管理策略。基于上述工作，充分衔接城市设计、专题研究，落实控制性详细规划方案。

总体定位与方案思路

打造芯片研发赋能、生态人文交融、低碳活力共享的智慧蓝湾。规划发挥基地在智能传感器方面的产业优势，充分体现高度复合的功能布局、弹性适应的规划管控、全方位的产业配套服务、激发创意交流的公共空间和慢行环境等设计理念；规划方案尊重基地的林水本底特征，以未来蓝湾和生态绿湾为核心，激发生态与产业发展、城市生活的交融互促，塑造集工作、生活、休闲、交往于一体的未来城市示范区。

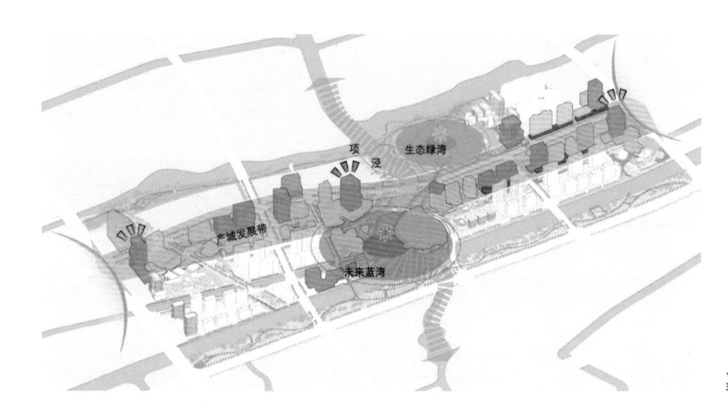

嘉宝智慧湾方案推演图

方案亮点

塑造多元融合的产业生态集群。以吸引研发集聚为导向，形成集工作、生活、休闲、交往于一体的多元融合的产城发展环境。为产业链内不同类型的企业提供不同的发展空间，围绕未来蓝湾，形成企业生态链集聚核：总部型企业布局于生态环境优美的区域、综合型企业布局于产业服务集聚的区域、小微初创型企业布局于开放共享的门户区域。集中布局机构平台，提供共享产业配套设施，支撑产学研转化。空间上形成三个层面的功能融合：组团层面提出差异化功能混合导向，街坊层面鼓励生产生活功能融合，建筑层面探索立体混合。

打造无缝连接的慢行优先区。以生态资源禀赋为优势，创造舒适宜人的城市空间尺度和内外渗透、无缝连接的公共活动空间。围绕全域打造慢行友好街区的目标，通过断面优化、一体化设计、统一标高等方式对道路进行柔性化处理，利用公共通道将社区内公共活动空间与核心公共空间体系进行串联，形成“鱼骨状”的公共活动体系。围绕“未来蓝湾”进一步打造慢行优先示范区，机动车出入口尽可能设置在外围，平日限制车速，节假日禁止车行，引入组块安装式的临时街市设施，打造城市活力集市。

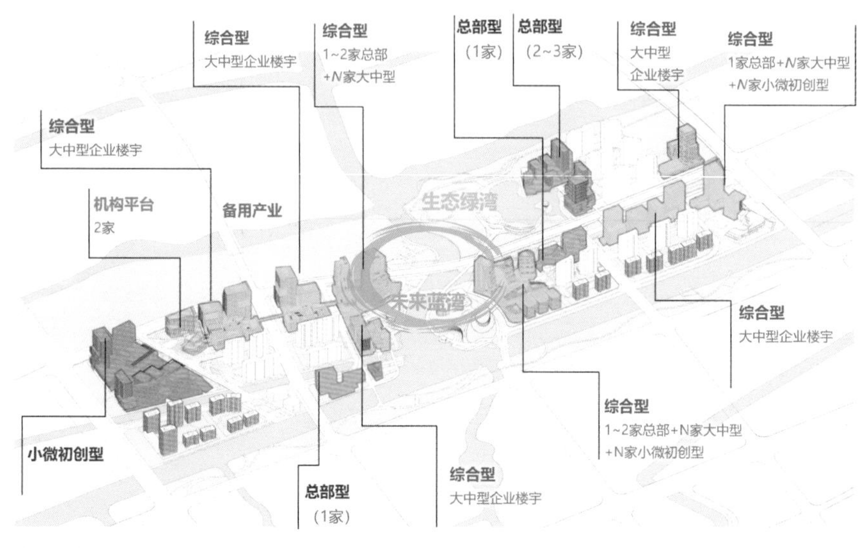

嘉宝智慧湾各类型企业空间布局示意图

构建智慧低碳的未来城区。构建由智慧公交、智慧物流等构成的智慧交通全系统，智慧公交站点实现 300 米服务全覆盖。通过低影响开发的海绵城市、多能互补的综合能源系统，以及绿色建筑示范项目的打造来引领高效便捷、绿色低碳的未来城市生活示范，屋顶安装光伏的面积比例不低于 35%，100% 实行绿色建筑标准，打造 6 个近零碳示范建筑。

嘉宝智慧湾慢行优先示范区效果图

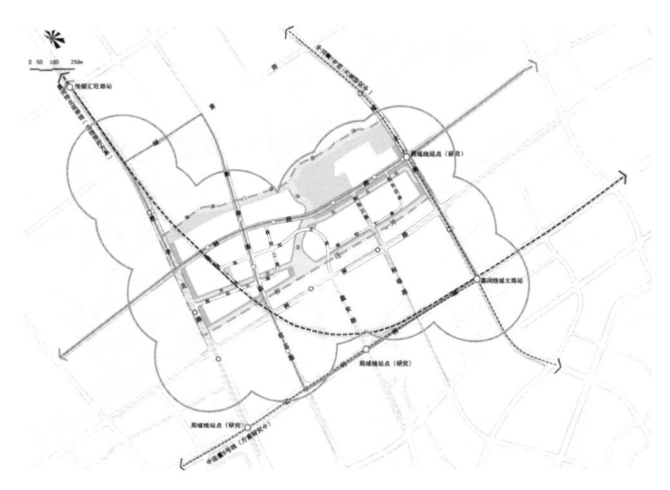

嘉宝智慧湾智慧公交布局示意图

嘉宝智慧湾城市设计总平面示意图

2.3.2 奉贤数字江海

项目概况

规划范围	东至金汇港，南至环城北路，西至金海路，北至大叶公路
规划面积	1.8 平方公里
规划人口	0.37 万人
总建筑面积	229 万平方米
住宅建筑面积	11.3 万平方米（其中租赁住房 2.3 万平方米）
商务办公建筑面积	18.2 万平方米
工业建筑面积	68.0 万平方米
研发建筑面积	21.2 万平方米
综合用地建筑面积	35.6 万平方米
商业与公服设施建筑面积	7.1 万平方米

城市设计团队	Skidmore, Owings & Merrill LLP
控规编制团队	上海宝山规划设计研究院有限公司
专题研究团队	产业策划专题（罗兰贝格国际管理咨询公司 Roland Berger）、低碳韧性市政专题［上海市政工程设计研究总院（集团）有限公司］

奉贤数字江海控制性详细规划土地使用规划图

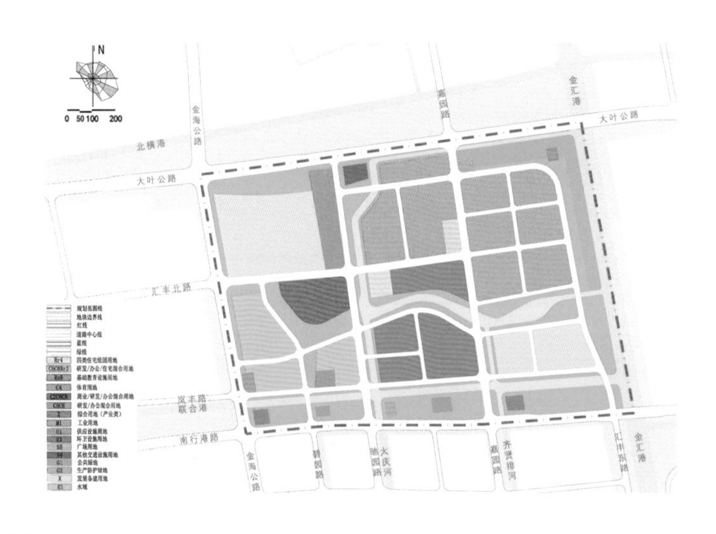

数字江海城市设计鸟瞰示意图

数字江海现状实景照

1. 资源禀赋

基地兼具交通区位和自然生态资源优势，主要包括：

一是出行畅达便利的交通区位优势。基地地处上海市区方向进入奉贤新城的交通门户区域，西联奉贤新城产业片区，南接城北居住组团和奉贤新城市级副中心，东临临港新片区，是各功能区的衔接交会处。

二是水域类型丰富的自然资源优势。基地东临主干河道金汇港，内部大庆河、联合港十字相交，水渠与池塘散布其中，为打造蜿蜒变化的重要景观河道、形成相对集中的景观湖面提供了良好的基础。

2. 规划方案

本次城市设计的重点在于塑造特色鲜明的产业城区风貌。城市设计方案以打造“新一代多元复合的产城中心”为目标，提出打造尺度适宜功能融合的产业城区、促进交往健康活力的开放空间、与产业深度融合且个性鲜明的城市风貌、适应产业发展的弹性规划等规划策略。同时，开展产业策划专题及低碳韧性专题研究，其中产业策划专题提出构建以数字经济、美丽健康、智能网联为主，各项生产服务为辅的“3+X”产业生态体系；低碳韧性专题分别从绿色低碳、海绵城市、智慧城市等角度提出低碳韧性对策，强化对城市设计方案的支撑。基于上述工作，开展控制性详细规划方案编制。

总体定位和方案思路

以探索制造业为主的产业社区新模式、打造城市要素渗透的综合功能城区为目标，数字江海兼顾生产高效与生活便利，重点关注：一是集聚功能活力，基地中心引入东西向水系，集聚面向产业及服务生活的功能与设施，打造最活跃的共享活动中心；二是提升城区品质，通过高品质的休闲绿化慢行体系和活力宜人的街道空间，塑造宜业宜居的城区环境；三是落实低碳韧性，打造全域全环节的绿色产业示范区。

方案亮点

构建复合紧凑的产业空间模式。引入工业、研发、商业、办公、居住与公共服务等多种功能，鼓励组团用地混合、地块功能混合以及建筑功能立体复合。以绿色发展为内涵，优化城区空间格局，合理引导产业用地集约高效利用，包括提升工业用地容积率至 2.5~3.0，建设绿色低碳产业示范区。

集聚功能活力

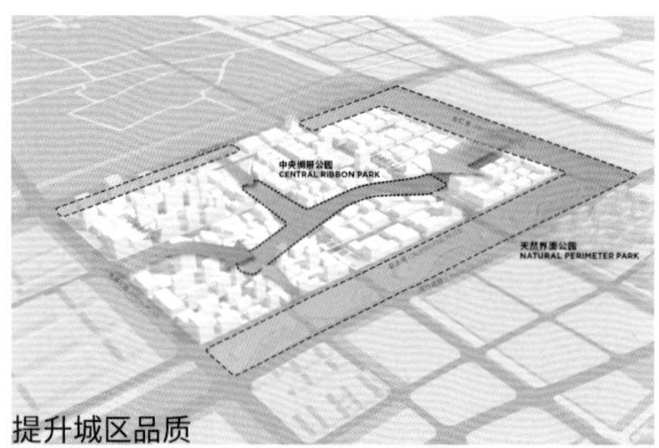

提升城区品质

引入绿色产业

数字江海方案推演图

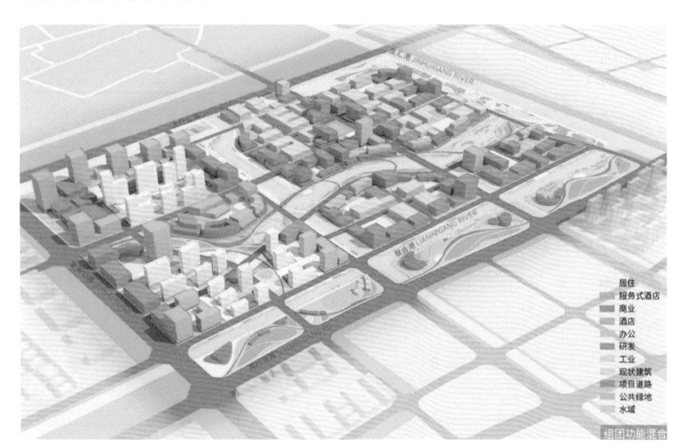

数字江海组团功能混合示意图

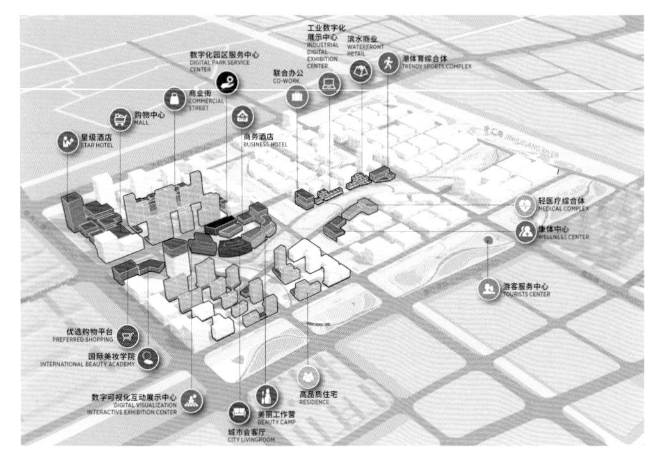

数字江海生活设施规划示意图

塑造特色鲜明的产业创新空间。打造可识别的城区风貌，彰显新城北部门户形象，建设数栋高层建筑与两栋文化地标；保持建筑风格的多样性，避免出现 3 栋以上相同的产业建筑；设计人性化街道，使街道尺度宜人，并在建筑底层植入公共功能；强化第五立面设计，鼓励设置可上人屋面、空中花园等。打造开放共享的生活空间，引入蓝绿水网，在基地中心位置构建核心生态开放空间“绿色 T 台”；围绕绿色 T 台，植入服务设施，重新定义公共空间，打造共享服务带；优化慢行体验，通过设置慢行专用道和人行景观桥、增加建筑退界及底层架空等营造园区慢行网络。

探索灵活弹性的产业用地供给。在基地内试点应用 Z 类综合用地，功能上可兼容工业、研发和产业配套服务等，混合用地比例可在土地出让前根据使用需求确定；对产业组团内的支路进行弹性控制，弹性支路可结合企业取地需求进行微调。

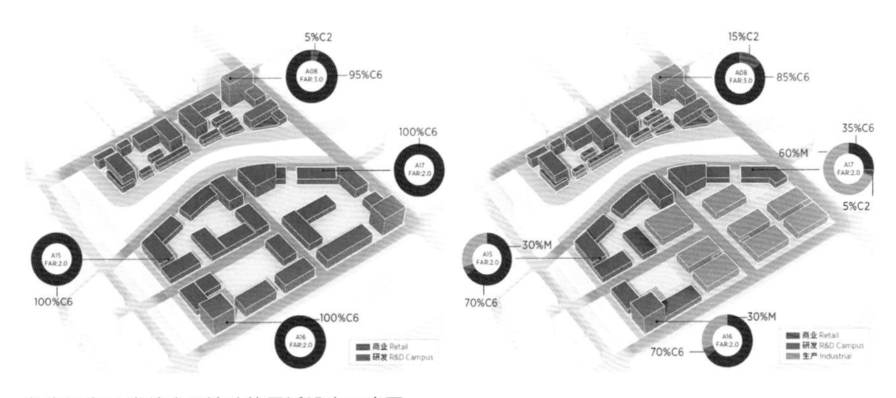

数字江海 Z 类综合用地功能灵活设定示意图

数字江海城市设计总平面示意图

2.3.3 南汇顶尖科学家社区

项目概况

规划范围	东至南港大道，南至海基一路，西至海港大道，北至环湖南三路
规划面积	2.37 平方公里
规划人口	4.0 万人
总建筑面积	300.5 万平方米（不含地下）
科研建筑面积	87.96 万平方米
西社区核心功能建筑面积	顶尖科学家会议中心 15.5 万平方米、成果转化中心 5.9 万平方米、研发中心 2.8 万平方米（不含地下）
城市设计团队	深圳市欧博工程设计顾问有限公司
控规编制团队	上海市城市规划设计研究院
规划实施平台技术统筹团队	上海现代建筑规划设计研究院有限公司、上海市上规院城市规划设计有限公司
专题研究团队	智慧社区专项规划（上海现代建筑规划设计研究院有限公司）、绿色生态专项规划（上海建筑科学研究院有限公司）、低碳发展实践区低碳建设导则 [上海市政工程设计研究总院（集团）有限公司]、区域交通影响评估 [上海市政工程设计研究总院（集团）有限公司]

南汇顶尖科学家社区控制性详细规划土地使用规划图

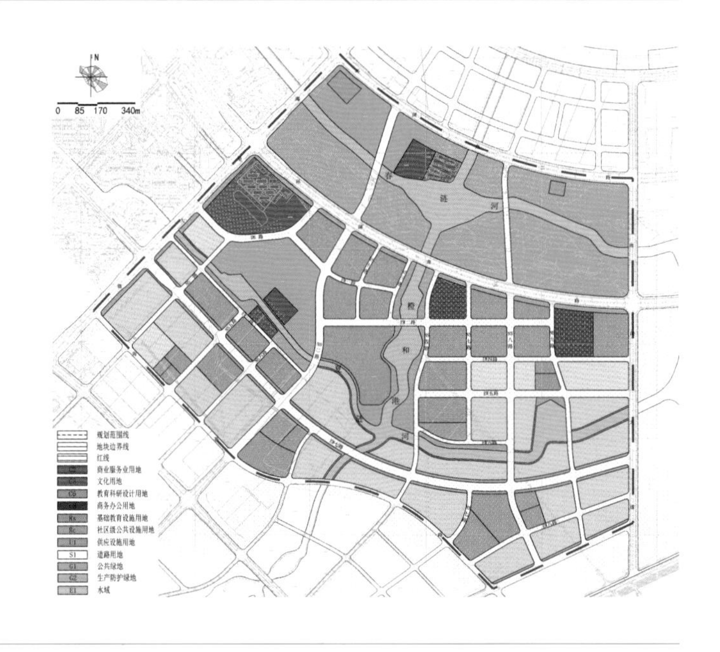

顶尖科学家社区城市设计鸟瞰示意图

顶尖科学家社区永久论坛建设现状

1. 资源禀赋

顶尖科学家社区拥有独特的制度创新优势和丰富的自然资源优势，主要包括：

一是制度创新优势独特。基地定位为中国首个世界级“科学家社区”，依托世界顶尖科学家论坛，充分利用临港新片区制度创新优势，聚焦国际科研创新，打造世界级的新时代重大前沿科学策源地。

二是水系资源要素汇聚。基地周边海、河、湿地等自然要素集聚，内部水系十字交汇，生态景观资源丰富。

2. 规划方案

城市设计方案从科学社区的一般规律出发，深入挖掘科学家对于工作、生活环境的本质需求，充分展现围绕科学家核心需求的“定制社区”特色；最大程度尊重地区既有水系，利用水系交汇形成的优越半岛景观，突显“十字河谷”风貌特征。在控规批复后，结合实施平台工作，开展精细化城市设计及绿色生态专业规划、区域交通影响评估等专题研究，共同服务顶尖科学家社区的规划实施。

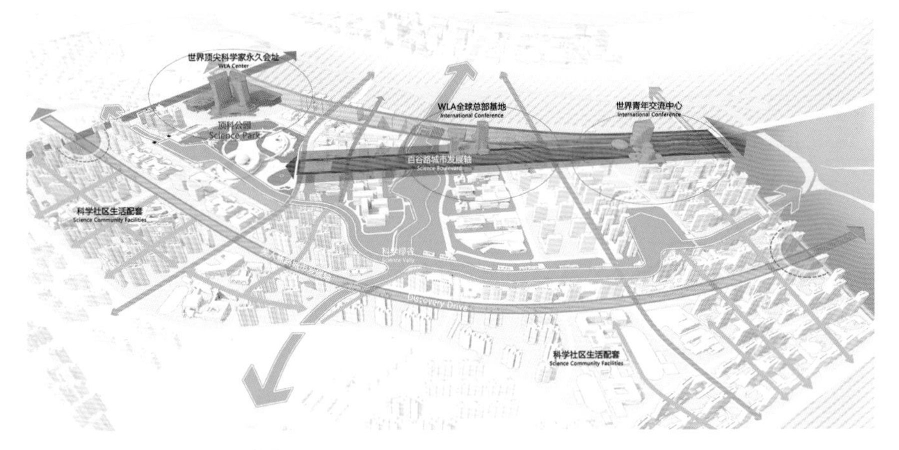

顶尖科学家社区规划空间结构图

总体定位和方案思路

聚焦国际科研创新协同，打造世界级重大前沿科学策源地。顶尖科学家社区围绕世界顶级科学家工作、生活需求，以科学实验要求为切入点，结合基地内生态水系发达、绿林环绕的优势，综合设置社区功能布局、空间结构、配套服务等体系。城市设计方案利用橙和港、夏涟河优良的自然条件，构建十字河谷空间骨架；沿水系打造科学公园，构建交流共享空间；以公园为起点出发，沿百谷路自西向东布局转化研发、科研教育、科研实验，激发交流合作，连接实验与转化。将环湖三路与临港大道作为滴水湖南侧最重要的两个城市界面，交会处布置最主要的标志高层建筑形成门户节点。

方案亮点

营造激发创新的空间氛围。紧扣科学策源战略使命，聚集顶尖科学家实验室。先期引入意向入驻的顶尖科学家实验室 20 个，以期形成规模效应，打造拥有高密度人才的创新区，构建人类科技创新共同体。在规划实施阶段，结合不同类型实验室的个性化需求，细化空间引导、整合行业部门管理要求、明确建筑设计标准，并将物流配送、能源系统等实验室功能需求纳入建设项目管理。

构建理想宜居的科学社区。关注科学家人群特征，通过全景式生态系统、全维度整合链接、全域型交互空间，为科学家提供定制化的工作、生活、娱乐空间，建设激发科学创新活力、适宜科学家生活休闲的理想科学社区。

打造绿色低碳的示范区域。积极响应“碳达峰、碳中和”目标要求，通过建设绿色健康建筑和开展零碳示范行动，顶尖科学家社区荣获第一批三星级上海市绿色生态城区（试点）称号，并落成临港新片区首个“发文认定”零能耗试点项目。

顶尖科学家社区局部效果图

顶尖科学家社区零能耗建筑示范项目效果图

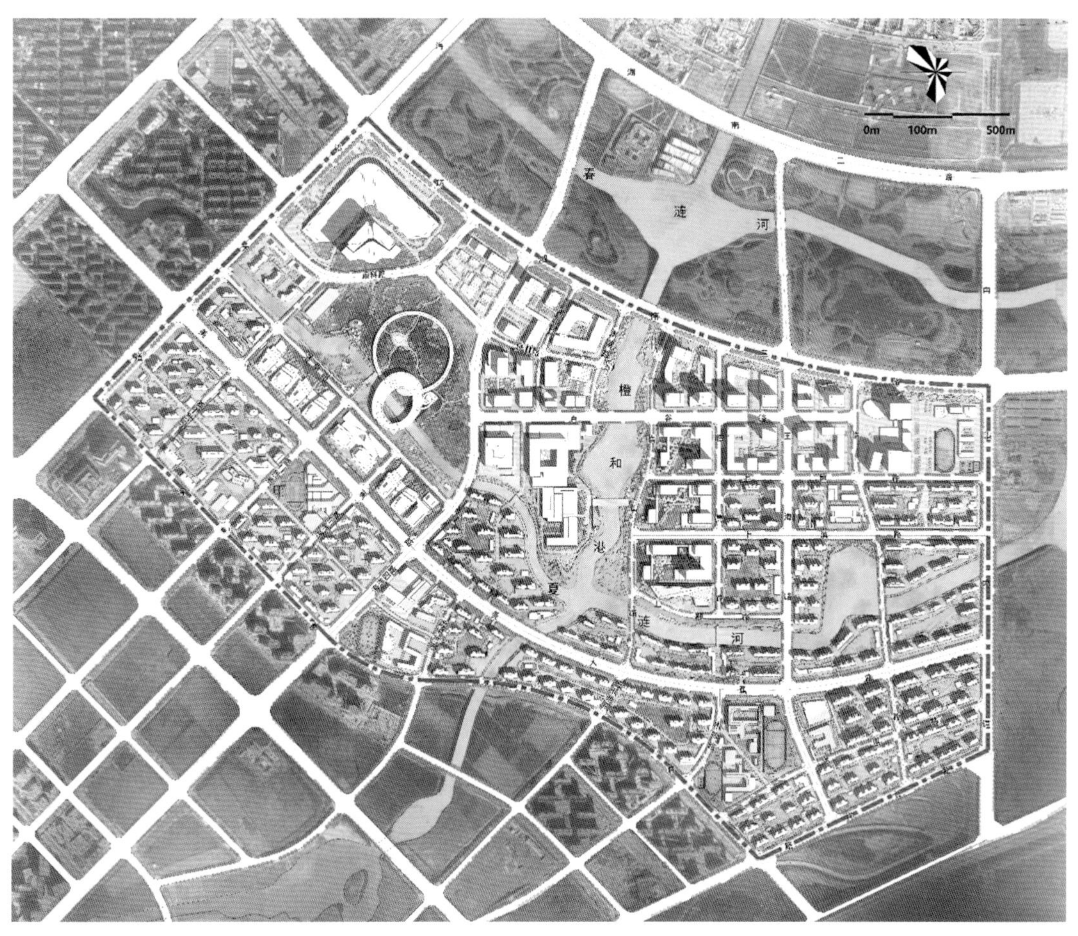

顶尖科学家社区城市设计总平面示意图

2.4 老城社区示范样板区

老城社区示范样板区规划重点关注三个方面策略：多维度挖掘保护要素，将保护要素从城市空间、建筑、风貌保护道路与河道等扩展到桥梁、古树名木等历史环境要素及其他非物质文化要素；保护与重塑历史空间格局，延续风貌保护道路（街巷）及河道空间尺度，修复与重塑历史空间肌理，保护和传承历史景观环境与景观意象；促进建筑功能活化，在差异化的整体功能策划基础上，对历史建筑进行功能适应性分析、功能活化与更新利用。

2.4.1 嘉定西门历史文化街区

项目概况

规划范围	东至外城河，南至西练祁河，西至沪宜公路，北至清河路
规划面积	0.18 平方公里
规划人口	0.08 万人
总建筑面积	6.7 万平方米（不包括置换和在待建地块）
住宅建筑面积	3.1 万平方米
商业商办建筑面积	3.2 万平方米
保护保留历史建筑规模	3.2 万平方米
国际方案征集参与团队	上海同济城市规划设计研究院有限公司、MVRDV B.V.、华南理工大学建筑设计研究院有限公司、启迪设计集团股份有限公司
城市设计深化团队	上海原构设计咨询有限公司
控规编制团队	上海市上规院城市规划设计有限公司
专题研究团队	历史建筑甄别专题研究（上海创物建筑设计有限公司）

嘉定西门历史文化街区控制性详细规划土地使用规划图

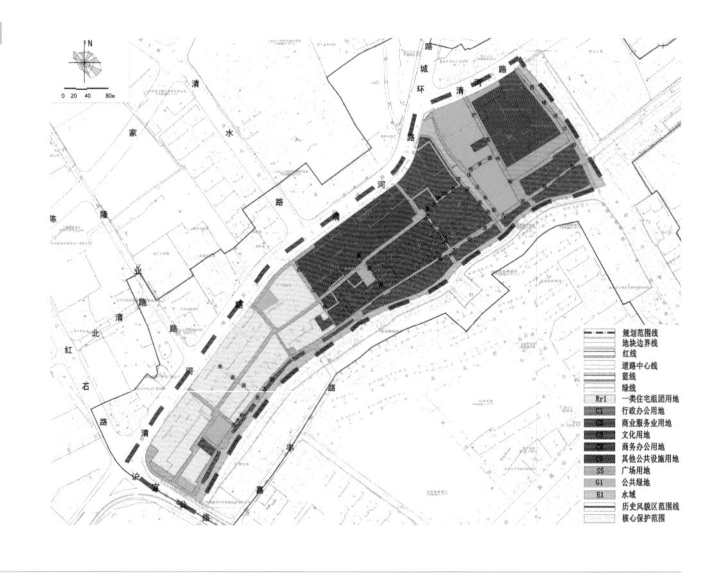

西门历史文化街区城市设计鸟瞰示意图

西门历史文化街区现状实景照

1. 资源禀赋

基地区位优势显著，水乡历史风貌特色突显，主要的资源禀赋有：

一是临近城市发展轴线。基地位于嘉定新城中部，邻近老城地区中心，是新城“十字双轴”的核心位置，区域综合交通便捷。

二是历史文化底蕴浓厚。基地地处西门历史文化风貌区内，是嘉定重要的历史人文发源地，集中反映了嘉定传统商业生活形态特征。历史水乡空间水街相融、水绿相融的格局明显，传统历史文化街区的韵味和特色突出。

2. 规划方案

本次国际方案征集及城市设计旨在深入挖掘历史人文底蕴，以先进理念实现历史文化街区的保护和再生，打造述古抱今、古韵新传的活态历史文化空间。征集方案以“教化文化”为核心驱动，原真保护和延续历史风貌，植入混合多元的活化功能，打造多样化的游览路线；以“新旧融合”为理念，保留恢复历史水系、控制街巷尺度与空间肌理，适当融合现代材质与功能。城市设计方案进一步提出“全要素保护”与“以用促保”相结合的策略，科学制定合理活化利用的策略和计划。同时，为细化历史风貌建筑的保护和再利用策略，开展风貌甄别专题研究，对各类历史建筑的风貌价值进行细化甄别，开展价值评估、划定保护等级，并对规划范围的风貌河道、古桥古树古井等全要素进行细化梳理。基于上述研究，进一步开展深化设计及控制性详细规划方案调整工作。

总体定位和方案思路

围绕打造“人文教化高地、嘉定韵味古街”历史保护示范区的目标，方案重点关注以下几方面：一是历史街区的保护与再生，延续西大街江南水乡特色、传统历史风貌肌理，再现历史上的多元活力场景；二是历史建筑的保护，充分保护和修复陶氏住宅、西溪草堂、崇德堂等文物建筑，保留上海“最本真”的弹格路，打造体现嘉定韵味的历史古街；三是活化功能的导入，引入文化休闲旅游、商业、办公等功能，实现历史街区的活力再生。

方案亮点

传承演绎“教化嘉定”历史文化内核。以“教化文化”为内核，实现全要素保护。通过整体恢复传统街巷空间格局，控制建筑整体高度，恢复马鞍水桥等历史驳岸形式，再现历史街区的完整风貌等手段，从街巷肌理、建筑风貌、历史景观和传统文化等方面对基地进行全要素保护。通过引入现代文创功能，对教化文化进行新演绎。打造满足现代生活需求的创新社交空间，展现西门地区“老风貌、古传承、多场景、新生活”。通过引进当地老字号商业、活化名人故居功能等方式，激发西门地区文化魅力，实现商业老街的功能焕新。

塑造活力可漫步的开放型历史街区。通过保留历史街巷、规划新增新建街巷、梳理打通新旧融合街巷，多样化营造开放街区。将基地范围划分为小街区和细胞单元，从公共空间、公共服务设施、区域停车等层面实现民生优先、共建共享，为居民提供生活便利、宜住宜游宜赏的特色历史区域。

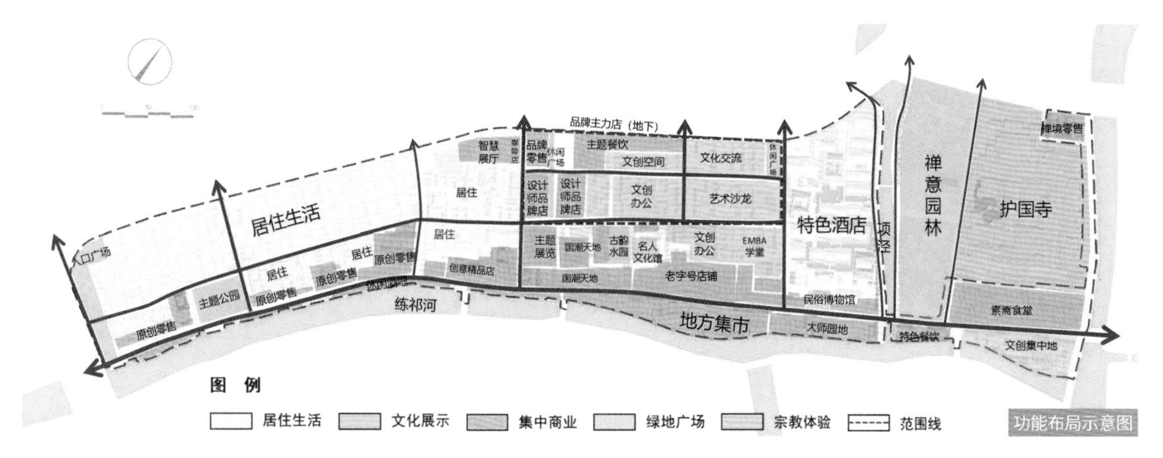

西门历史文化街区功能布局示意图

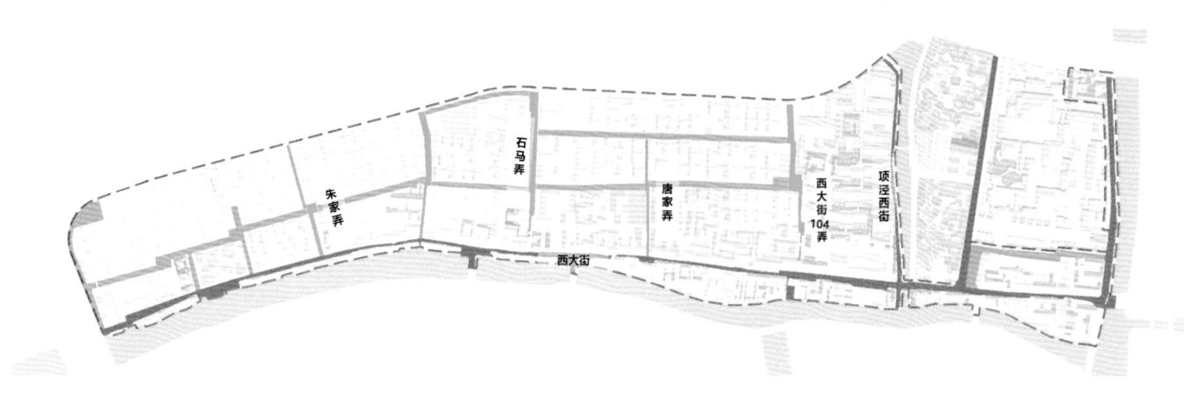

西门历史文化街区街巷空间示意图

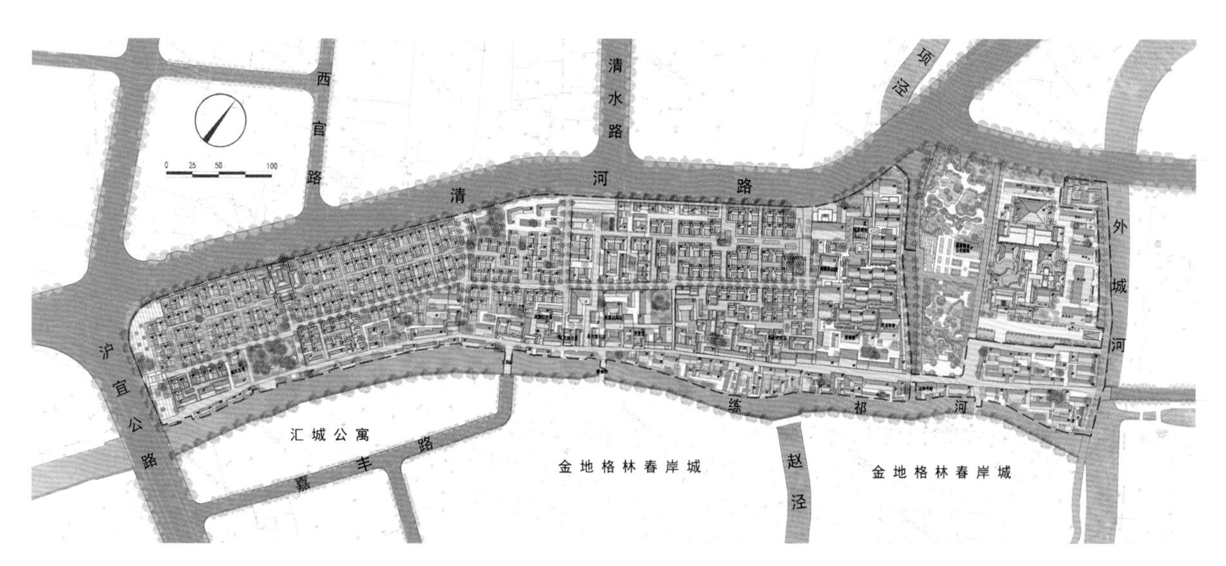

西门历史文化街区城市设计总平面示意图

2.4.2 青浦老城厢和艺术岛

项目概况

规划范围	北、东至青浦环城河，南至淀浦河，西至青浦环城河—漕港
规划面积	1.2 平方公里
规划人口	1.8 万人
总建筑面积	83 万平方米
住宅建筑面积	43 万平方米（现状保留 28 万平方米）
商业商办建筑面积	26 万平方米
文化、体育建筑面积	4.8 万平方米

总体城市设计团队	艾奕康环境规划设计（上海）有限公司
城市设计深化团队	伍德佳帕塔设计咨询（上海）有限公司（BENWOOD STUDIO SHANGHAI）
控规编制团队	上海营邑城市规划设计股份有限公司
专题研究团队	青浦老城厢城市更新专题（上海营邑城市规划设计股份有限公司）、历史风貌甄别与测绘专题 [上海章明建筑设计事务所（有限合伙）]

青浦老城厢和艺术岛控制性详细规划土地使用规划图

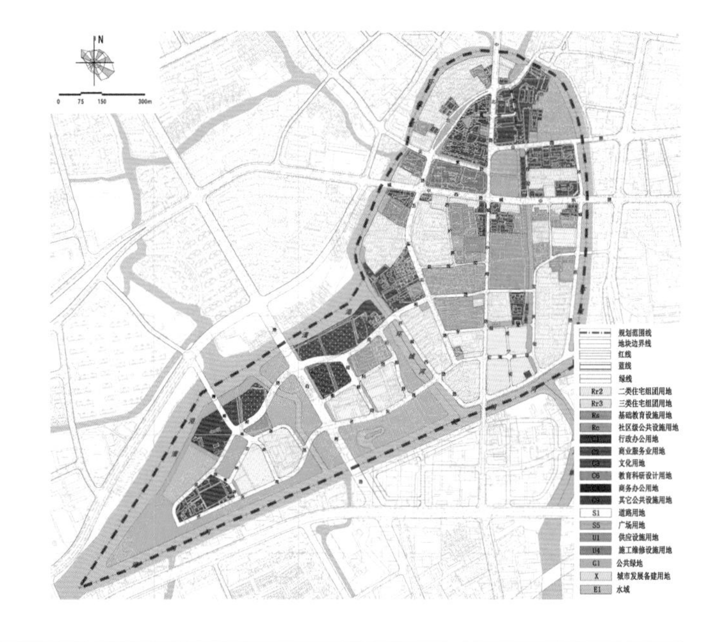

青浦老城厢和艺术岛现状实景照

青浦老城厢和艺术岛城市设计鸟瞰图示意

青浦老城厢和艺术岛实景照

1. 资源禀赋

青浦老城厢和艺术岛拥有多元的文化和优越的生态资源，主要包括：

一是富有传统的江南文化基因。作为青浦传统的城市中心，古塔古园、商市码头、传统民宅有序分布在基地中。

二是拥有生动的城市烟火场景。市井街巷、传统集市、工业遗存成为城市发展的印记。

三是具有纵横交错的蓝绿网络。空间格局上以水为脉，区域河道水系环绕，形成岛陆交错的水乡空间和蓝绿空间。

2. 规划方案

城市设计在风貌甄别的基础上，以“青浦江南新天地、长三角绿色新家园”为目标，强调历史文脉的保留与活化，提出唤醒城水相依的历史记忆、复原核心街巷历史肌理及保护展示活化历史建筑等设计策略。项目就还原江南水乡风貌邀请专题团队开展历史风貌甄别专题研究，通过对历史文化、历史建筑、风貌保护要素的考证和研究，进一步明确各类风貌要素以及肌理的分类保护要求，并提出相应的保护更新策略。水系专题以复兴老城厢城水相依、人水相亲、绿水相融的江南水乡风貌为目标，重点对水景观、水动力、水安全等进行研究，为基地明确水绿组织、水岸联动等提供了较好的参考。基于上述工作，开展控制性详细规划方案编制。

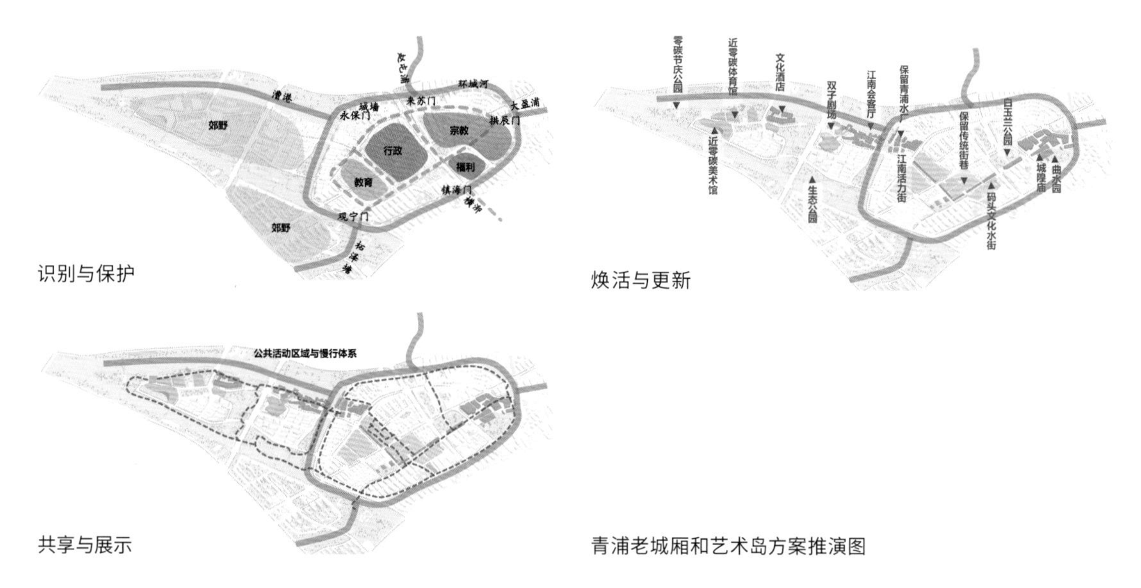

识别与保护

焕活与更新

共享与展示

青浦老城厢和艺术岛方案推演图

总体定位和设计思路

以传统文化复兴和新老文化融合为目标，形成具有江南韵味、蓝绿共生的“文化活力区”，再造一个江南新天地。与夏阳湖、上达创芯岛等新城其他中心错位发展，共同构成展现新城风貌魅力的文化活力空间。方案通过三个策略打造古今串联的情境：一是识别与保护，通过梳理历史文脉、甄别历史建筑、研判传统肌理与街巷，提出整体保护框架和重点打造区域；二是焕活与更新，在老城厢内注入新功能，结合江南新天地厢里厢外空间的打造，进一步延展至艺术岛，新老文化艺术交织延续，以艺术点亮全域；三是共享与展示，通过公共活动区域与慢行体系有机串联老城厢的历史资源和艺术岛的文化资源，充分展示青浦“最江南”风貌，使其成为人民可共享共用的新文化艺术中心。

方案亮点

打造艺术点亮的文化高地。植入美术馆、艺术中心、双子剧场、码头文化水街等多元艺术文化载体，将艺术、社区、生活融为一体，提供跨越时空的折叠江南、创造厢里厢外的艺术新体验，形成面向长三角及本区内外新型消费群体的艺术文化新高地。

再现城水相依的江南景致。复原老城厢水城交融的空间载体和依水而居的烟火气息，在老城厢内部恢复一纵一横历史水系，呈现南北向“两街夹一河”、东西向“临水而居”的江南水乡特色场景。以历史水系为脉络，活化周边历史建筑和街巷，结合历史建筑传承非物质文化遗产，滨水两侧导入商业、文体、社区服务等多样化公共功能；重点打造码头水街、漕港路的T形轴线，营造江南传统与当代时尚兼具的场所精神，提升城市人文体验。

塑造城野共生的空间格局。整体打造江南水城的风貌，通过城市肌理由密到疏，建筑风貌由传统水乡到新江南风的有机过渡，打造既有市井烟火又有艺术野趣的新江南风貌。通过风廊、水廊串联老城厢与艺术岛生态空间，全域构建多维全栖式都市生境网络，让自然融入城市，让城市生活在自然之中，结合多层级的蓝绿空间营造从城到野的景观意象。

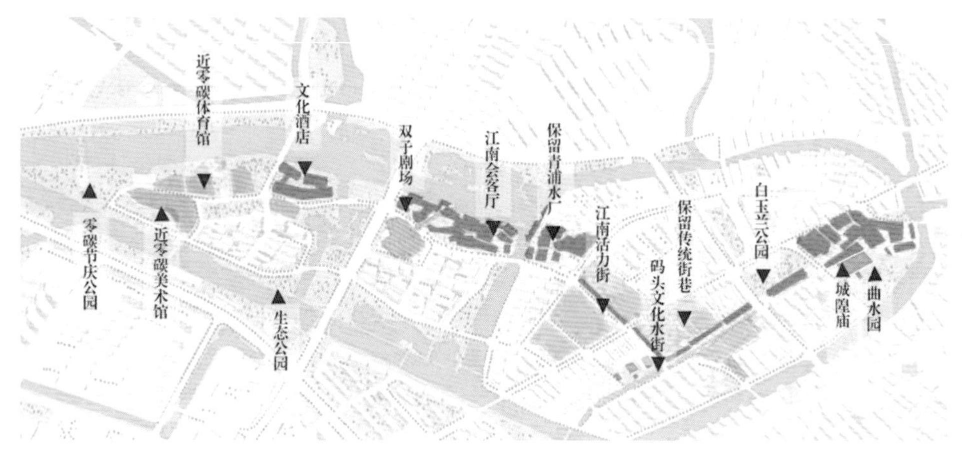

青浦老城厢和艺术岛文化艺术布局图

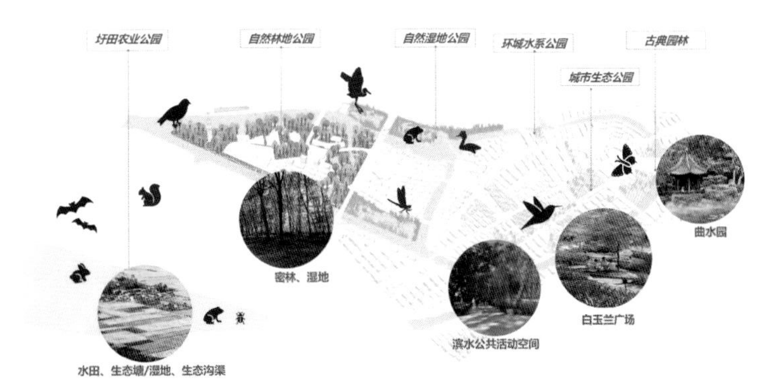

青浦老城厢和艺术岛城野共生蓝绿交织示意图

青浦老城厢和艺术岛码头水街效果图

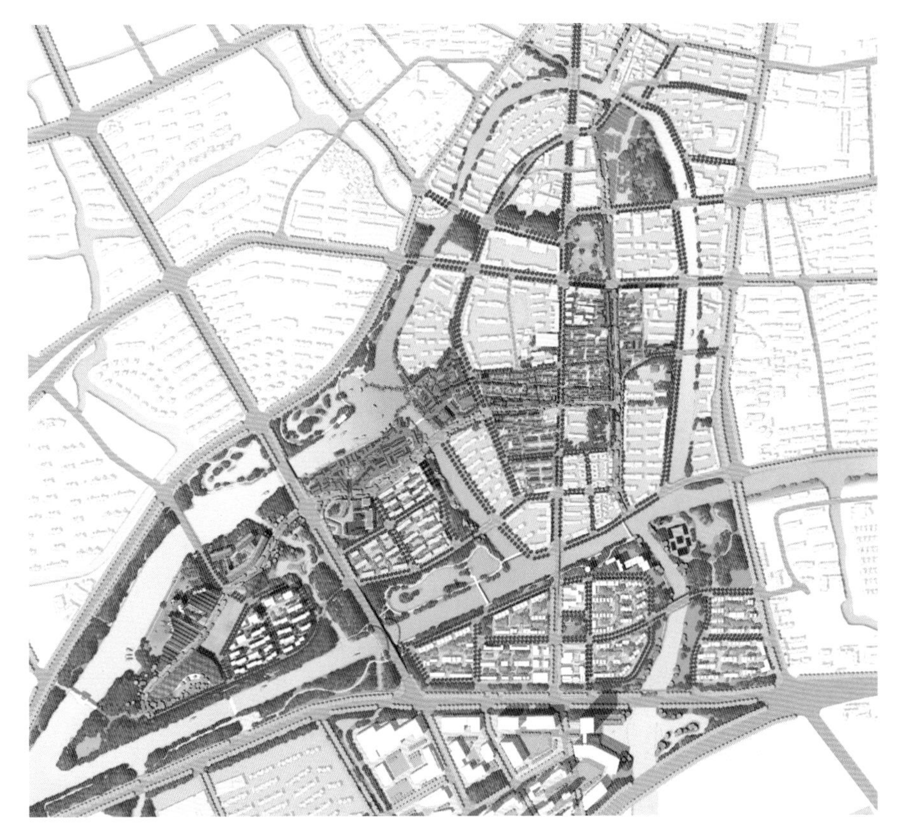

青浦老城厢和艺术岛城市设计总平面示意图

新城之新

03 人民城市设计赋能

公共服务的水平和公共建筑的品质，与人民群众的幸福指数和感受度息息相关。2022—2023年，市新城推进办指导五个新城所在区的区政府和管委会，以面向世界、面向未来、面向公众的开放视野，连续两年组织开展新城公共建筑及景观项目设计方案征集。来自中国、美国、德国、英国、法国、意大利、丹麦、瑞士、瑞典、荷兰、澳大利亚、新加坡等 12 个国家和地区的85家一线设计机构,围绕公共服务设施、基础教育建筑和生态景观类项目，勾勒符合未来之城、人民城市定位的新城公共建筑和景观蓝图。

本章集中展示在方案征集中入围的优秀概念方案设计。在这些特色各异的设计方案中，设计师们因地制宜地处理建筑与周边空间环境的协调融合，体现引领高品质生活的未来之城要素，打造便捷共享的公共社区、融入自然的零碳校园、开放活力的文体建筑、蓝绿交织的景观空间。以两年以来新城公共建筑及景观项目设计方案征集工作为契机，上海将持续推进优质公共服务资源的布局，让人们在新城感受更美好的生活。

3.1 总体概况

践行"人民城市人民建、人民城市为人民"重要理念，按照"新城之新 在于创新"的规划建设导向，新城需要加快推进优质教育、文化、体育、卫生等公共服务资源的布局，以完善的配套吸引人、留住人，让人们在新城感受更美好的生活。根据《关于本市"十四五"加快推进新城建设工作的实施意见的通知》（沪府规〔2021〕2 号）、《2022 年上海市新城规划建设实施行动方案》（沪府规〔2022〕1 号）和《2023 年上海市新城规划建设实施行动方案》（沪新城规建办〔2023〕1 号）的工作要求，市新城推进办（上海市规划资源局）联合五个新城所在区的区政府和管委会先后开展了"新城之新，在于创新——2022 年上海新城公共建筑方案征集""设计赋能，集成营造——2023 年上海新城公共建筑及景观项目设计方案征集"活动，围绕教育、文化、医疗、居住、社区服务、生态景观等新城建设项目，面向国内外征集可实施落地的优秀设计方案，把新城规划蓝图细化为施工图、转化为实景画，为推动新城高质量发展提供重要支撑，为促发展、惠民生发挥重要作用。

3.1.1 设计原则

1. 坚持以人民为中心，创造高品质生活

全面落实市委、市政府关于人民城市建设和新城规划建设的重要部署安排，进一步拓宽国际视野、加强国际对标，以面向世界、面向未来的视野和格局，集聚国内外高水平的设计资源力量服务五个新城重点地区开发建设，以高质量的设计方案展现新城未来生活图景，让人们在新城感受更美好的生活。

2. 坚持创新引领，强化精益求精意识

以公共建筑及景观项目征集推动新城公共服务设施高质量建设，着力提升生态景观空间、文化体育空间、教育医疗空间、社区服务空间品质，积极回应人民群众提高生活品质的新需求，用心、用情设计建设好民生项目、民心工程，将新城打造成令人向往的未来之城。

3. 坚持因地制宜，注重环境协调

深入挖掘五个新城各自的文脉特色，围绕公共文化、教育、医疗、居住等空间与周边蓝网绿脉生态基底的融合，打造一批独具在地文化特色的公共建筑及景观设计项目，激发公共文化新动能，构筑城市空间新格局，确立低碳、智慧、韧性的新城建设新模式。

组织架构及成果要求

组织主体	市新城推进办 + 各区新城推进办 + 征集单位
组织形式	方案征集 (25 个项目)
成果要求	策划 + 建筑设计方案征集 (2 个) 、景观设计方案征集 (4 个)、建筑设计方案征集 (19 个)

3.1.2 工作历程

1. 全球征集，汇聚智慧

市新城推进办（上海市规划资源局）联合五个新城所在区的区政府和管委会，分别在2022年和2023年正式发布新城公共建筑及景观项目设计方案征集公告。两次征集都是以“集群设计竞赛”的形式开展，通过把五个新城零散项目协同起来开展竞赛和评选，力图以一种“公开竞赛—人民建议征集—高校联创—新城设计展”的层层渐进式的复合机制，推动新城设计管理水平的创新，提升广大公众和专业人士对新城的关注度。

随着公告的发布，社会各界反响热烈，新华社、澎湃新闻等十余家媒体对此进行了详细报道，引起国内外设计行业的广泛关注。2022 年度累计收到 194 家国内外设计单位、团队、联合体提交的申请文件（包括 49 家海外设计机构及国内 71 家综合设计院和 74 家事务所），10 个项目均收到超过 70 家以上的报名单位的申请文件。2023 年度累计收到 190 家国内外设计单位、团队、联合体提交的申请文件（包括 40 家海外设计机构及国内 98 家综合设计院和 52 家事务所），15 个项目中每一项目最终报名参赛的团队数量在 40 ～ 50 家。

两年共评出 25 家优胜单位，涵盖国内外多种类型的优秀设计团队，包括：5 家国际设计公司、国内 6 家综合设计机构和 15 家独立事务所。其中，5 家国际团队分别来自德国、法国、美国、澳大利亚和荷兰；国内团队除上海本地设计公司以外，还有来自北京、天津、深圳、杭州、广州和成都的优秀团队入选。在优胜团队的主创人员中，80% 为 33 ～ 45 岁的中青年设计师，可以说方案征集为国内外中青年设计人员提供了广阔的创作土壤。

2. 专家指导，保驾护航

连续两年的公共建筑及景观项目设计方案征集高度重视专家智库的支撑作用。结合项目特点，评审成员覆盖建筑、规划、景观等各领域专家，涵盖来自同济大学、东南大学、上海交通大学等知名高校的教授学者，国内综合设计院的勘察设计大师、总建筑师和工程师，以及国内外一线设计公司的顶尖主持设计师。从资格预审到中期交流会，再到终期评审会，全过程指导，为各设计团队出谋划策、贡献智慧，确保新城公共建筑及景观项目设计方案征集成果的质量。

2022 年新城征集项

嘉定新城

嘉定复华完全中学建筑方案征集

赛朴莱茵（北京）建筑规划科技有限公司上海分公司
(XYP)

上海洽澜建筑设计有限公司
(FKL)

北京市建筑设计研究院有限公司
（北京建筑院）

上海空格建筑设计咨询有限公司
（空格建筑）

嘉定远香湖会客厅项目策划及概念方案征集

中国建筑科学研究院有限公司
(中国建研院)

上海思作建筑设计咨询有限公司 &
上海城乡建筑设计院有限公司联合体
(思作建筑 & 上海城建院联合体)

亚施德邦建筑设计咨询（上海）有限公司 &
世邦魏理仕（上海）管理咨询有限公司联合体
(AS+P & CBRE 联合体)

珮帕施 (上海) 建设工程顾问有限公司
(德国 PPAS)

青浦新城

青浦双盈路小学建筑方案征集

悉地国际设计顾问（深圳）有限公司
(悉地国际)

南京观墨建筑设计有限公司
(观墨建筑)

上海柏涛工程设计顾问有限公司
(PTA)

宝麦蓝（上海）建筑设计咨询有限公司
(宝麦蓝)

青浦热电厂改造项目策划及概念方案征集

上海予舍建筑设计有限公司
(予舍建筑)

上海大舍建筑设计事务所（有限合伙）
& 上海旭可建筑设计有限公司联合体
(大舍建筑 & 旭可建筑联合体)

中国建筑设计研究院有限公司
(中国院)

KOKAISTUDIOS

柯凯建筑设计顾问（上海）有限公司
百安木设计咨询（北京）有限公司
& 上海高力物业顾问有限公司联合体
(柯凯建筑、百安木 & 高力物业联合体)

松江新城

松江广富林街道文体活动中心建筑方案征集

新加坡筑土国际规划顾问
Archiland Consultant International Pte.Ltd.
（筑土国际）

ATKINS
阿特金斯顾问（深圳）有限公司
（阿特金斯）

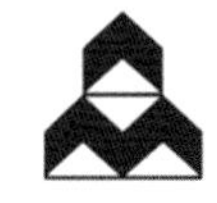
华南理工大学建筑设计研究院有限公司
（华南理工大学建筑院）

PERFORM
上海普泛建筑设计有限公司
（普泛建筑）

松江广富林广轩中学建筑方案征集

華匯營造 HHDesign
天津华汇工程建筑设计有限公司
（天津华汇）

同济大学建筑设计研究院（集团）有限公司
（同济建筑院）

LBd.
上海力本建筑设计事务所
（力本建筑）

库赫拉建筑师事务所
（Kuadra）

奉贤新城

奉贤水乐路幼儿园建筑方案征集

NORDiQ
诺蒂奇工程咨询（北京）有限公司
（诺蒂奇）

ECADI
华东建筑设计研究院有限公司
（华建集团华东院）

大小建筑 SLASTUDIO
上海大小建筑设计事务所有限公司
（大小建筑）

建筑 People's Architecture Office
众造建筑设计咨询（北京）有限公司
（众造建筑）

奉贤滨河剧场建筑方案征集

清华大学建筑设计研究院有限公司
（清华院）

BIAD BOA工作室+王戈建筑事务所
北京王戈建筑设计事务所（普通合伙）
（王戈建筑）

法国AS建筑工作室 architecturestudio
ARCHITECTURE STUDIO
(AS)

J JACQUES
F FERRIER
A ARCHITECTURES
JACQUES FERRIER ASSOCIES
(JFA)

南汇新城

南汇荷翠路小学和社区中心建筑方案征集

LAB architecture studio
LAB ARCHITECTURE STUDIO PTY LTD
(LAB)

现代设计
上海现代建筑规划设研究院有限公司
（华建集团现代院）

博风建筑 temp architects
上海博风建筑设计咨询有限公司
（博风建筑）

ZEN 正象设计
上海正象建筑设计有限公司
（正象建筑）

南汇紫飞港二环公园带服务建筑方案征集

墨兹（上海）建筑设计咨询有限公司
(MZA)

聯創設計
上海联创设计集团股份有限公司
（联创设计）

天津市建筑设计院 TIANJIN ARCHITECTURE DESIGN INSTITUTE
天津市建筑设计研究院有限公司
（天津建筑院）

上海无样建筑设计咨询有限公司
（无样建筑）

2023 年新城征集项目

嘉定新城

嘉定未来城市嘉棉路幼儿园建筑概念方案征集

- 上海绿建建筑设计事务所有限公司（绿建建筑）
- 上海洽澜建筑设计有限公司（FKL）
- 上海亘耘建筑设计有限公司（亘耘建筑）

嘉定赵泾绿带景观概念方案征集

- 奥冉（上海）建设工程设计有限公司（奥冉建设）
- WEi 景观设计事务所（WEi）
- 茧梵景观设计咨询（上海）有限公司（茧梵景观）

嘉定马陆镇社区体育设施建筑概念方案征集

- 上海予舍建筑设计有限公司（予舍建筑）
- 瑞士托珀泰科建筑设计公司 TOPOTEK 1 Architektur GmbH（TOPOTEK 1）
- 新加坡筑土国际规划顾问 Archiland Consultant International Pte.Ltd.（筑土国际）

青浦新城

青浦上达河码头综合体建筑概念方案征集

- 上海梓耘斋建筑设计咨询有限公司（梓耘斋）
- 培特维建筑设计咨询（上海）有限公司（PTW）
- 查普门泰勒建筑设计咨询（上海）有限公司 CHAPMAN TAYLDR LLP（CTL）

青浦盈秀路幼儿园建筑概念方案征集

- 艺瓦建筑设计咨询（上海）有限公司（艺瓦建筑）
- 中国建筑西南设计研究院有限公司（中建西南院）
- 天津大学建筑设计规划研究总院有限公司（天大院）

青浦21-03地块社区公服配套设施建筑概念方案征集

- 上海席地建筑设计咨询有限公司（席地建筑）
- 上海建筑设计研究院有限公司（华建集团上海院）
- 中国建筑科学研究院有限公司（中国建研院）

松江新城

松江永丰荣都幼儿园建筑概念方案征集

- 上海力本建筑设计事务所（普通合伙）（力本建筑）
- 华东建筑设计研究院有限公司（华建集团华东院）
- 上海大小建筑设计事务所有限公司（大小建筑）

松江枢纽中央绿轴景观概念方案征集

- MLA+B.V.、同济大学建筑设计研究院（集团）有限公司 & 有限公司联合体（MLA、同济建筑院 & 中联筑境联合体）
- SWA Group

- 上海市上规院城市规划设计有限公司（上规公司）

松江昆秀湖公园提升改造项目景观及建筑概念方案征集

华汇工程设计集团股份有限公司和深圳奥雅设计股份有限公司联合体
（华汇设计和深圳奥雅联合体）

上海市园林设计研究总院有限公司 & 原典建筑设计咨询（上海）有限公司联合体
（上海园林院 & 原典建筑联合体）

尼克·诺森景观设计有限公司
Niek Roozen B.V.
（Niek Roozen）

奉贤新城

奉贤数字江海 08-06 地块保障性租赁住房建筑概念方案征集

上海德森建筑设计有限公司
（德森建筑）

上海骏地建筑设计事务所股份有限公司
（骏地建筑）

中国建筑设计研究院有限公司
（中国院）

奉贤沿港河路幼儿园建筑概念方案征集

田目建筑设计咨询（北京）有限公司
（田目建筑）

上海中建建筑设计院有限公司
（上海中建设计院）

深圳市建筑设计研究总院有限公司
（深总院）

奉贤区中医医院急诊综合楼改扩建工程建筑概念方案征集

戴文工程设计（上海）有限公司
（戴文工程）

同济大学建筑设计研究院（集团）有限公司
（同济建筑院）

CPG CONSULTANTS PTE LTD
（CPG）

南汇新城

临港新片区现代服务业开放区丹荣路社区级公共服务中心建筑概念方案征集

法国何斐德建筑设计公司
INTERNATIONAL FREDERIC ROLLAND ARCHITECTURE
（何斐德）

华南理工大学建筑设计研究院有限公司
（华南理工大学建筑院）

PERFORM

上海普泛建筑设计有限公司
（普泛建筑）

书院镇洋溢村公共服务中心建筑概念方案征集

成都太不建筑设计咨询有限公司
（Tab 太不建筑）

深圳大学建筑设计研究院有限公司
（深大院）

上海奥默建筑设计事务所（普通合伙）
（奥默默工作室）

临港新片区现代服务业开放区安茂路街心公园景观概念方案征集

沐和景观设计（上海）有限公司
（沐和景观）

MANDAWORKS Aktiebolag
（MANDAWORKS）

杭州园林设计院股份有限公司
（杭州园林院）

3. 公众参与，广纳建议

设计方案征集工作中始终坚持全过程的人民民主，把吸收人民建议放在工作的重要位置。与设计师们方案创作同步，市新城推进办会同市人民建议征集办及五个新城所在区的区政府（管委会）分别发布了以“新城公共建筑，倾听您的建议”和“建设品质新城，倾听您的建议”为主题的问卷调查。“上海发布”、五个新城融媒体等媒体平台同步发布问卷，吸引市民广泛参与，2022 年收到 2133 份反馈问卷，2023 年收到 3786 份，两年共计收到 5919 份。市民反馈的问卷成果围绕交通设施、生态环境、公共服务、室外公共空间等方面提出多项优化建议，反映出广大市民对公共设施使用的多样需求。所收集的所有人民建议在设计前期提供给相关设计单位，并成为评价设计方案的重要参考依据，各设计团队也从不同方面吸纳人民建议并形成专篇内容予以反馈。

在过去的两年中，围绕新城规划建设行动方案制定、新城绿环、公共建筑方案征集和新城设计展等多项工作，市新城推进办会同相关部门和五个新城所在区的区政府（管委会）先后开展了多项人民建议征集、高校课程联创、高校竞赛征集以及新城设计展等相关市民活动，每一份人民建议都饱含了人民对新城建设的美好期许，在本书的第 6 章中将对这部分内容进行细致阐述。

3.1.3 成果特色

在“新城之新，在于创新”和“设计赋能，集成营造”的倡导下，85 个团队提交的终期成果精彩纷呈，充分展现出创新的设计理念，在践行人民城市理念、打造新城特色公共服务设施及景观生态空间方面提供了良好的示范，具体表现在以下四个方面：

尊重文化基因，体现地域特色

设计团队充分尊重项目自然基底，关注历史风貌延续，在创作过程中深入梳理挖掘在地文化基因，讲好历史、现在和未来的故事。在青浦新城热电厂改造项目中，设计团队提出“能量青浦”的理念，希望用艺术带动电厂改造，并将其作为二次赋能青浦的能量发生器。设计师注重对历史遗产的赋能再利用，在设计上巧妙利用原有电厂空间，打造以汽轮机大厅为中心的电厂艺术中心、电厂艺术酒店、电厂遗迹体验馆等“能量”场地。

松江永丰荣都幼儿园项目，基地位于松江仓城历史风貌区内，如何充分尊重老城肌理，并打造一个满足现代教育理念的幼儿园，是项目提出的挑战。设计团队从延续传统屋顶的现代形式语言出发，充分利用狭长地块塑造多层多样的“主题院落”“屋顶场地”和“檐下空间”，创造出充满启发性的幼儿教学活动场景。

人民建议征集线上发布

松江枢纽中央绿轴是松江新城中心的重点配套建设项目，设计目标是打造站城一体的“公园＋城市候车厅”。设计团队受松江“上海之根”的启发，提出“根芽计划”概念方案，演绎出从中央枢纽向北部城区生长发散的根芽体系，吸引人们重回松江，扎根松江，激发市民的归属感和认同感。

在临港安茂路街心公园景观项目中，设计方案以临港海陆之间多元动态的生态景观作为设计灵感，构建全龄友好的开放社交场所，打造能源可循环利用的未来社区型城市公园范本。

突出人民城市，关心民众需求

方案征集过程中，各家设计团队积极回应公共建筑及景观空间中的“人民性”，并对人民建议征集办的 5000 多份问卷反馈中市民重点关注的问题在设计中予以充分考虑。在嘉定新城远香湖会客厅项目中，设计团队将“远香客厅”的设计定位为“人民与城市的交融之地”，围绕项目整体打造环远香湖 2.3 公里的人民文化长廊，并将市民广泛期待的大面积户外活动与亲水空间、滨水生态体验、多功能文化展示、有观湖体验的咖啡餐饮等休闲设施及充足的智慧停车等需求充分融入设计。

在嘉定复华完全中学项目中，设计团队充分考虑市民重点关注的停车接送问题、校园环境问题及多样化学习空间等诉求，设置充裕的主入口广场空间，合理布局动线，营造多样的学习空间、教学单元和类型丰富的运动场地，同时打开校园功能边界，形成社区共享的多元化校园。

青浦 21-03 地块的社区公共服务配套设施项目，临近青浦新城上达创芯岛，位于重要环城水系毛河泾北侧。设计团队以“一棵树、一处家、一组灯”的理念，将七种不同的建筑功能以“家”的概念进行整合，回应周边居民的问卷需求，与北侧地块幼儿园项目形成呼应互动，共同搭建充满幸福感和场所感的社区空间。

在松江新城广富林文体活动中心项目中，设计团队以“共享生境之家”为设计理念，强调不同年龄、多样需求的社区居民在社区活动中心共享美好生活的社区之家，演绎松江新城的 15 分钟社区生活圈故事。

在奉贤区中医医院急诊综合楼改扩建工程项目中，设计团队充分考虑人民建议征集中市民重点关注的停车不便、交通拥挤和就医环境不佳等问题，重新梳理规划院区场地，调整后的布局中设置充裕的主入口广场空间及中心疗愈庭院，为市民提供一个温馨高效的就医环境。

在临港丹荣路社区级公共服务中心项目中，设计方案充分吸收人民建议中的功能建议，对复杂的七大功能区归纳梳理，创造一个复合交汇、活力共享的社区美好未来生活之家。

强调生态优先，注重环境协调

两年来，25 个征集项目均位于五个新城开发建设的重点地区，多个项目具有滨水融绿的环境秉赋，设计团队在方案设计中积极塑造本地特色生态空间，重视建筑与周边水网与自然基底的融合。在嘉定马陆镇社区体育设施项目中，设计师采用建筑形体层层退台的形式呼应滨水空间，屋园一体，为嘉定新城打造一处开放多元、生态自然的社区健身场馆。

青浦上达河码头综合体项目位于青浦新城上达创芯岛的核心位置。设计方案在建筑与环境之间找到平衡，以舟的建筑形态回应青浦水乡特色，体现了“野渡无人舟自横”的生态意境。在青浦新城双盈路小学项目中，设计方案通过打造“生态台地校园”，让校园成为自然的延伸，充分引入周边自然资源，塑造生态友好、快乐教育和社区共享的校园综合体。

松江昆秀湖公园提升改造项目位于松江新城绿环和油墩河谷沿岸的重要节点上，设计充分尊重昆秀湖良好的生态基底，保留了大量原有水林湿地。在此基础上，强调策划一个水陆结合、新潮多元的全域运动公园，融入龙舟赛艇、泵道（Pump Track）自行车、斯巴达、迷你高尔夫等丰富时尚的运动场景，为市民打造一个运动无界的自然体育公园。

在奉贤新城滨河剧场项目中，设计团队提出城市田野、万家灯火的特色主题，将剧场置于田野牧歌般的江南水乡田园景观中，面向河流一侧的户外舞台成为奉贤本地非物质文化遗产“山歌剧”的展示窗口。

在南汇新城荷翠路小学和文体中心项目中，设计团队以“汇翠园”为题，挖掘两个项目资源共享的可能，将校园运动空间和社区活动空间充分叠合，结合冬涟河形成 24 小时的城市开放活力空间。

体现创新引领，打造精品示范

围绕设计任务书的要求，各家设计团队以面向世界、面向未来的创新视野，按照高于中心城的建设标准，采用新材料、新技术，打造高品质生活、未来之城的公共建筑特色名片。在嘉定未来城市嘉棉路幼儿园项目中，设计方案采用包括木结构在内的多种建造手段，以绿色可持续的理念结合温润生动的形式，打造一所零碳高标准示范幼儿园。

在松江广富林广轩中学项目中，设计方案以书院空间的现代演绎为设计原点，结合未来学校走班制、多样化教学需求，将传统书院的院、廊、圃、庭四大空间要素与高中生学习行为特点进行空间匹配，塑造多元体验的未来校园空间。

在奉贤数字江海 08-06 地块保障性租赁住房项目中，设计团队深入了解上海租赁住房政策，并将复合共享、数字赋能融入整个设计中，打造生活与工作相交融的智慧产业社区场景。

在奉贤水乐路幼儿园项目中，设计团队从儿童视角出发，通过木结构“芳草屋”单元和绿坡元素的融合运用，打造趣味智慧生态校园，以激发孩子们的创造力和好奇心。

在南汇新城书院镇洋溢村公共服务中心项目中，主创建筑师采用多种生态化的手段将建筑融于小岛环境中，打造专属乡村风貌的水乡客厅，利用多项绿色建筑节能技术降低能耗，为新城乡村振兴提供了良好示范。

以上集中展现以人民为中心、生态绿色、创新智慧设计理念的公共建筑及景观设计方案将陆续呈现在上海市民面前。五个新城作为令人向往的未来之城，美好的生活场景正在徐徐展开。

青浦热电厂改造项目策划及概念设计方案征集成果

松江永丰荣都幼儿园建筑概念设计方案征集成果

松江枢纽中央绿轴景观概念设计方案征集成果

临港新片区现代服务业开放区安茂路街心公园景观概念设计方案征集成果

嘉定远香湖会客厅项目策划及概念设计方案征集成果

嘉定复华完全中学建筑概念设计方案征集成果

青浦 21-03 地块社区公服配套设施项目概念设计方案征集成果

松江广富林街道文体中心建筑概念设计方案征集成果

奉贤区中医医院急诊综合楼改扩建工程建筑概念设计方案征集成果

临港新片区丹荣路社区级公共服务中心建筑概念设计方案征集成果

嘉定马陆镇社区体育设施建筑概念设计方案征集成果

青浦上达河码头综合体建筑概念设计方案征集成果

青浦双盈路小学建筑概念设计方案征集成果

松江昆秀湖公园提升改造项目景观及建筑概念设计方案征集成果

奉贤滨河剧场建筑概念设计方案征集成果

南汇新城荷翠路小学和社区中心建筑概念设计方案征集成果

嘉定未来城市嘉棉路幼儿园建筑概念设计方案征集成果

松江广富林广轩中学建筑概念设计方案征集成果

奉贤数字江海 08-06 地块保障性租赁住房建筑概念方案征集成果

奉贤水乐路幼儿园建筑概念设计方案征集成果

南汇书院镇洋溢村公共服务中心建筑概念设计方案征集成果

3.2 公共服务类设施

3.2.1 文化设施

嘉定远香湖会客厅

总体定位

构建远香湖“文化环”，丰富“会客厅”内涵。统筹整个远香湖“文化环”范围进行功能研究，联动环湖重要地标，挖掘利用环湖既有公园服务设施，激发远香湖文化环在紫气东来景观轴和熏风南至活力轴的交汇点上的战略重要性；

统筹利用周边各类优质资源，功能设置多元化。将环湖空置用房纳入整体业态规划，以远香湖会客厅和保利大剧院构成文化艺术核心杠杆，着力构建文化艺术、生态体验、城市商务三大功能体系；

城市风貌设计一体化，塑造远香神韵。项目与远香湖中央活动区、远香湖“文化环”有机衔接。在策划范围内，建筑和周边场地与蓝绿空间形成一体化景观设计

基本信息与设计条件

征集要求	项目策划 + 建筑概念方案征集
用地性质	C3 文化用地
规划用地	6125 平方米（以实测为准）
建筑面积	约 9750 平方米（地上约 7350 平方米，地下约 2400 平方米）
建筑高度	15 米
容积率	1.2
建设地点	项目研究范围包括远香湖公园沿湖整体片区：北至白银路，西至裕民南路，南至伊宁路，东至沪宜公路。项目建设范围为嘉定新城远香湖中央活动区 JD010604 单元 D15-05 地块
功能要求	集文化休闲、展示发布和文化展演等多元功能于一体的综合性文化活动场所

基地位置图

竞赛入围团队

德国珮帕施（上海）建设工程顾问有限公司（PPAS）

设计总体定位为远香湖环湖活力的唤醒原点，人民与城市交融之地。通过打造 2.3 公里文化长廊，实现人与景的汇聚，打造人民城市与文化重新链接的系统典范。

德国阿尔伯特·施佩尔城市规划、建筑设计联合公司和世邦魏理仕（上海）管理咨询有限公司联合体

方案总体功能定位为远香湖“焕新”中心，通过未来焕新组团的整体打造，着力于建设远香湖区域承启未来的创新文化中心、未来文化中心、未来共生中心和综合服务区。

中国建筑科学研究院有限公司

以步步生莲、山水相连、水漾清涟为主要设计理念，分别从景观、交通、功能上回应远香湖的自然元素，区域联动，汇聚周边人群，织补园区服务配套。

上海思作建筑设计咨询有限公司和上海城乡建筑设计院有限公司联合体

通过片区功能发展策划，构建以中心文化环为核心的新五大分区，形成远香湖活力新城核心，通过“清荷远香”的建筑意象实现建筑与自然地景的结合，打造“生态之湖，文化之核”。

鸟瞰图

远香璀钻

德国珮帕施（上海）建设工程顾问有限公司（Pesch Partner, Architekten Stadtplaner）

环湖唤醒原点：以客厅作为唤醒环湖活力的原点。客厅与舒展的环路串联沿湖十余处沉寂的建筑大师佳作，让环湖的浪漫再次成为整体，在亲民与开放中成为 2.3 公里的人民文化环。

人与景的汇聚：环湖动人的景致成为客厅成长的灵感，系列的对景轴线与导向性空间成为设计的基础。富有导向性的远香绿谷、水岸剧场、云中小院，让市民在活动中不经意朝向环湖不同景致。

无界进入体验：避免传统公共建筑带来的进入阻力。以联通湖滨的自由底层、灵活组合的体量穿插自由流动空间与多样化进入方式，吸引市民在游憩中不知不觉进入客厅，增加客厅的亲和力。

人与城的交互：开放与多义的空间，让散落在新城各个专业场所、聚焦特定人群的活动在这里向市民开放。中小规模、贴近市民、亲切体验，这些特点将塑造新城活动与市民亲密的全新关系。

湖畔夺目璀钻：沿湖舒展体量与超高层背景形成富有张力的对比。简洁通透的体量穿插让会客厅像一簇夺目的钻石，在湖面与周边密集的高层视角中熠熠生辉。

远香湖会客厅总平面图

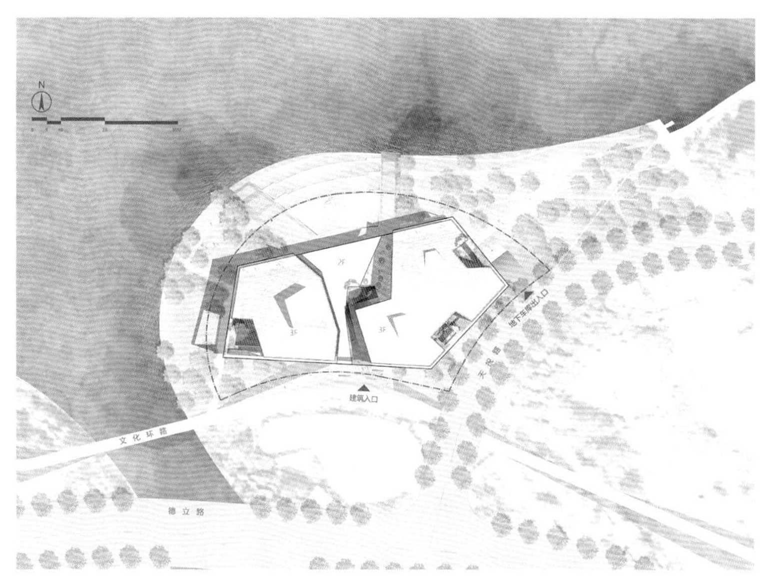

2.3 公里的人民文化长廊

会客厅作为唤醒原点

↓

现状建筑的串联与激活

↓

环湖活力的人民文化长廊

无界的会客厅

架空底层与无界进入体验

+

环湖景致的汇聚

+

人民与城市活动亲切互动的地方

青浦热电厂改造项目

总体定位

利用工业建筑独特风格，打造异质多元的文化吸引力。将工业建筑独特风格与优越的滨水资源，转化为异质多元的文化吸引力，为青浦上达创芯岛注入新活力。结合体育、文化、休闲、商业等业态，功能面向未来、面向市场、面向青年。谋求差异化发展。融入当下主流价值观，延伸满足新一代年轻客群的文化、时尚、体育等消费体验需求；

鼓励开放性设计，倡导多样化运营模式。本项目拟市场化运作，鼓励多元化盈利模式，统筹考虑与周边重大公共设施及文化、旅游、体育、商业等相关项目的联动协调发展，积极创建工业旅游示范点，整体提升片区活力与人气；

充分考虑既有建筑的适应性再利用。初步建议保留主厂房、锅炉车间、烟囱、汽机间等建筑，不强制要求整体性保留，酌情结合设计利用。滨水可结合公园设置商业功能。充分考虑室外场地的文化活动利用。

基本信息与设计条件

征集要求	项目策划 + 建筑概念方案征集
用地性质	C3B3 文化和商业混合用地
规划用地	21900 平方米
建筑面积	约 32850 平方米（保留建筑≥ 15200 平方米）
建筑高度	24 米（不含烟囱）
容积率	1.5
建设地点	青浦新城中央商务区样板区先行启动区 B-15C-03 地块。基地现为青浦热电厂厂房及园区，北侧、东侧、西侧均为规划绿地，西临东大盈港
功能要求	文化商业。改造后为市场化运作的文化商业用途，需统筹与周边联动发展，以整体提升片区活力

基地位置图

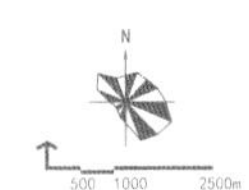

竞赛入围团队

上海大舍建筑设计事务所（有限合伙）和上海旭可建筑设计有限公司联合体

充分挖掘电厂的社会价值、经济价值、文化价值与空间价值，保留特色建筑，部分进行环境营造与适应性再利用。同时，采用“城市留白”的设计策略，进行集中式点状建造，为上达公园腾挪出更大绿地空间。

中国建筑设计研究院有限公司

引入“生态共享”“低碳健康”的理念，建造一处文化滋养的科技体育公园。引入“智慧创新”“活力新生”的理念，建造一处创新重生的未来活力工厂。

柯凯建筑设计顾问（上海）有限公司、百安木设计咨询（北京）有限公司和上海高力物业顾问有限公司联合体

设计以建筑遗存作为空间载体，以丰富业态为支撑，结合青浦文化 + 工业文脉 + 上达河生态属性打造新城“文化 + 生态 + 酒店”多维复合的公共空间，以独特的工业文化活力风貌塑造都市新生活方式目的地。

上海予舍建筑设计有限公司

以“能量绿洲”作为设计原点，通过“能量迭代”，打造未来新能量中心；通过“能量平台”，形成立体开放平台，使建筑成为公园中的核心瞭望平台；通过“能量晶体”的生长，形成散落有机的未来村落。

南侧城市公园日景图

能量青浦

上海大舍建筑设计事务所、上海旭可建筑设计联合体

青浦新城具有特殊的地理自然环境，是最具江南风貌的新城。而上达河公园是青浦除夏阳湖公园之外的又一个城市公园，也必将在新一轮城市发展进程中发挥关键作用。

方案以“能量青浦”为设计理念，将原电厂改建为综合业态的电厂艺术中心，为青浦新城赋能。设计整体规划电厂所在的上达河公园，使之与青浦丰富的“上”字水系联动，以增加年轻活力的日常氛围，吸引市民前往新城生活，为青浦新城塑造新城形象。

方案充分挖掘原电厂空间之综合价值。将汽轮机大厅打开，成为城市客厅，并通过规划中的跨河步行桥连接游船码头和汽轮机大厅。将电厂遗迹与美术馆、酒店结合，市民可在俯瞰青浦新城景观的同时参观机组的壮观结构，深入锅炉机、除尘器、烟囱等内部沉浸式游览。通过集中布置体量的策略，设计在流线上将各功能串联起来，形成一个有机的整体，为城市提供各种场景，让电厂艺术中心成为全年无休的事件容器和永不落幕的城市舞台。

青浦热电厂总平面图

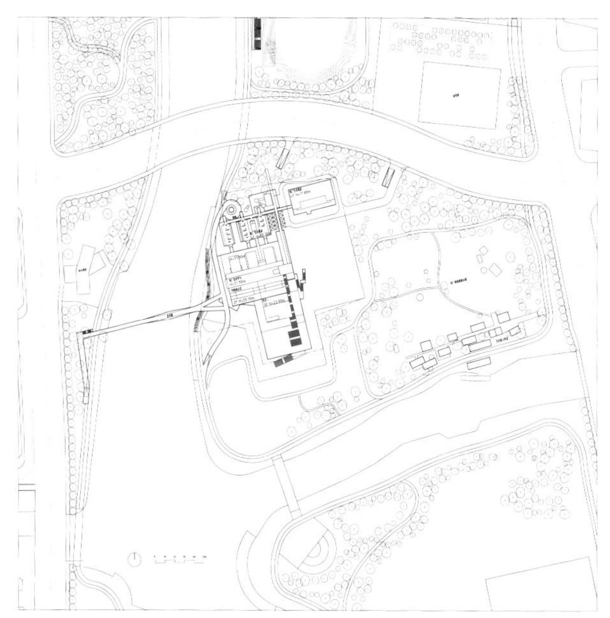

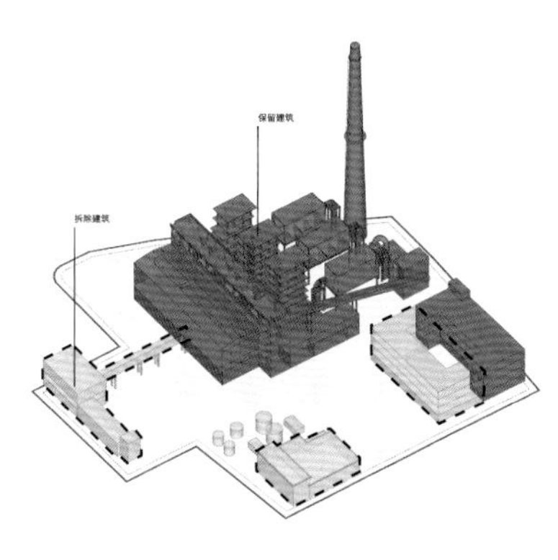

总结出这最具保留价值的空间要素，将难以二次利用的空间拆除。

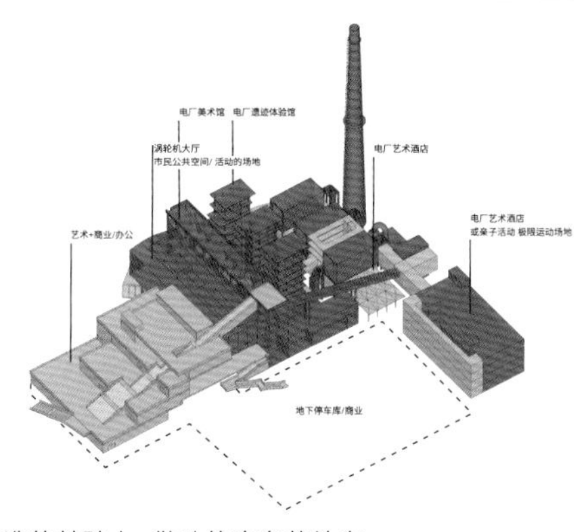

在改造的基础上，做功能完备的补充。

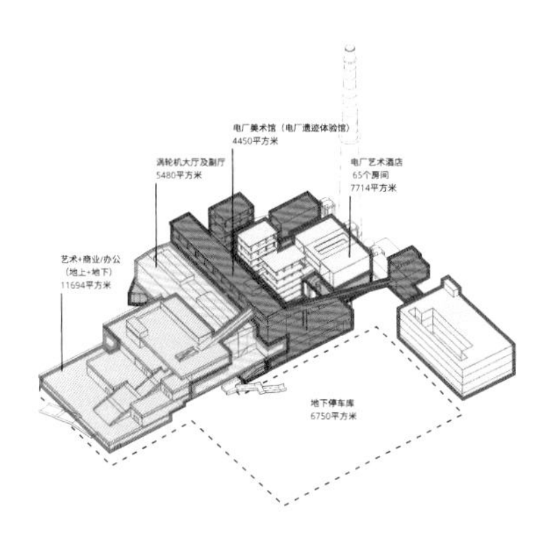

以汽轮机大厅为轴线的加建，加建呈大台阶形式，与运煤廊道对称强化电厂原有工业特征。

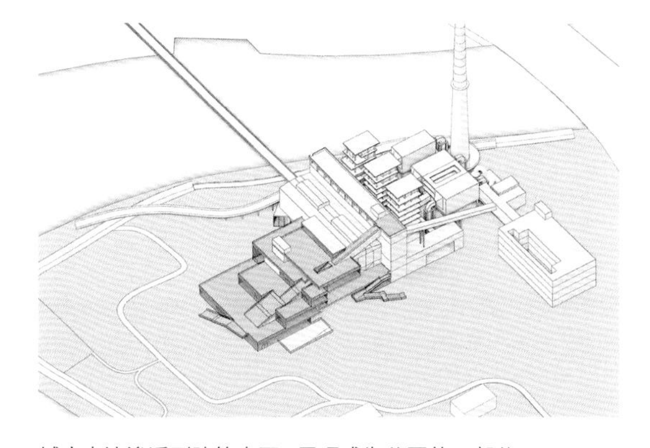

城市人流渗透到建筑表面，屋顶成为公园的一部分。

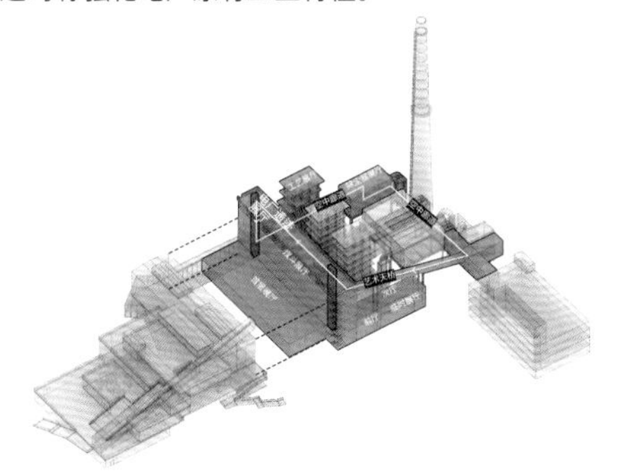

电厂艺术中心位于原有厂房及机组内。展廊式展陈深入锅炉机、除尘器、烟囱等内部，沉浸式进入机械器官内部游览。

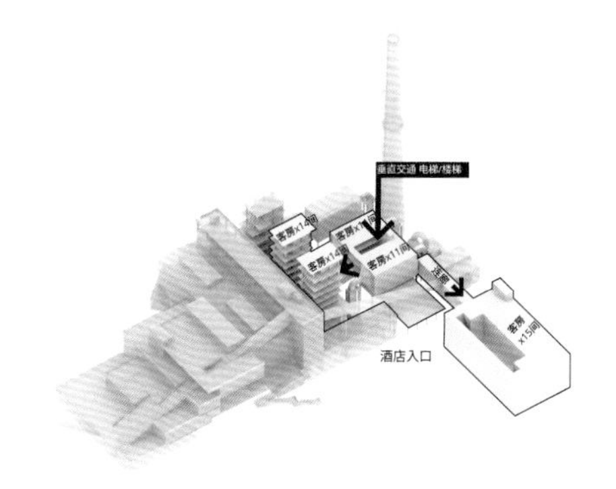

方案改造两组机组及原有办公楼为酒店公区及特色客房(65 间)。

奉贤滨河剧场

总体定位	**打造"山歌剧"文化遗产展示窗口**。作为"一川烟雨"新江南水乡景致中重要人文景观节点，本项目致力于推广本地"山歌剧"文化遗产； **创造观演共融的沉浸式演出场所**。打造具有奉贤文化特色、满足市民文化需求、功能复合的个性化、体验型剧场； **与浦南运河滨水空间有机衔接**。剧场与公共环境空间进行一体化设计，充分利用滨水优势，充分考虑观演、观光、户外艺术活动等文化功能，打造户外艺术公园

基本信息与设计条件

征集要求	建筑方案征集
用地性质	C3 文化用地
规划用地	5869 平方米（以实测为准）
建筑面积	15 938 平方米（地上约 11 738 平方米，地下约 4200 平方米）
建筑高度	40 米
容积率	2.0
建设地点	奉贤新城 02 单元 17-09 地块。项目位于奉贤新城南桥源重点片区，浦南运河北侧。项目基地东至南桥路，南至浦南运河，西至 17-08 地块，北至运河路
功能要求	演艺建筑。主要功能包括一个 600 座中剧场、一个 200 座小剧场、前厅及观众服务用房等

基地位置图

竞赛入围团队

法国 JFA 建筑事务所

从“城市田野”“万家灯火”的设计原点出发，将剧场置于田野牧歌般的水乡稻田中央，把具有象征意义的水街绿廊重新带到了城市中心，通过把项目置于乡村田野的景观之中唤起一种崭新的江南景致。

北京王戈建筑设计事务所（普通合伙）

从“烟雨行舟”的总体理念出发，用漂浮的“舟”的意象承载运河文化，采用“无界观演”的模式，打破传统镜框式舞台的限制，为“山歌剧”复兴贡献一种全新的演艺方式，为公众深度参与戏剧创作与表演提供了场景和载体。

法国 AS 建筑工作室

设计将剧场定位为“可演、可望、可游、可赏”的一体化滨河综合性文化共享空间，致力于打造全时段、多功能、人民的滨河文化共享平台，构建集戏曲演绎、文化教育与传播、社区生活为一体的多元文化生活空间。

清华大学建筑设计研究院有限公司

提取奉贤古韵中“月桥花院，琐窗朱户”等传统聚落建筑语言，重组单体模型空间，形成现代空间语言与传统聚落空间对话，创造城市传承文化的会客厅，打造全新的山歌剧商业 IP。

沿河效果图

水·田·山歌

JACQUES FERRIER ASSOCIES

奉贤河滨剧场位于江南水乡，稻田中央。奉贤新城希望把具有象征意义的水街绿廊重新带到城市中心，为市民呈现一种新江南景致。本设计通过把剧场置于乡村田野的景观中来唤起这种意象。

剧场仿佛从传统民居中生长出来，向散布在周围乡村中迷人的传统建筑致敬。 人们会联想起彼此相邻的房屋，聚集在剧院周围，同时剧院融于建筑的聚落中，体现城市设计中“万家灯火”的意象。

建筑屋顶让人联想到传统房屋，同时类似于剧场的幕帘。徐徐升起的幕帘，邀请市民观赏戏剧演出。屋面材质类似传统的屋瓦，更令人联想起幕布的纹理。

为了体现“一川烟雨”主题，建筑被置于田野和滨水花园中央，宛若“蒹葭苍苍，在水一方”。建筑立面为通透的玻璃，外侧为典雅的木制格栅，像云雾一样过滤着光线，产生朦胧的美感。

奉贤滨河剧场总平面图

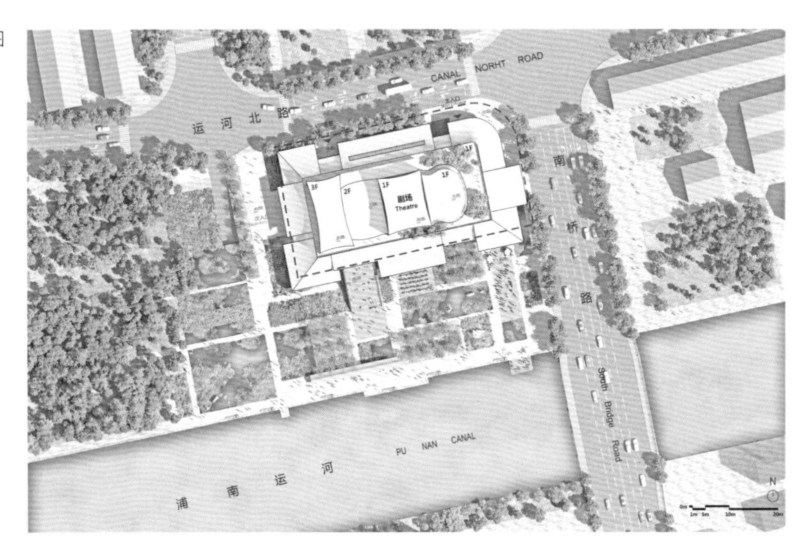

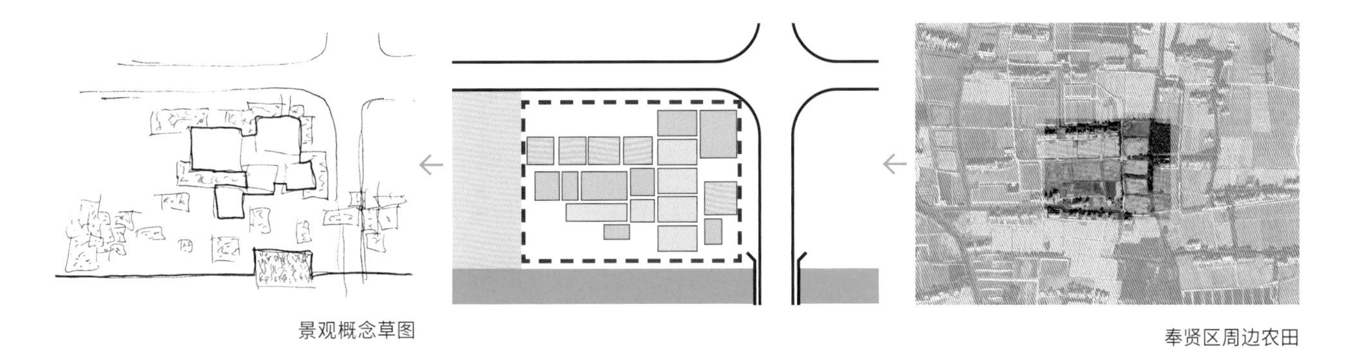

景观概念草图

奉贤区周边农田

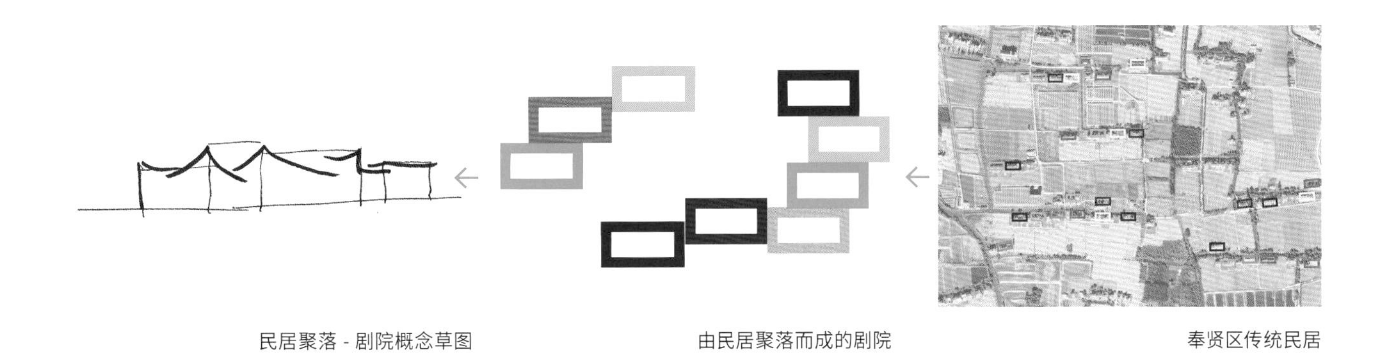

民居聚落 - 剧院概念草图

由民居聚落而成的剧院

奉贤区传统民居

600 座剧场室内效果图

入口前厅效果图

3.2.2 社区文体设施

嘉定马陆镇社区体育设施

总体定位	**全龄友好的高品质社区体育中心。**项目位于嘉定新城马陆镇，致力于建设一处高品质社区体育设施，更好地满足全龄段、全人群健身需求，打造多功能与智慧化的全民健身新载体； **绿色生态的休闲体育公园。**设计需满足室内外体育健身需求，室外部分与滨水公共空间统筹布局，充分利用滨水岸线优势，打造以滑板运动为核心的亲子休闲体育公园。基地对岸 G16-8 地块包含一处规划中的商业和社区配套，未来将与本地块实现功能联动

基本信息与设计条件

征集要求	建筑概念设计方案征集
用地性质	社区级公共服务设施用地
规划用地	约 9394 平方米
建筑面积	约 4682 平方米
建筑高度	24 米
容积率	0.5
建设地点	马陆镇伊南社区 G16 街坊。基地东至赵泾，南至麦积路，西至阿克苏路，北至封周路，东侧紧邻赵泾，生态环境资源较好，周边以居住区为主
功能要求	社区体育设施。本项目需同时满足室内与室外体育健身需求，室内部分功能包括游泳馆、篮球馆、羽毛球馆、乒乓房、健身房、长者运动之家

基地位置图

竞赛入围团队

上海予舍建筑设计有限公司

方案充分考虑与周边环境的融合，退台式的布局呼应周边蓝绿空间，将建筑和景观充分融合。建筑空间层次丰富，结合运营综合设置功能，提供室内外多样的社区活动可能。设计通过打散大体量功能布局，将建筑控制在较为适宜的近人尺度，符合社区体育中心的功能定位，同时注重人民性，对人民意见征集成果进行了细致回应。

瑞士托珀泰科建筑设计公司（TOPOTEK 1 Architektur GmbH）

方案将多种体育功能紧凑高效地组合到一个长方形体量中，反映出体育建筑的力量感。周边环境结合水岸布局，提供多种室外活动场地。空间结构与功能特点相契合，各类体育设施可独立开放，为后期灵活运营使用提供可能性，同时巧妙地利用屋顶结构设置光伏屋面及微气候调节措施。

新加坡筑土国际规划顾问（ARCHILAND CONSULTANT INTERNATIONAL PTE. LTD.）

方案设计采用无限循环作为设计概念，用统一的设计语言统筹室内外空间，具有一定趣味性。建筑布局较为集约，利用场地南北向用地比较长的特征，将建筑集中于北侧，提供了较多的公共活动空间，对城市界面友好。使用功能集中，外立面形态结合了较为成熟的绿色建筑技术。

日景鸟瞰图

绿野运动园

上海予舍建筑设计有限公司

青丘跃动，屋园一体——以“运动和环境互动共融的体育之园”为设计理念，打造一个多元、开放、自然、先进的社区健身场。

设计将功能置入基地后进行体量拆分，南侧整体抬升，打通东西向城市空间与景观视野，同时提供大面积的社区共享活动灰空间。再通过由北向南逐渐升高的草坡串联不同功能，利用不同方向的坡道和连廊等将建筑整体、滑板公园与自然景观、不同标高的室内空间相联系，提供内外贯通、立体垂直的运动休闲路径。

这既是一个复合利用、智慧生态的运动场馆，又是一个社区居民的城市生活舞台，更是一处展现嘉定新城科创风、江南意、文化味的新时代形象所在。

马陆镇社区体育设施总平面图

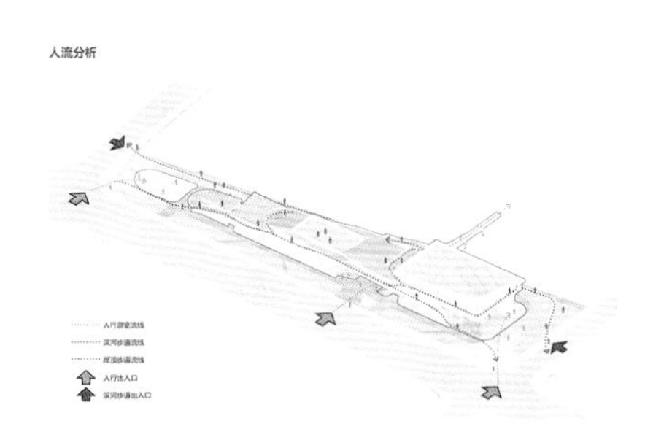

人流分析

滨水日景

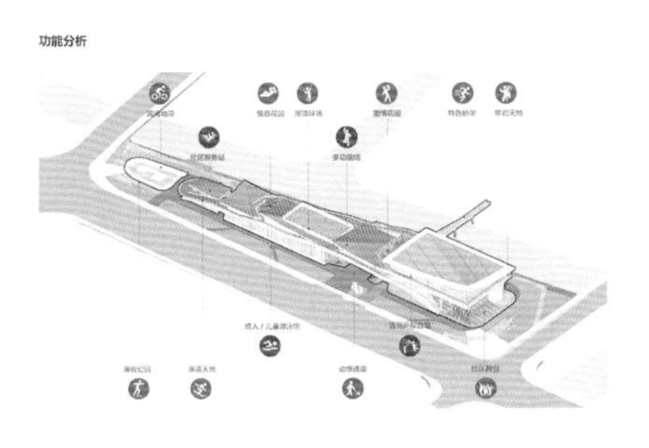

功能分析

滑板乐园

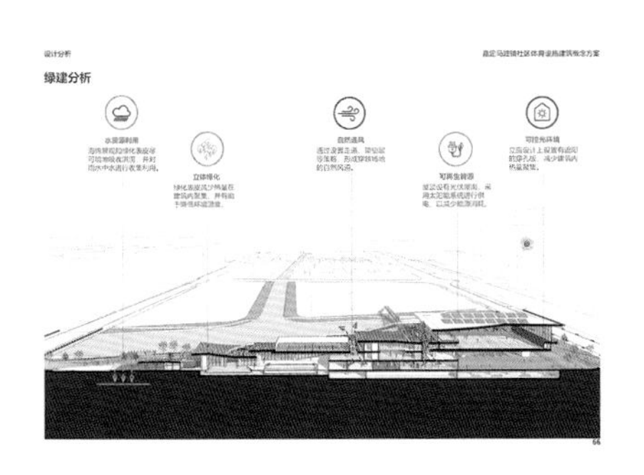

绿建分析

模型照片

青浦 21-03 地块社区公共服务配套设施

总体定位	**整合多元功能，打造邻里友好的社区之家**。项目致力于建设一处集成化、便利化、智慧化的社区级公共服务设施，通过七大功能板块，提供便捷、高效、共享的社区生活服务，满足周边社区各年龄段居民的多元需求，构筑社区公共文化空间新格局； **呼应周边蓝绿空间，打造新江南绿色建筑典范**。建筑风格应具有新江南特色，兼具现代性，建筑形体呼应南侧滨水空间及北侧幼儿园建筑，与周边环境充分融合，塑造独特的文化神韵。同时设计充分考虑运营管理要求，实现功能空间相对独立，配套设施错峰共享

基本信息与设计条件

征集要求	建筑概念设计方案征集
用地性质	社区级公共服务设施用地
规划用地	5859 平方米
建筑面积	约 8788 平方米
建筑高度	24 米
容积率	1.5
建设地点	青浦上达创芯岛片区。基地位于达恒路北侧，东至恭贤路，南至达恒路，西至 21-01 地块，北至 21-02 地块，周边以居住区为主，项目东侧靠近上达河中央公园
功能要求	社区级公共服务设施。项目主要功能包括社区服务中心、市民健身中心、市民文化中心、养老服务中心、社区卫生服务站等

基地位置图

竞赛入围团队

上海席地建筑设计咨询有限公司

方案提供了一个有情感的设计，为整个社区精神及社区氛围营造提供多样适宜的空间载体。建筑形体比较周正，项目底层的开放性空间与街道结合，通过架空层与灰空间等高差的设置，利用不同平台打造有趣的多元活动空间。

上海建筑设计研究院有限公司

建筑体量与城市和谐，连续大屋顶的建筑形态和局部造型处理使用江南风格元素，有江南水乡的意韵。平面布局动静分区按纵向空间分隔，清晰明了。一层地面空间的组织与功能以南北轴线划分，与相邻幼儿园形成联系。

中国建筑科学研究院有限公司

建筑形态变化丰富，滨水界面向北区退让，层次感较好。方案设置满铺平台层，在其上设若干体量形成具有变化的建筑形体堆叠，形态简洁。首层架空、二层设置共享平台的设计理念适当丰富了滨水公共空间界面。

沿河效果图

一棵树·一处家·一组灯

上海席地建筑设计咨询有限公司

沿河绿带旁的“一棵树、一处家、一组灯”将底层向城市开放，令自然与生活交融，在这里长者们可以安静地彼此为伴，也可在靠近运动场或幼儿园的一侧感受年轻活力的气息；中心矗立着一棵浮空大树，记录传承着社区记忆，大人们围树谈笑，孩子们绕树奔跑；社树广场贴邻幼儿园，将安全而宽敞的公共空间共享给玩耍的孩子和接送孩子的家长们。

这里将成为一处不同年龄居民共享、交流、互助的活动场所，一处有烟火气和社区归属感的公共空间，承载着对未来社区生活的美好想象。它还将成为一处城市文化地标，如一组画卷灯，在宣纸立面上展开“最江南”的活动图景，展示积极的公共建筑形象，传承江南文脉，链接新城未来。

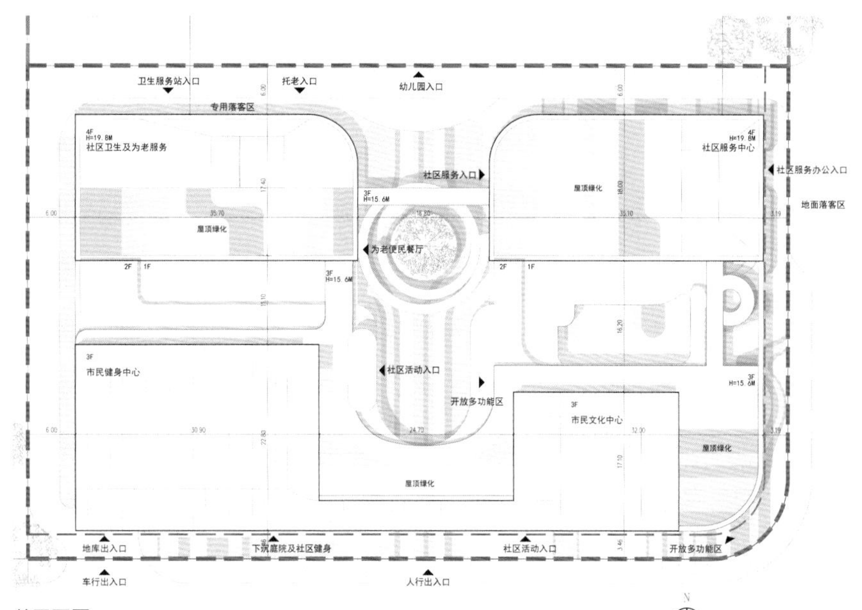

总平面图

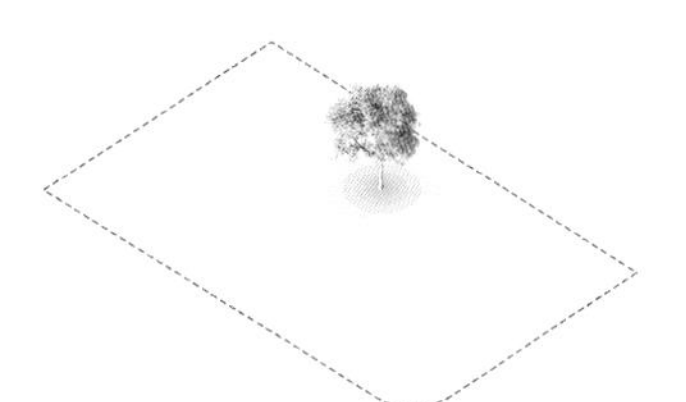
种下一棵承载人们对社区归属感的“社树”

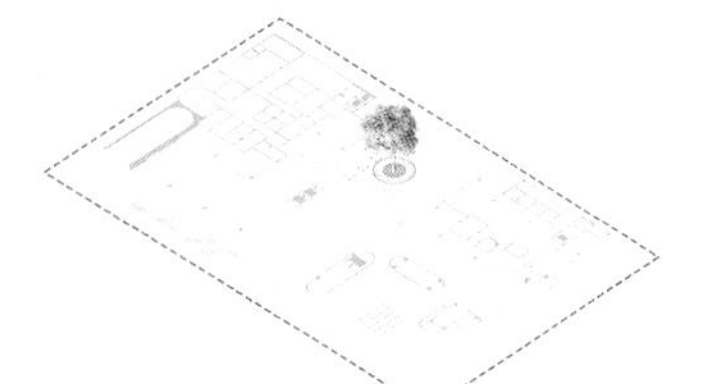
搭建一个有烟火气的“大家”

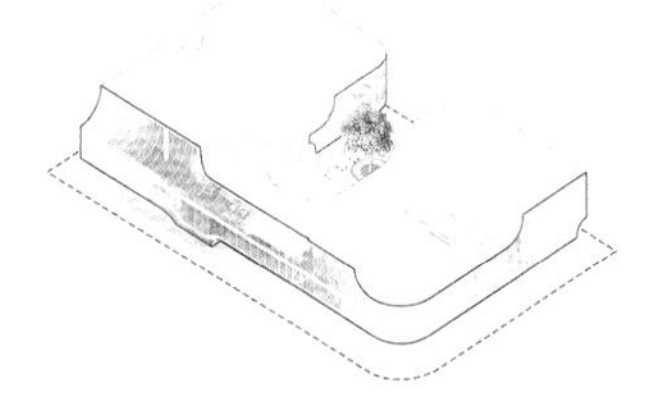
展开一组江南新城的“画卷灯”

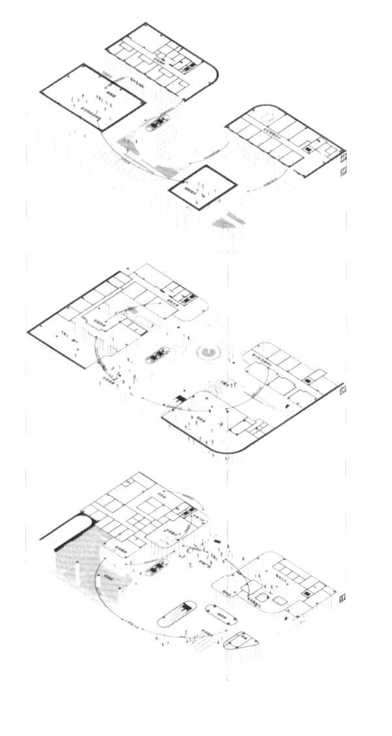
社区功能聚合分析图

社区共享花园

社树场景

松江广富林街道文体活动中心

总体定位

建设“最便利”“最生态”“最具活力”的社区级公共文化场所。项目致力于建设“最便利”“最生态”“最具活力”的社区级公共文化场所，打造“15 分钟社区生活圈”，满足各年龄段居民对社区美好生活的新期待；

统筹城市空间，延续广富林文化文脉。统筹滨水公共空间布局，使建筑与所在的城市空间、景观环境有机融合，保持广富林街区建筑文脉，建筑空间与视觉的延续性、协调性和完整性，塑造新城独特的文化神韵；

建构布局灵活、功能丰富的公共文化场所。建构层次清晰的城市空间界面，创造丰富的活动场景。合理组织复杂的功能板块之间的空间关系。空间布局具有灵活性，考虑多功能使用需要

基本信息与设计条件

征集要求	建筑方案征集
用地性质	公共设施用地
规划用地	18278 平方米（以实测为准）
建筑面积	约 21933 平方米
建筑高度	24 米
容积率	1.2
建设地点	松江区广富林街道 SJC1-0005 单元 B04-01A 地块。基地西至龙马路，南至 B04-01B 地块，东至 B04-02 地块，北至广轩东路（控规中名称为银龙路）
功能要求	街道文体中心。拟打造集文化中心、体育中心、综合为老服务中心、社区学校、社区综合管理用房于一体的多功能集群公共活动中心

基地位置图

竞赛入围团队

华南理工大学建筑设计研究院有限公司

引入“共享生境之家”的设计概念，水岸延伸，绿脉渗透，在 200 米长的基地中营造别开生面的中心绿院与立体绿色平台，引入更多阳光、空气、绿意，为健康生活营造绿色低碳的活力生境。

新加坡筑土国际规划顾问（ARCHILAND CONSULTANT INTERNATIONAL PTE. LTD.）

设计围绕“松江云台·社区客厅”的整体理念，致力于将文体中心打造成为一站式社区客厅、绿色可持续客厅，在建筑内部与外部实现多维人行连接的立体空间。

上海普泛建筑设计有限公司

设计引入“共享山水入城，绿脉延续”的核心理念，通过绵延的斜坡，衔接水岸与城市的地景公园，创造协作共生的城市绿丘，筑就市民公共生活的礼仪高地。

阿特金斯顾问（深圳）有限公司

设计引入“热力主街”的整体理念，热力主街链接城市，链接场地，创造最具热力的全年龄段共享空间、最具温度的建筑体验。以有机灵动的形态组合，将建筑体量消融在绿化掩映间。

日景鸟瞰图

共享生境之家

华南理工大学建筑设计研究院有限公司

方案对社区居民美好生活品质与未来社区公共生活方式进行深刻全面思考，创造混龄共享、绿色健康、文化自信的未来社区之家范式。

关注混龄共享，对不同年龄社区居民文体活动的多样需求进行细致梳理和用心组织，创造布局各得其所、运营可分可合、空间充分适用、氛围亲切宜人的混龄共享聚落式社区之家。

营造活力生境，设置南、中、北三个开放场地节点，与南北银河水岸和社区公园蓝绿渗透，塑造丰富多彩的立体绿色开放空间，全面融入被动式绿色策略，创造室内外生活场景可迅速自如切换的健康生活场所。

创新文化演绎，吸收广富林文化的江南水乡、人居聚落的核心基因，结合功能需求、基地环境、时代精神予以创新演绎，生成地景绿毯之上升起轻构盒子的当代沪上人居聚落形态。

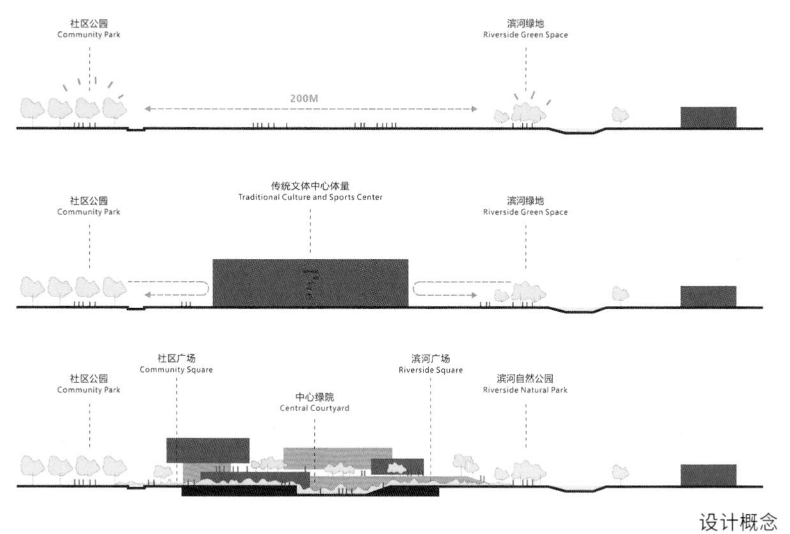

设计概念

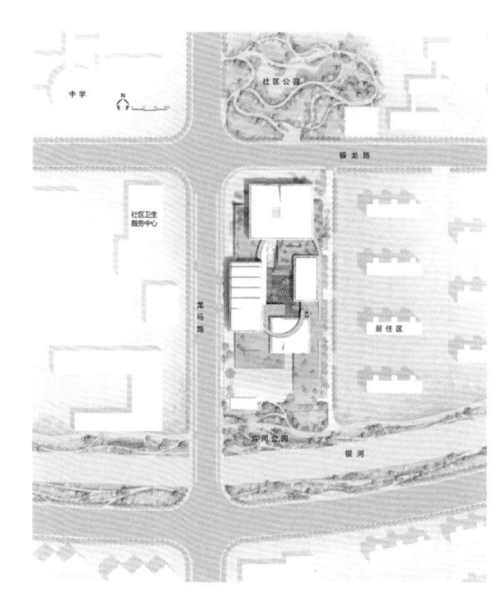

总平面图

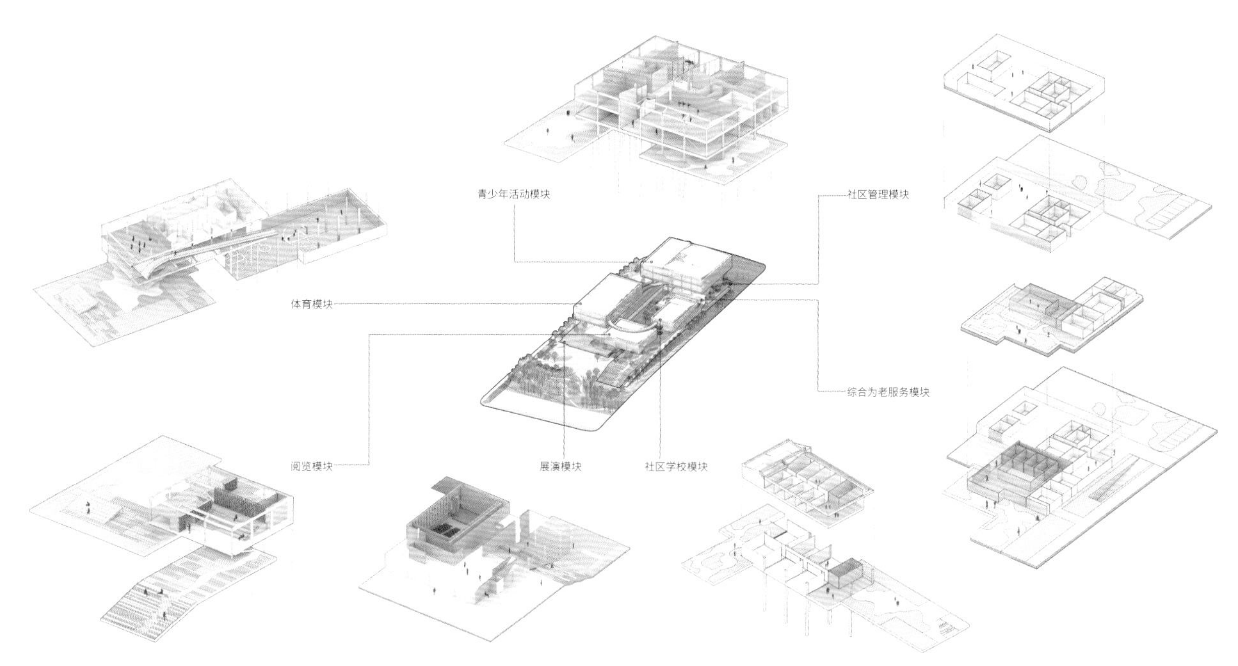

健康模块

健康步道

青少年活动中心

临港丹荣路社区级公共服务中心

总体定位	**建设开放、集成、便利、智慧的社区级公共服务新典范。**丹荣路社区级公共服务中心位于临港新片区现代服务业开放区，致力于建设一个开放、集成、便利、智慧的社区级公共服务设施综合体，提供高品质、国际化、面向未来的公共服务设施，打造“开放型、复合型”活力社区中心； **鼓励因地制宜，呼应南汇滨海新城风貌。**设计与基地南侧、东侧公共绿地的景观风貌统筹协调。通过虚实对比及材料质感对比，赋予建筑“国际风、未来感、海湖韵”的南汇新城风格特色和更丰富的文化内涵，体现经济性、实用性和美观性

基本信息与设计条件

征集要求	建筑概念设计方案征集
用地性质	社区级公共设施用地
规划用地	12506 平方米
建筑面积	约 18759 平方米
建筑高度	/
容积率	1.5
建设地点	临港环湖自贸港北侧。项目位于临港新片区 105 社区 DSH-04 单元 D04 街坊，北临丹荣路，南至 D04-04 地块（公共绿地），西接香柏路，东至 D04-03 地块（公共绿化带）
功能要求	活力社区中心。主要功能包括社区事务

基地位置图

竞赛入围团队

华南理工大学建筑设计研究院有限公司

以海洋感流畅线型和体量组合方式，形成既符合新片区风貌需求，又具备标志性的公共建筑形象。方案布局置于整个城市中轴进行考虑，作为蓝绿空间与城市空间的结合点，通过功能分组布局形成底部开放、上部整合的空间格局，整体将功能归类合并，支撑骨架结合功能模块的空间方式，能有效应对未来运营中功能的弹性变化。

上海普泛建筑设计有限公司

方案总体布局呼应周边环境，地景公园结合城市聚落的方式将蓝绿空间引入建筑，采用大平台加分体块的模式来组织复杂功能，形成一种可分可合的弱联系。交通流线相对独立，平面利用比较高效，首层街巷式布局结合二层平台和漫游路径，创造了一个充满活力的文体功能综合体。

法国何斐德建筑设计公司（INTERNATIONAL FREDERIC ROLLAND ARCHITECTURE）

方案以风车状的概念组织空间，底部街巷与上部分区相对独立，通过引入斜向轴线来组织多种复杂的功能组团，从城市界面上形成实体和退台相结合的建筑形象，集合体现了未来感和空间的变化。各功能流线独立分开，相对便于管理。

日景鸟瞰图

洋流交汇 未来之家

华南理工大学建筑设计研究院有限公司

设计以洋流汇聚、海浪冲刷的形式营造建筑中如珊瑚礁般能容纳复合都市生活的活力生境，建筑既能分区运营，又能紧凑共享；既能弹性适变，又能高效服务。社区公共服务中心不仅要成为开放型、复合型的活力社区之家，更要打造国际风、未来感、海湖韵的高质量公共服务设施“临港样板”。

设计围绕复合、交汇、开放、共享理念展开布局：城市、景观、人流在场地各向交汇，塑造流畅交互的社区客厅与生活街市。文化港、体育港在空中交汇，构成共享中庭、都市甲板等开放空间，功能组织着眼于城市的最大融合及对未来的前瞻思考。建筑外墙结合观景、遮阳、采光、绿化需求，生成水平流变、轻盈半透的轻质界面体系，与临港海洋气息与沪上生活品质相呼应。

城市策略

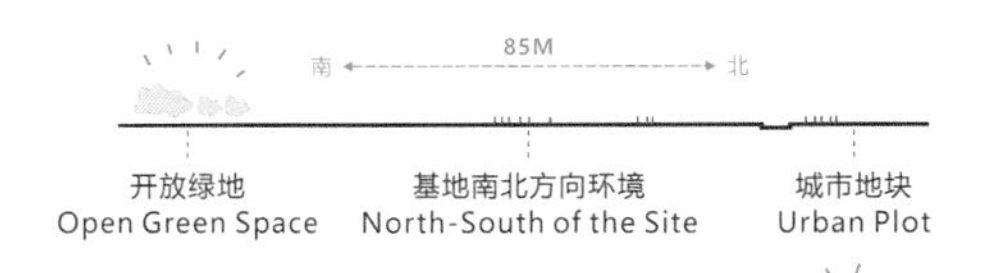

开放绿地 Open Green Space　基地南北方向环境 North-South of the Site　城市地块 Urban Plot

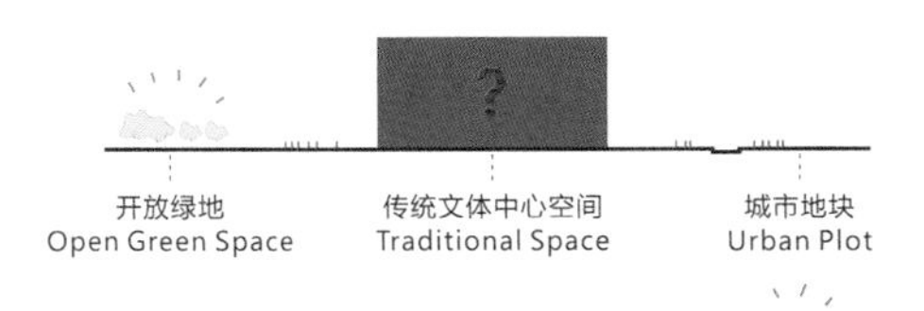

开放绿地 Open Green Space　传统文体中心空间 Traditional Space　城市地块 Urban Plot

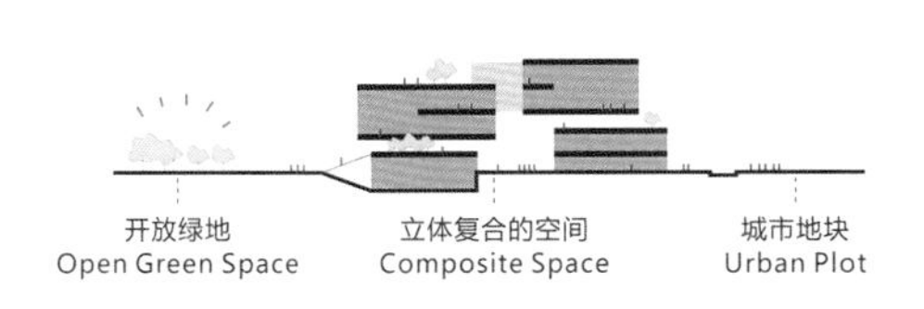

开放绿地 Open Green Space　立体复合的空间 Composite Space　城市地块 Urban Plot

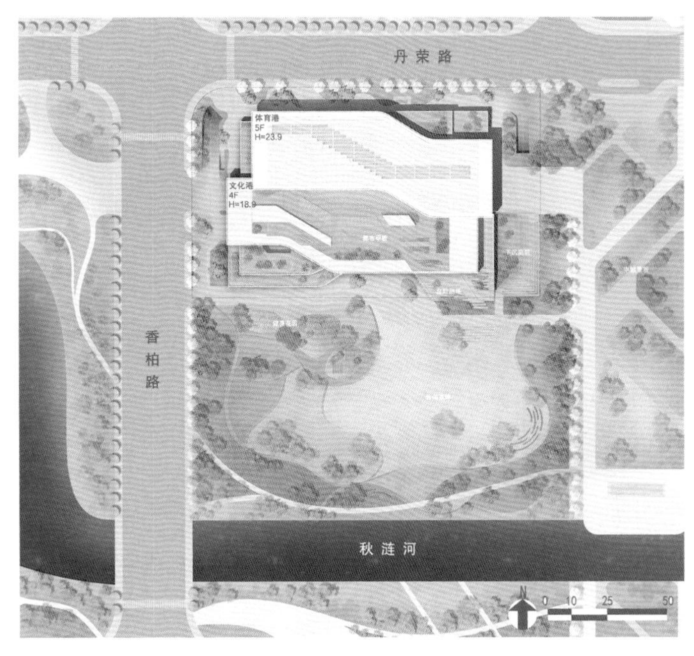

总平面图

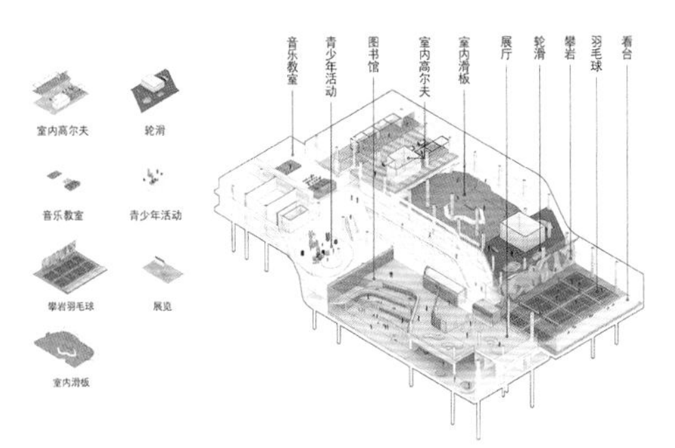

可变模块

生活街区

观景社区游泳馆

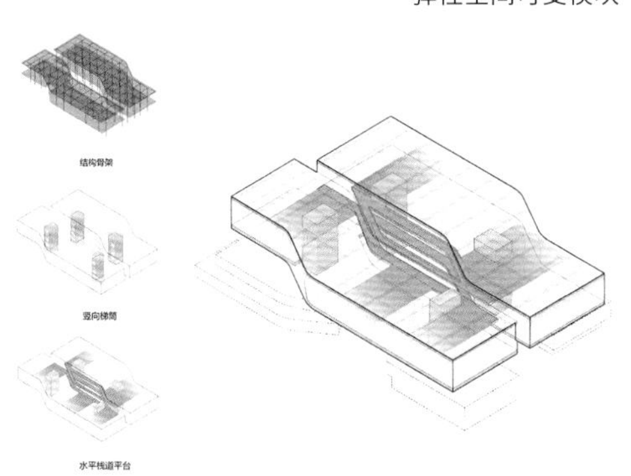

弹性空间可变模块

弹性空间支撑体系

都市夹板

南汇书院镇洋溢村公共服务中心

总体定位

打造具有海派水乡特色的村级服务中心。南汇书院镇洋溢村公共服务中心位于临港新片区书院镇洋溢村东北部书院人家内，致力于打造一处富有书院海派水乡风貌特色的乡村公共服务设施，传承和发扬地方文化传统，助力乡村振兴；

结合 15 分钟社区生活圈要求，创造丰富的活动场景。项目致力于营造全龄友好的乡村邻里交往空间，促进村民交流与互动，建设便捷、和谐、温馨的幸福社区，增添乡村生活活力

基本信息与设计条件

征集要求　建筑概念设计方案征集

用地性质　村级公共建筑用地

规划用地　/

建筑面积　1412 平方米

建筑高度　/

容积率　/

建设地点　临港新片区书院镇。项目位于浦东新区书院镇洋溢村东北部，临港大道北侧人民塘西侧

功能要求　村级公共服务中心。周边规划为商业服务业用地、林地等。拟新建一处村级公共服务中心，满足村级服务、村民活动及文化展览、综合为老服务等需求。主要功能包括：党群服务、活动与文化展示、综合为老服务、卫生室、其他服务设施等

基地位置图

成都太不建筑设计咨询有限公司

方案尝试与场地、与自然对话，以“轻”的策略尽量保护生态基地。借鉴传统园林“一池三山”的设计理念，提出适应场地的设计策略，用相对生态的建筑形式弱化体量。内部空间逻辑清晰，充分回应人民建议征集中社区和村民关注的问题。

深圳大学建筑设计研究院有限公司

方案对整体风貌进行了分析，与周边的“书院人家”片区风貌融合得较好，以化整为零的策略弱化建筑体量。功能策略将四种主要功能分散布置，相对独立，通过各种灰空间的打造为村民提供非正式的多功能服务场所。

上海奥默建筑设计事务所（普通合伙）

方案利用形体的退让，充分尊重原有小岛上的现状基地，保留原始滨湖树木。结构形式与中央大空间符合村民活动需求。外立面试图用参数化及 AI 技术进行技术创新尝试，打造了具有标识度的建筑形象，建议后续结合周边风貌，比较研究外立面形态、装饰材料及后期维护方式。

南侧滨水日景透视图

池山垂绿 水乡客厅

成都太不建筑设计咨询有限公司

基地为一个中式园林景区的水中小岛，相汇交融是基地特质，也是海派文化核心。不过分雕琢“形式”（Form），而是着眼于“机能”（Performance）。

池山垂绿：一池三山，垂绿拂堤，消解体量，融入自然。

为减少对现状池岛景观的损害，避免成为小岛的“不能承受之重”，设计选择与更大的乡野本底对话——消解体量、融入自然。

人文层面：水乡客厅，打破区隔，创造交流，场景多样，开放共享。水中“绿岛”之中，不只有虫叫鸟鸣，也有不同人群活动的声色，形成一种各得其所的“共在”。

生态层面：可变风径，海陆之交，引防结合，风径贯通，利用基地靠近海边、风力较强的优势进行被动通风，降低能耗。

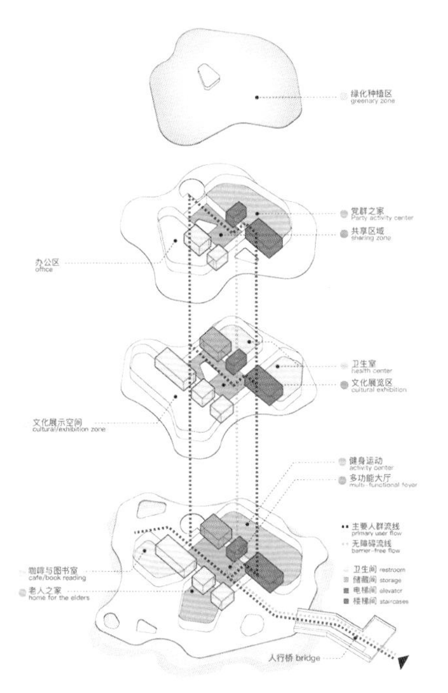

形态生成 和 功能流线

总平面图

A. 休闲角

入口桥正对大柳树，柳树下环绕休闲座椅。再现江南农村“桥头树下”的典型场景。

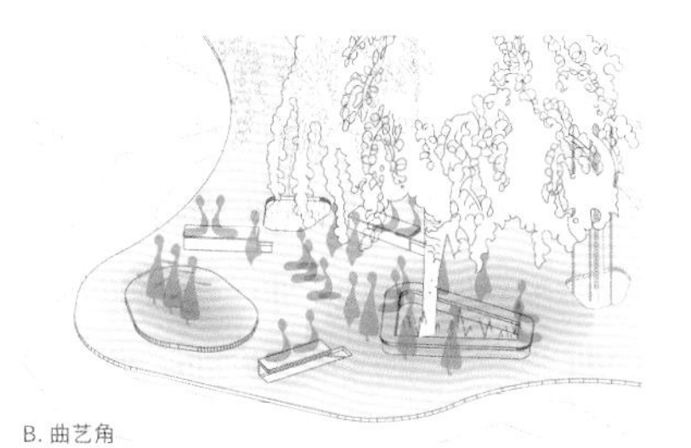

B. 曲艺角

在基地最突出的角部设置小舞台，作为村民们日常曲艺排练表演的场所。南侧石桥是天然的看台。

C. 运动角

西北侧大树下设置健身运动设施，座椅包围区域为儿童沙坑，外围设置不同高度的单双杠等器械。

活动空间分析图

以被动式策略为主，围绕“风”“水”“碳”三种基本自然要素展开设计，降低建筑运营能耗，减轻对于自然环境的压力。

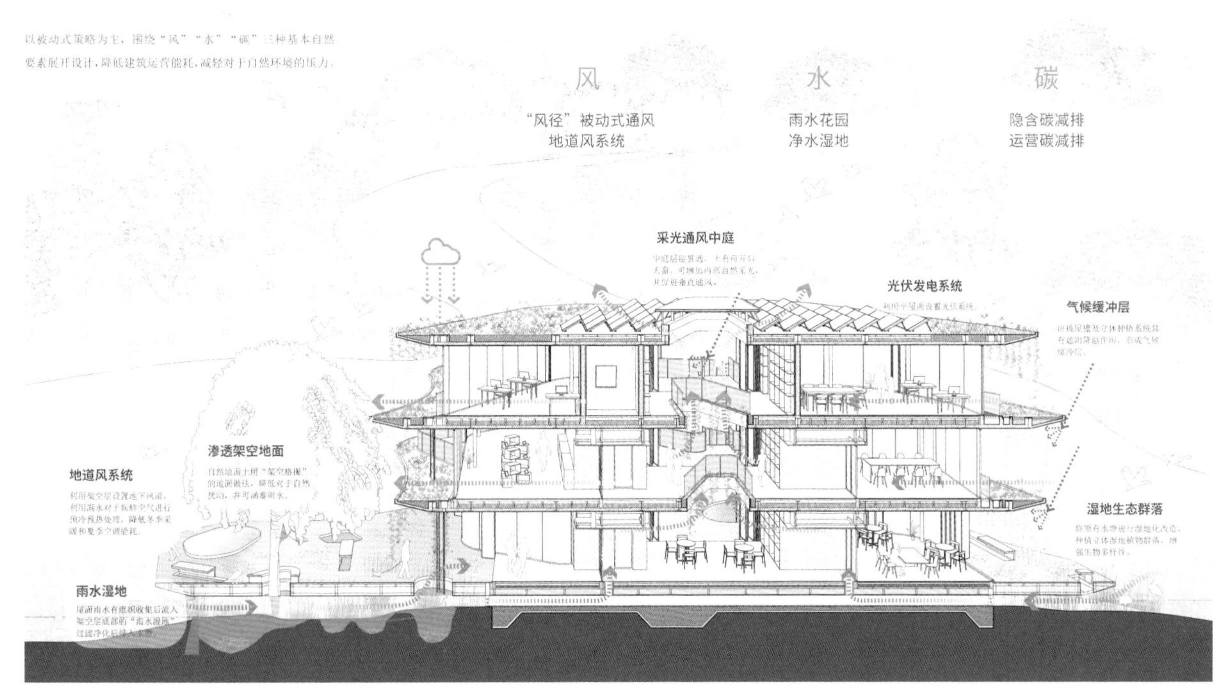

可持续设计策略

3.2.3 保租房和医院

奉贤数字江海 08-06 地块保障性租赁住房

总体定位

打造绿色低碳试点区的特色保障性住房。项目位于奉贤新城北侧，是奉贤新城“十四五”期间着力推进的两个示范样板区之一，致力于打造产城融合、职住平衡、生态宜居、交通便利、治理高效的智慧数字产业新城，致力于体现绿色低碳试点区、数字化转型示范区的创新特色；

鼓励“社区、街区、园区”融合共享。本项目重点聚焦产业园区内企业和人才的住房需求，致力于实现良好的居住品质，倡导开放式街区的设计理念，鼓励社区功能、社区空间与城市相融合，同时兼顾整体经济性与功能便利性

基本信息与设计条件

征集要求	建筑概念设计方案征集
用地性质	四类住宅组团用地
规划用地	约 9000 平方米
建筑面积	约 34500 平方米（地上约 22500 平方米，地下约 10000 平方米）
建筑高度	/
容积率	2.5
建设地点	奉贤数字江海国际产业社区。基地东至 08-05 地块，南至江海湾，西至大庆河，北至汇丰北路，周边以产业用地为主
功能要求	保障性租赁房。本项目为“数字江海”国际产业社区内配建的保障性租赁房，包括新建不少于 563 套租赁住宅及配套设施等

基地位置图

竞赛入围团队

上海德森建筑设计有限公司

方案从规划角度出发，布局合理通透，具有较强的开放性。立面风格现代感强烈，与数字江海园区定位相符。底层空间功能丰富，形态生动，提供一个共享配套的超级社区体。标准层采用内廊式组织，有利于提升得房率。单元户型设计考虑到了新版规范的影响，户型开间较大，有利于增加居住舒适性。

中国建筑设计研究院有限公司

方案的理念和功能类型与城市文化契合。建筑形式语言逻辑清晰，具有标志性。下沉内院及低层商业配套为社区提供了较好的服务支撑。建筑色彩配置充满活力，与科创型人才的气质较为匹配。

上海骏地建筑设计事务所股份有限公司

方案整体形象完整，具有识别性。多种配套共享串联功能布局，分区明确。充分考虑周边环境要素，将蓝绿空间引入内院，以屋顶花园环境拓展未来居民生活空间。建筑立面形态简洁合理，适于装配式建筑的实施。户型设计较为合理，模块化设计有利于远期调整户型结构。

沿河鸟瞰图

数字乘云 江海汇谷

上海德森建筑设计有限公司

以“数字乘云，江海汇谷”为核心理念，拥抱数字化浪潮，构建社区和城市的数字云生态体系。建造融合休闲娱乐、活力开放、生活交友于一体的智慧社区。社区利用社区商业、生活配套、景观花园、下沉庭院、架空层等联动资源，实现自然 + 生活 + 娱乐三合一的社区生活形态。

数字乘云——通过云端数据链，将基地与城市相链接，通过云端共享，实现交友、娱乐、工作等生活场景，打造生活与工作交互的智慧社区。

江海汇谷——将城市绿轴引入基地内部，形成“水—岸—城—林”的复合景观体验。

乐活绿里——全方位的配套活动与娱乐场所，拉近邻里间的交流，同时也是城市的会客厅，为片区打造一个开放的复合型国际社区。

总平面图

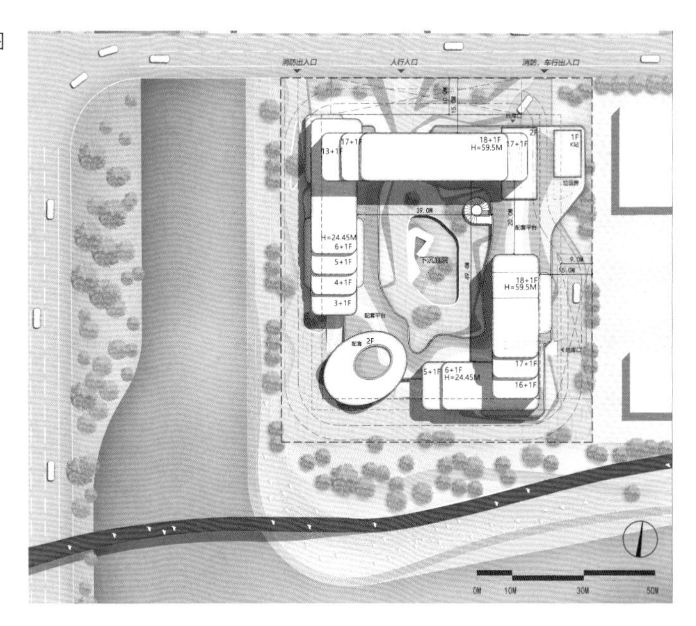

形态生成分析

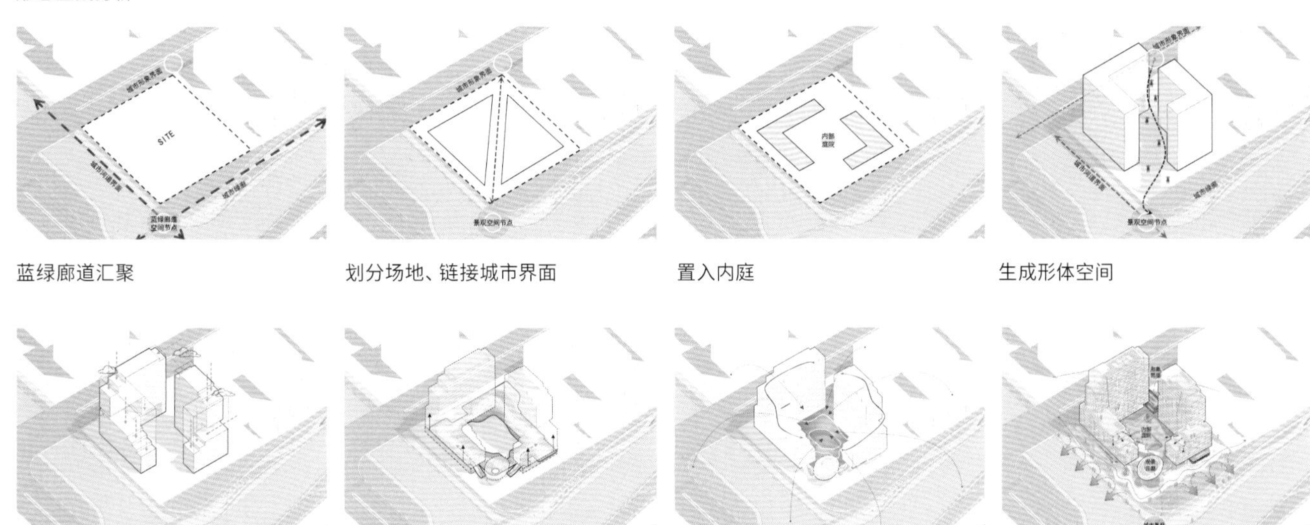

蓝绿廊道汇聚

划分场地、链接城市界面

置入内庭

生成形体空间

云端退台

环状云台

云谷概念空间

整体景观

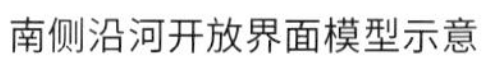

南侧沿河开放界面模型示意

南侧鸟瞰模型示意

奉贤区中医医院急诊综合楼改扩建

总体定位

体现中医特色，回应市民需求。为切实发挥奉贤区中医医院在全区中医药工作中的龙头作用，建成具有奉贤特色的中医医联体，更好地满足老城区百姓对急症、常见病、多发病、慢性病、康复等的医疗需求；

园区有机更新，关注建设时序。项目设计需充分考虑建设时序，满足改扩建过渡期的医院正常运营。建议将新建急诊综合楼与现有门诊大楼以连廊形式进行连接。新的急诊综合楼建成后，再拆除旧急诊楼主楼，并对急诊综合楼南面场地和主入口进行提升改造

基本信息与设计条件

征集要求	建筑概念设计方案征集
用地性质	医疗设施用地
规划用地	25 000 平方米
建筑面积	约 12 000 平方米（地上约 9400 平方米，地下约 2600 平方米）
建筑高度	/
容积率	0.4
建设地点	奉贤区南桥老城区中心。基地东至南横泾，南至南奉公路，西至立新南路，北至 22-01 和 22-02 地块，周边以居住区为主
功能要求	中医医院。项目拟拆除院区内现有血站用房与急诊楼辅楼后，新建一处急诊综合楼

基地位置图

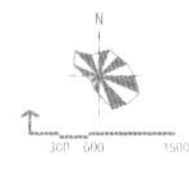

竞赛入围团队

戴文工程设计（上海）有限公司

平面布局利用新建L形体量形成完整的中心庭院，空间结构清晰，建筑立面具有辨识度，形成南北两个景观屋顶和室外空间，对院落的围合布局处理较为合理。功能分区合理，流线设计简明高效，车行交通组织合理，院区人车分流思路清晰，前院面积利于停泊落客。对院区整体一层交通组织有所考虑，急诊楼首层、二层的单层规模利于使用。

同济大学建筑设计研究院（集团）有限公司

方案以“四叶草”为主题，整体形态设计充分考虑到院区整体形象及城市形象。院区内人车流线处理思路合理，花园景观和半开放连廊的流线组织清晰，具有较好的空间尺度。院区内部各种室外庭院丰富，楼宇之间的空间关系处理较好，东侧内院的设置对病房楼、门诊楼有利，步行连廊的设置也较为人性化。

新加坡CPG集团（CPG CONSULTANTS PTE LTD）

将HUB理念有机结合在设计中，大空间对各层交通人群具有汇聚作用，对医患就诊体验有提升作用。入口广场对城市开放，形成良好互动，新建部分出入口设置基本合理。引入公共绿色空间作为核心理念，提升了就医体验，连接了住院部和门诊部人流。

为健康撑伞

戴文工程设计（上海）有限公司

基地位于奉贤新城核心区域，地理位置优越，周边有大量就医人群，如何更好地服务周边区域，创立拥抱市民健康的新时代医院形象是设计面临的课题。通过现场调研和与患者的沟通交流，设计师发现就医体验和就医感受是患者普遍最关注的。医院肃穆的医疗环境往往让患者感到紧张和焦虑。

因此，项目旨在打造一座外观上更加开放、更具辨识度，同时环境更温馨和更具趣味性的急诊综合楼，以提升医院的公共形象和患者的就医体验。以“伞”为设计元素，用伞状的柱子来构成建筑的支撑体系，这些“伞”延伸到广场上，形成一处处室外平台、雨棚、候车廊、凉亭等建筑空间，为患者遮风挡雨、提供庇护。

疗愈花园日景透视图

设计构思

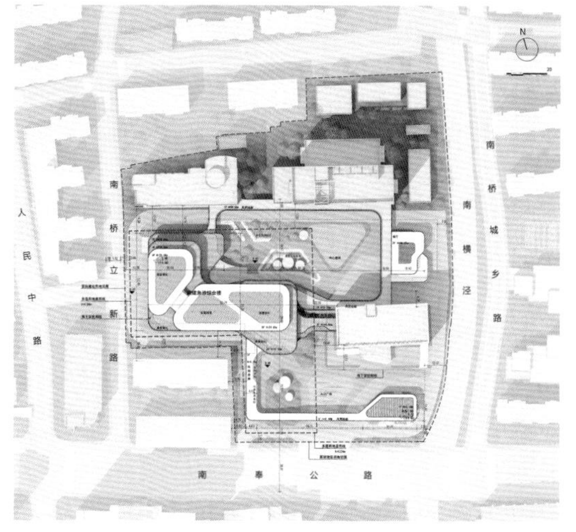

总平面图

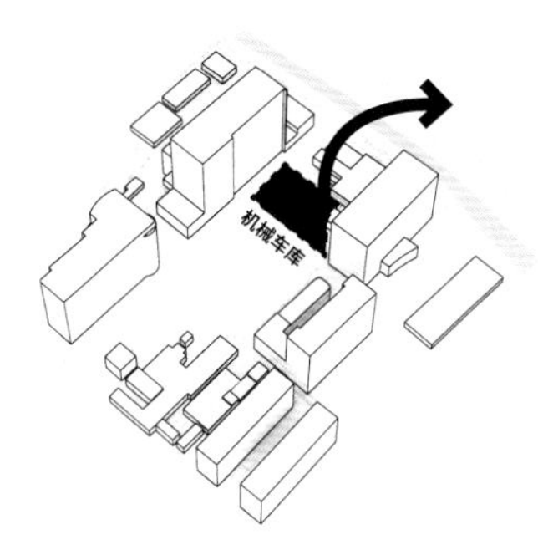

拆除机械车库

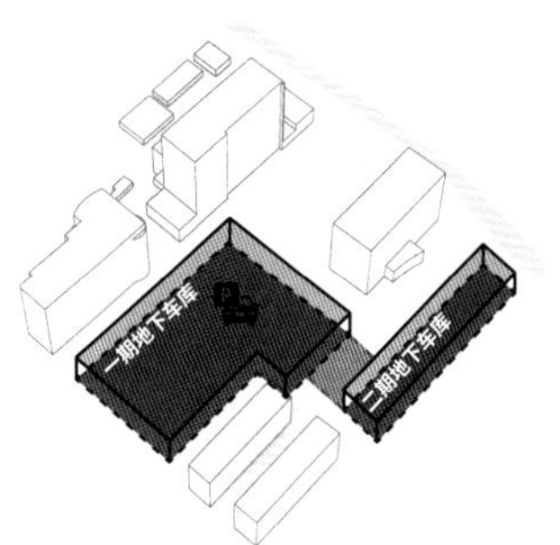

增设两个地下车库

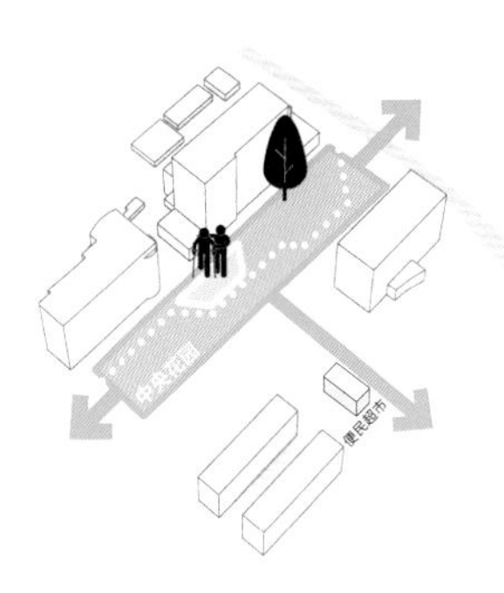

开放中央花园

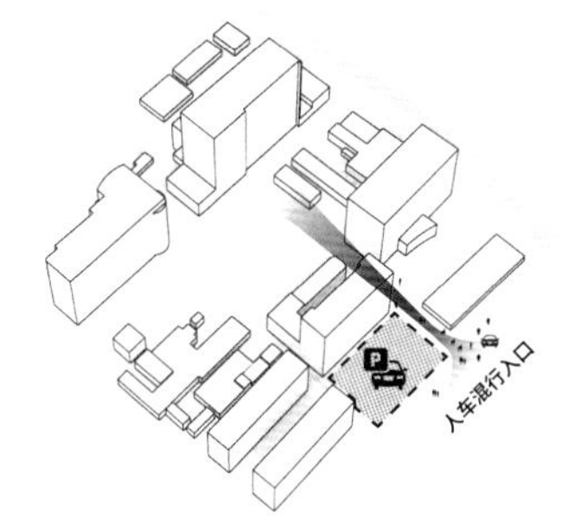

入口人车混行，道路拥堵

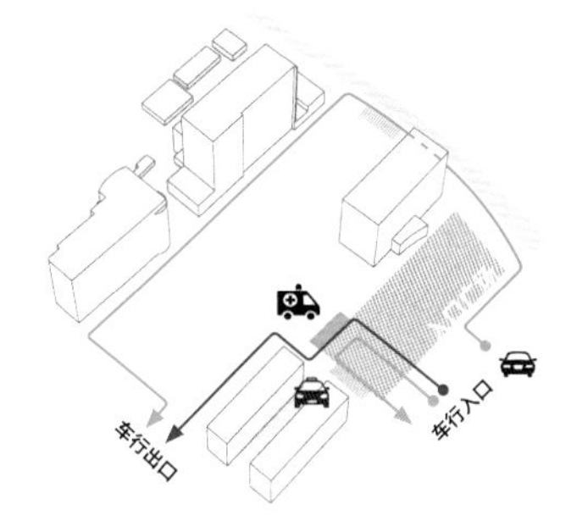

车行外部环线单向循环

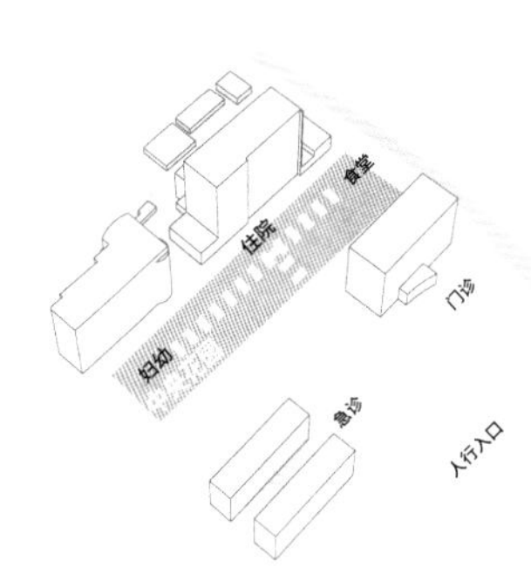

中间人行步道连通各区域

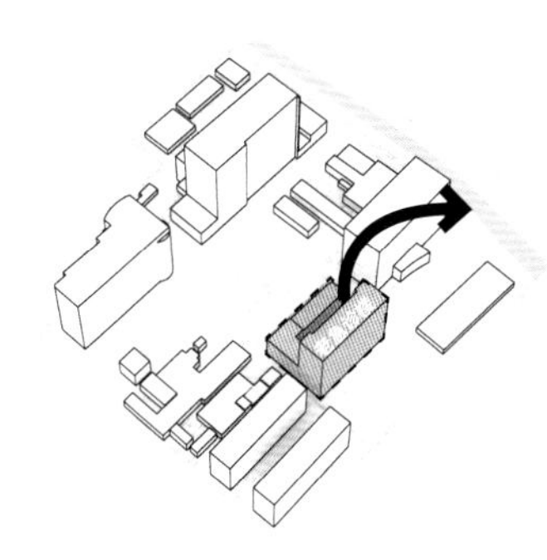

拆除旧急诊楼

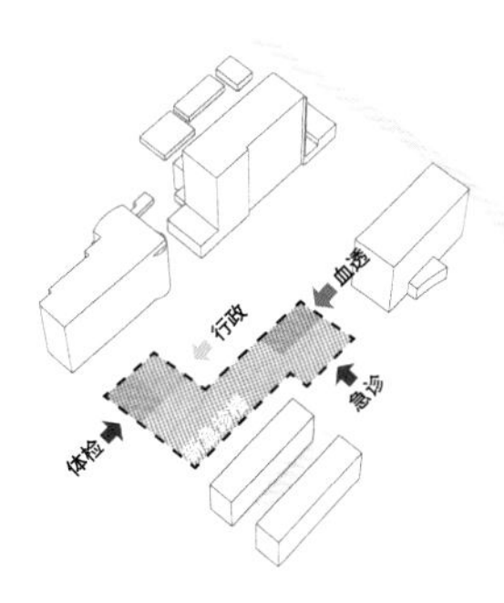

患者独立出入口，互不干扰

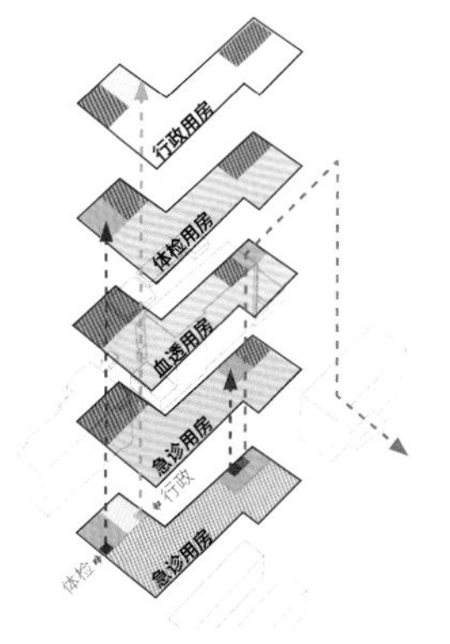

患者分设电梯到各自楼层

3.2.4 公园配套设施

青浦上达河码头综合体

总体定位	**打造功能业态复合的活力码头综合体**。项目致力于建设一处功能业态复合的公园游客服务性建筑群组，为青浦新城居民提供高品质的绿色游憩空间。项目鼓励丰富而富有活力、有创造力的室内外空间，提高体验性与互动性； **充分考虑滨水空间与周边慢性系统的衔接**。结合青浦水乡文化特色，充分利用滨水林地现状，创造宜人的滨水空间。需将上达河公园内慢行系统与码头和水上游线统筹考虑，实现有机衔接

基本信息与设计条件

征集要求	建筑概念设计方案征集
用地性质	公共绿地
规划用地	16052 平方米
建筑面积	1650 平方米，单栋建筑不超过 500 平方米
建筑高度	/
容积率	/
建设地点	青浦上达创芯岛片区。基地位于上达河公园内，东至规划东大盈港，南至上达河，西至城中北路，北至竹盈路，周边以居住区为主，西侧为市民中心，隔东大盈港东侧为热电厂
功能要求	复合功能业态的公园游客服务性建筑群组。本项目主要功能包括码头、游客大厅、服务中心、文创商店、餐饮、公园管理、设备用房、地面停车场等

基地位置图

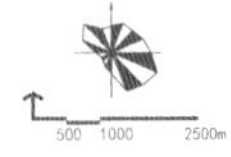

竞赛入围团队

上海梓耘斋建筑设计咨询有限公司

方案从人文和生态两方面切入青浦新城特色主题。以水乡作为设计主题，以“舟”为建筑意象。较小的建筑及人工环境的界入，保留现状香樟林，使得建筑的品质和使用意境能够更好地融入整体环境中。集中布局的码头服务便于集约管理。建筑屋面太阳能板与屋面形式充分结合，同时保证项目造价可控。

培特维建筑设计咨询（上海）有限公司

方案通过覆土建筑、屋顶、绿地景观一体化设计，实现了流动灵活的空间体验。艺术化装置的引入较为适合当下年轻人的需求。方案包含运营思路，装置相对灵活，采用地景建筑的形式，与周边环境融合较好。分散式布局联动整体场地活力。关注人民意见征集反馈，塑造了一组可供市民互动的装置，非常有记忆性。

查普门泰勒建筑设计咨询（上海）有限公司

方案结合青浦水乡文化特点，提出“叠水层檐”的总体水乡意象，提升商业水岸的活跃气氛，坡屋面的造型具有一定标识性。从城市尺度考虑市民广场与热电厂之间建筑连接系统，有利于加强河道两岸公共设施的便捷连通。

从场地内步道眺望码头及对岸

浦溆还舟

上海梓耘斋建筑设计咨询有限公司

青浦，是一个五浦交汇之地；对青浦的空间记忆，都与“水”有关。方案以“水”为主题建立空间意象——浦溆水边、还舟、汇聚的船只——不仅仅着眼于设计一处联通外部水系的码头服务设施与水上客厅，更意图将码头建筑以行舟靠泊的姿态，与设计着意营造的体现青浦丰沛湿润特色的水景环境融为一体，共同塑造生态自然、城景交融的绿色水乡生境。

方案设计从水环境的整体场地设计起始，利用基地中河道改造回填出的陆地区域，布局南北走向的生态水系，融入水收集处理、水系生态净化、水源热泵系统等生态技术手段，进行场地水系生态修复与水乡林水场所营造。以“舟”为设计意象，布局北侧水岸码头建筑组群，在上达河绿地公园营造一处能够勾起水乡集体记忆、承载当代城市休闲生活的水畔驿站与生态场所。

总平面图

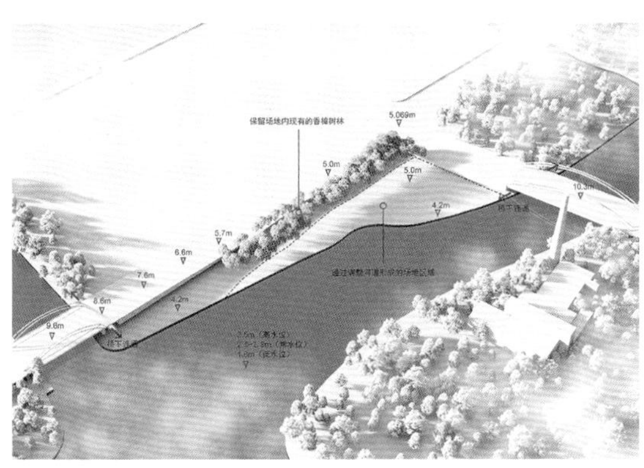

场地研究

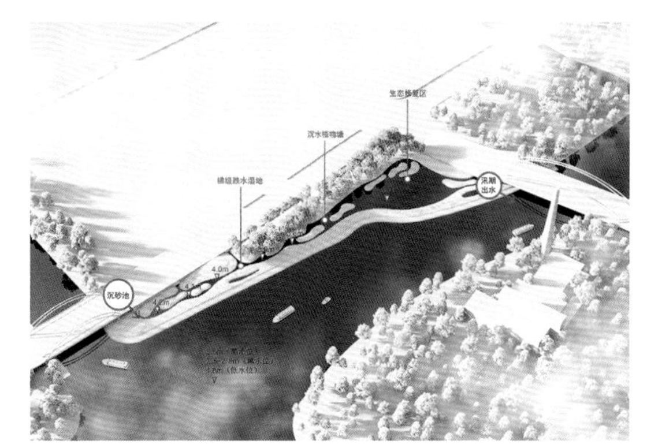

水体布局

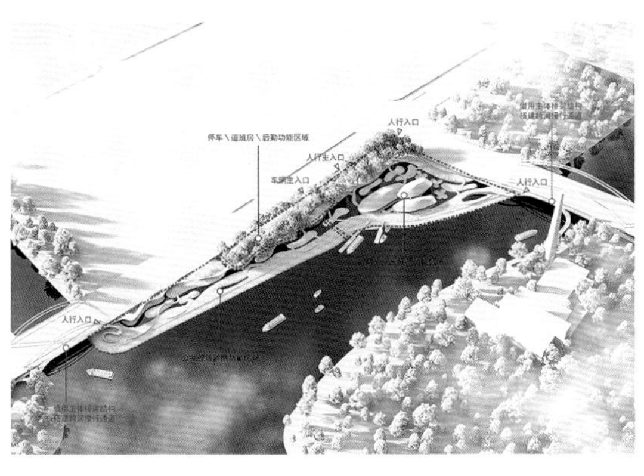

总体布局

鸟瞰形态

保留的香樟树林及码头人行入口

码头候船厅

南汇紫飞港公园服务建筑

总体定位	**打造滴水湖环湖公园内配套服务绿色示范项目**。围绕“绿色低碳”“创新智慧”“功能复合”等发展理念，打造滴水湖中央活动区公园配套绿色示范项目； **创造生态游憩融合发展的多功能文化空间**。充分利用优越的生态资源，灵活利用室外空间，充分考虑展示、观光、户外活动等生态游憩功能，建设观鸟台等拓展活动区域，打造户外自然公园

基本信息与设计条件

征集要求	建筑方案征集
用地性质	公共绿地
规划用地	2.8 公顷（以实测为准）
建筑面积	约 3000 平方米（仅含地上）
建筑高度	24 米
容积率	0.1
建设地点	临港新片区中央活动区先行启动区滴水湖核心片区 DSH-03 单元北侧 B01 地块，紫飞港南侧，春涟河东侧部分
功能要求	公园附服务建筑

基地位置图

竞赛入围团队

上海无样建筑设计咨询有限公司

从“绿野青丘”的整体理念展开设计，制造起伏的地景将公园场地最大化。悬浮坡上的轻巧建筑，也将区域景观体验最大化。绿丘之间的内部庭院提供了自然与空间结合的多重可能性。

天津市建筑设计研究院有限公司

从“云间鹭鸣”的主题出发，实现人类、生物、自然和谐相处，创造公共性强、互动性高的绿地公园典范。轻盈的建筑造型犹如林间一片云，为市民提供公共休闲交往的场所，表达人与自然和谐共处的美好愿景。

上海联创设计集团股份有限公司

从“生命之环”的原初理念展开设计，以 DNA 螺旋形式与海洋的浪花形态，打造极具科技感、未来感的生态 IP，为整个紫飞港公园创造更有活力的公共活动空间。

墨兹（上海）建筑设计咨询有限公司

引入“无限公园”的设计概念，借用海浪形态，以“Infinity ∞”无限开放，生生不息为概念，打造滴水湖核心区二环公园标志性公共文化建筑，为南汇新城创造一个创新智慧体验、全龄友好的城市智慧生态公园。

建筑夜景

绿野青丘

上海无样建筑设计咨询有限公司

在南汇新城总体城市设计中，项目用地位于绿环公园的公共空间节点。设计把科普教育、文化交流和游客公共服务功能引入基地，通过一个充满创意的地景式建筑，使社区活动与自然风景相融合，创造独特的场所感，激发有吸引力的城市公共生活。场地的最大特色是自然与景观的交汇。

项目以“绿野青丘”作为设计概念，首先设计了起伏的大地景观，使公园绿地最大化；其次，轻巧的悬浮建筑中拥有风景的最佳观赏视野；然后，通过艺术和景观庭院，让空间与自然多重结合，并且给场地赋予园林般的沉浸式体验；最后，创造一个充满多样性的场所，给人们提供可以呼吸于自然与人工之间的城市生活。

总平面图

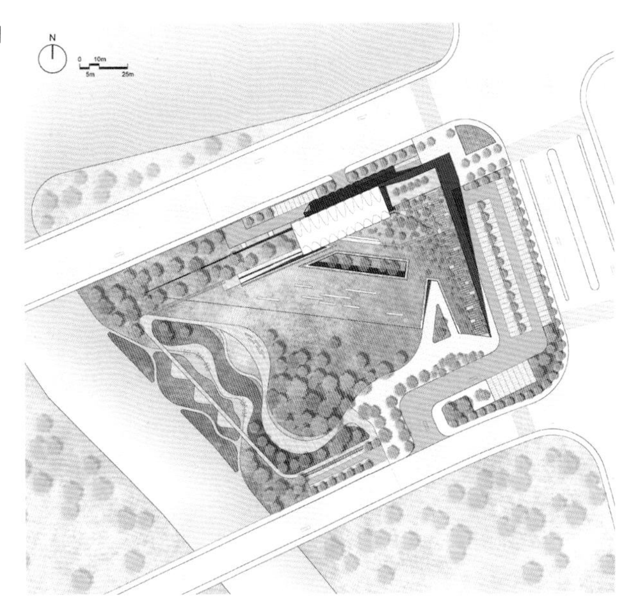

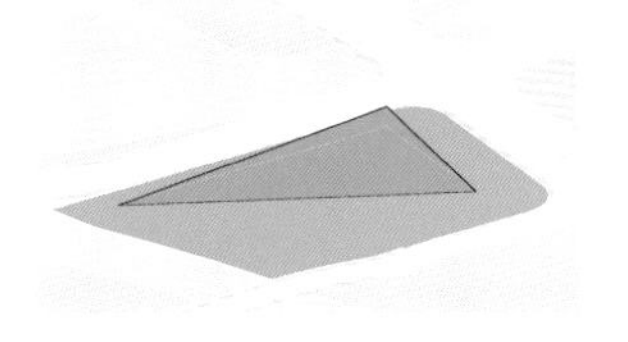

起伏的地景

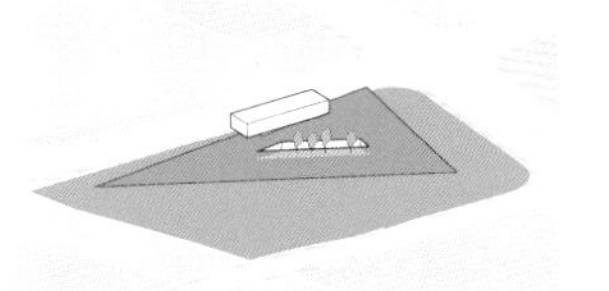

悬浮的建筑

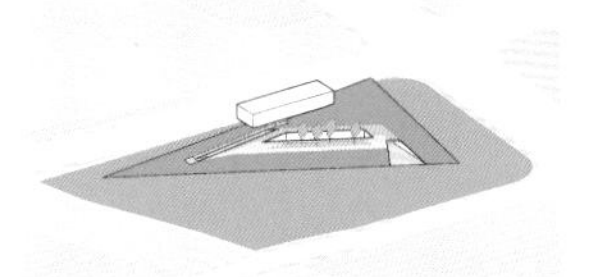

园林般的空间连接

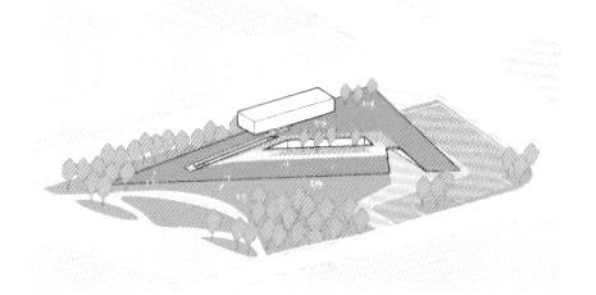

充满多样性的场所

内院

餐厅南走廊

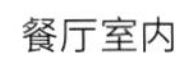

餐厅室内

坡道下人视

3.3 基础教育类项目

3.3.1 幼儿园

嘉定未来城市嘉棉路幼儿园

总体定位

构建高质量的 15 分钟社区生活圈配套。项目位于嘉定新城“未来城市理想单元”东部，嘉定新城中心区核心区域。为满足相关社区配套要求，弥补周边基础教育设施的不足，满足周边居民入学需求，打造一所功能实用、理念先进、绿色环保的高标准示范校园；

打造高效节能、绿色低碳示范校园。将智慧校园、绿色低碳校园等设计理念与幼儿活动空间有机融合。合理采用各类节能和绿建措施，提升建筑能效。通过种植庭院、屋顶绿植等创造良好的生态环境，打造“绿色校园”

基本信息与设计条件

征集要求	建筑概念设计方案征集
用地性质	基础教育设施用地
规划用地	7244 平方米
建筑面积	9244 平方米
建筑高度	18 米
容积率	1.0
建设地点	嘉定新城中心区 ED02 街坊，基地北至德茂路，东至嘉棉路，南至茂育路，西临 E20D-3 地块，地块周边主要为居住
功能要求	幼儿教育建筑，本项目拟建一所 15 班幼儿园

基地位置图

竞赛入围团队

上海绿建建筑设计事务所有限公司

方案立足绿色建筑和近零能耗建筑，以可持续材料木材为主材，探索性地对该幼儿园建筑进行创新性研究，对于儿童从小树立绿色理念有很好的教育作用，符合绿色建筑目标。方案与周边环境进行呼应，南侧结合城市步行街功能预留家长等候区。同时，针对木结构幼儿园建筑，在节点处理等技术措施上提供了很好的解决思路。

上海洽澜建筑设计有限公司

方案建筑造型活泼，尺度适宜，体量组织错落有致，组团布局集约高效，具有幼儿建筑的类型特色，风貌清新明快，适合幼儿园建筑功能使用。城市界面连续性较好，小尺度第五立面活跃场所氛围。室内外空间类型丰富，创造了多种互动方式，分班活动空间布置遵循就近原则。

上海亘耘建筑设计有限公司

方案采用聚落式布局，特色鲜明，采用单元式模块化体量，体块分散适宜，对幼儿教育模式开展探索，具有创新性。二层以回廊相贯联，围合成院落式的中庭空间，结合乔木搭配种植营造出较好的植物景观效果。

东侧沿街透视日景

林下·新梦初引

上海绿建建筑设计事务所有限公司

童年是梦开始的地方，清新稚嫩的孩子有无数期望。设计强调空间的开放性和互动性，以温润生动的形式，塑造自由、安全、贴近自然的空间，创造智慧的交往空间与活动空间，启迪想象与创造力，引导与呵护孩子们最初的梦想。

在确保孩童安全的前提下，使场地介入城市空间，实现与社区共生的教育天地，创造自然、柔和、生态的景观，鼓励儿童亲近自然、发掘自然的本能，营造独特的场所感与归属感；满足丰富多样化的教学模式对空间的需求，让学生能够在多元环境下生活与成长。

采用当代新兴木结构以及多种节能技术建造这座乐园，将可持续的生态理念融入每个设计环节，塑造有特色的绿色空间，并有效地降低建筑的日常维护成本，深度践行可持续的设计、建造与生活理念，实现与环境共生的幼儿园建筑。

总平面图

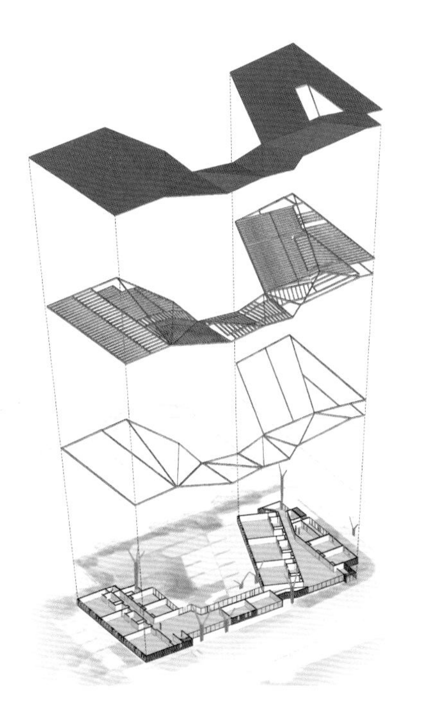

折板形屋面覆盖整个建筑体量以及檐下灰空间

建筑次梁形成室内空间韵律

胶合木主梁勾勒建筑基本形态

建筑整体为胶合木结构重点空间以树形木结构柱加以标识和限定

结构分析

东入口模型

室内效果图

青浦盈秀路幼儿园

总体定位	**打造青浦新城未来社区教育融合典范。**项目致力于打造青浦新城的优质教育资源，建设一所示范性、标志性、现代化、智能化的幼儿园。与基地南侧的社区活动中心综合考虑，营造一体化社区教育共享空间； **强调建设丰富校园空间体验的特色幼儿园。**设计将智慧校园、绿色低碳校园等设计理念与幼儿活动空间有机融合，创造适宜幼儿身心健康发展的建筑环境，使空间组合富有灵活性和趣味性，也为幼儿和教师的日常活动提供更多可能性

基本信息与设计条件

征集要求	建筑概念设计方案征集
用地性质	幼托用地
规划用地	7052 平方米
建筑面积	约 10578 平方米
建筑高度	20 米
容积率	1.5
建设地点	青浦上达创芯岛片区，基地北临盈秀路，东临恭贤路，南临规划道路，西临规划道路。基地周边以居住区为主，项目东侧靠近上达中央公园
功能要求	幼儿教育建筑，本项目拟建设一所 15 班幼儿园

基地位置图

艺瓦建筑设计咨询（上海）有限公司

方案以“游园”为主题概念，打造一个充满童趣和游戏体验的幼儿园。通过建筑体量的围合形成内院气氛，逐层退台形成各种活动空间，同时开放的活动空间符合幼儿园的安全需求。建筑景观融合丰富，具有弹性及未来演变的可能，有利于为儿童的生活、学习提供多样的体验，也有利于营造新城整体的城市氛围。

中国建筑西南设计研究院有限公司

方案以现代的建筑语言演绎了“亭榭廊桥”的设计理念，充分考虑周边地块开发带来的日照影响，对于南侧地块做了最大的退让，平面功能条理清晰，设计实用简洁，入口等候区的尺度规模、功能配置考虑周到，二层及三层的退台式布局为各层教室提供了很好的室外活动空间。

天津大学建筑设计规划研究总院有限公司

以数学、多维为设计理念，以独特的设计语言串联，结合幼儿园建筑产生了独特的建筑表皮及开口方式，带来有趣的探索可能性。建筑手法简洁，材料比较基础、耐用，建造成本控制较好。室内空间处理有“童趣”，立面色彩比较好地回应儿童心理。

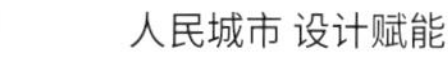

北侧城市路口街景

在游园中与自然相遇

艺瓦建筑设计咨询（上海）有限公司

幼儿园周边植被茂盛，生态资源丰富，水系脉络纵横交错，有着游览青浦江南水乡时移步异景的空间。设计团队提取出“游园”的概念，让幼儿园成为一个充满各种探险和游戏的乐园。

孩子在幼儿园经历的一天如同一场“游园记”，穿过江南小桥一样的连廊，来到有着峡谷天光的大厅，再去到与社区共享的书屋。室外中庭的小树林可供探索、学习，二、三层的户外大露台上的班级小农田，可供饲养小动物，楼梯厅像山洞一样有趣，屋顶圆形天窗为室内带来一天中丰富的光影变化。室内外丰富的空间层次激发出孩子们的探索欲望。

设计重点在于生态自然与趣味空间的有机结合，每一个小空间都将被孩子们定义，也许在这座幼儿园里，每个孩子的“毕业作业”就是能为他们的家长，导览一遍属于孩子自己的独特游园记。

总平面图

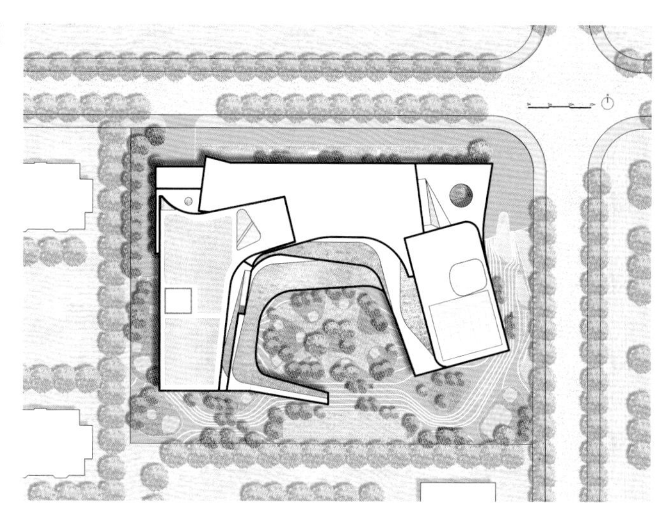

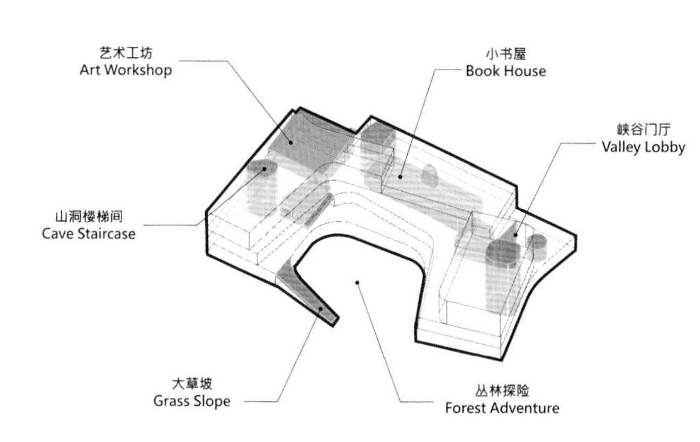

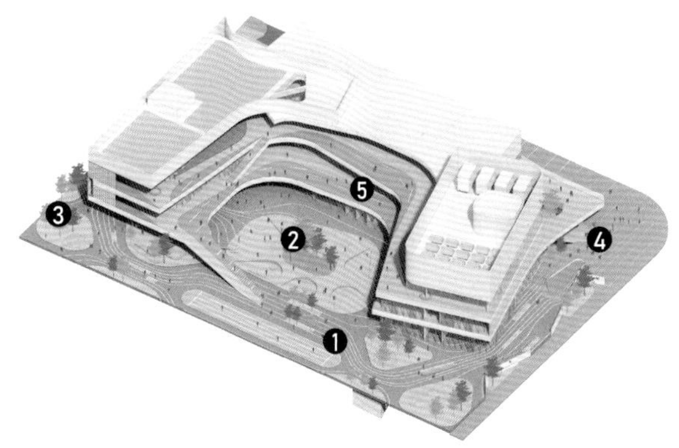

景观概念分析图

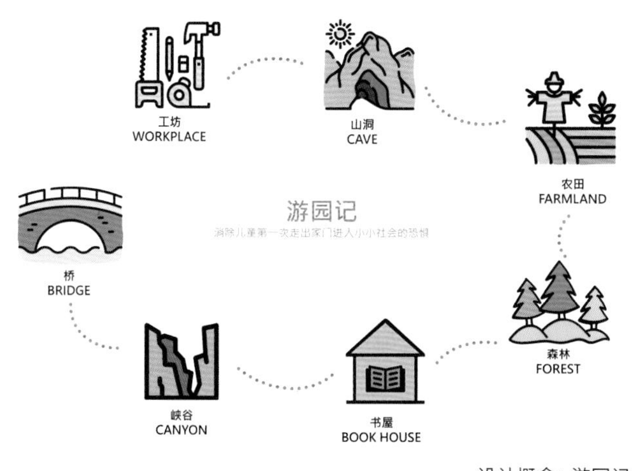

设计概念：游园记

效果图

室内效果图

松江永丰荣都幼儿园

总体定位

汲取历史灵感，打造传统街区中的现代幼儿园。项目位于松江仓城历史文化风貌区，风貌区保存了较为完整的明清松江府漕运建筑传统风貌和地方特色。通过新建一所与仓城历史风貌相协调的高品质幼儿园，提升永丰街道的基础教育设施品质，满足周边居民的入学需求。幼儿园建筑高度、体量、色彩、退界、空间布局、停车指标等需满足保护规划相关要求

基本信息与设计条件

征集要求	建筑概念设计方案征集
用地性质	基础教育设施用地
规划用地	9347 平方米
建筑面积	约 9300 平方米（地上约 9000 平方米，地下约 300 平方米）
建筑高度	12 米
容积率	1.0
建设地点	仓城历史文化风貌区。基地东至陈家弄，南至中山西路北侧，西至地王家弄，北至李家弄。项目周边主要为居住用地，南侧紧邻核心风貌保护区葆素堂，北侧为上海师范大学附属外国语中学
功能要求	幼儿教育建筑，本项目拟建设一所 18 班幼儿园

基地位置图

上海力本建筑设计事务所
（普通合伙）

方案以连续的曲线坡屋顶呼应周边环境，生动有趣。建筑体量合理拆分，尺度宜人，与环境融合较好，院落空间富于弹性使用潜力。对于停车和儿童接送有充分的考虑和完善的解决方法。植物墙设计将消极空间积极利用。整体造价可控，有着兼顾近远期的分期策略。

华东建筑设计研究院有限公司

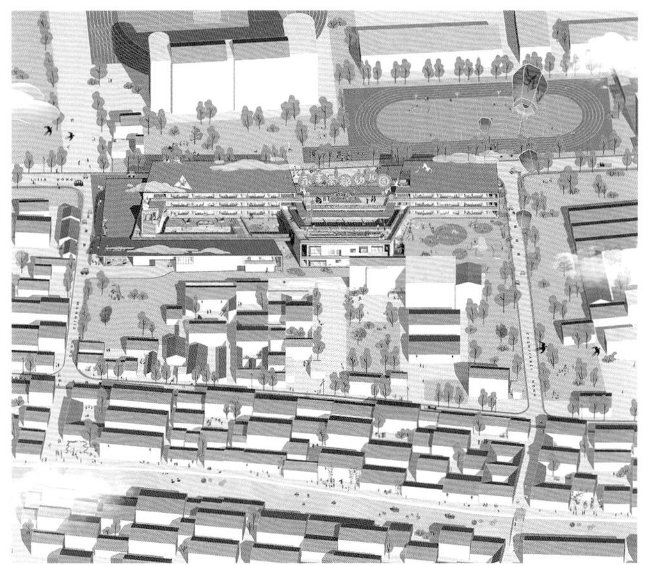

方案以创新的屋面形式回应历史风貌保护区的需求。体量相互咬合形成的不规则空间激发儿童探索的天性，不同层次的活动路径富有趣味。功能布局和户外场地在不同场景下可以互为共通、互为转换，体量组合富有体验性。院落的设计与主题相互呼应，塔楼、连接平台等细节处理有亮点。

上海大小建筑设计事务所有限公司

方案较好地处理了建筑与场地布局问题，满足户外活动及互动交流需求。建筑外观设计以成组的屋顶表达老城区城市肌理，用立面的波纹肌理传递水乡的文化。对停车问题分析较为细致，拆分体量呼应周边环境。

整体鸟瞰图

光影游戏 自然野趣

上海力本建筑设计事务所（普通合伙）

基地位于上海市松江区仓城历史文化风貌保护区，周边保留有大量历史文化建筑。设计团队提出“光影游戏，自然野趣”的设计概念，创造充满活力与启发性的教育场景，营造可感知与可探索的自然景观空间，将松江仓城文化融入到校园设计中，打造松江仓城示范性校园。

设计将建筑空间、自然景观与幼儿活动需求紧密联系，建筑与景观相互渗透，形成启发式的教育场景，提升幼儿的环境感知力与创造力。方案从文脉中汲取灵感，塑造了多样的“主题院落”及“檐下空间”，并通过屋顶活动场地的设置，让孩子们在活动时能充分享受阳光，远眺仓城古街建筑，实现“以历史文化为背景，在阳光下成长”的教育愿景。丰富的活动场所及庭院空间，让孩子们穿梭于其中释放天性的同时，体会光影变化，感受自然野趣。

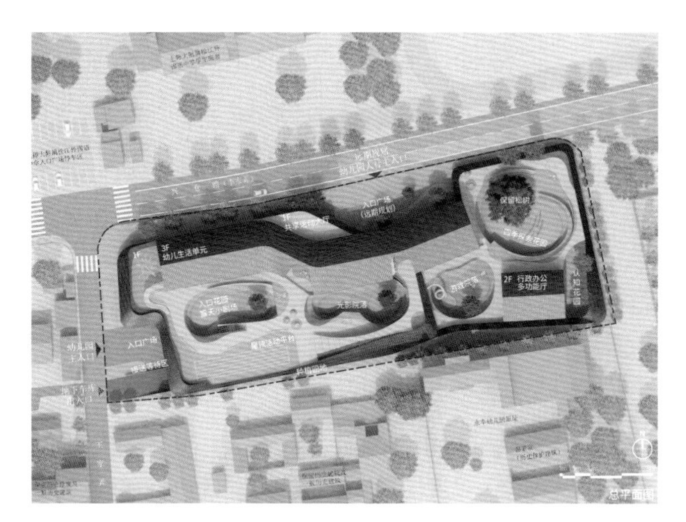
3F
幼儿生活单元
2F 行政办公
多功能厅
入口广场
总平面图

总平面图

院落

模型鸟瞰

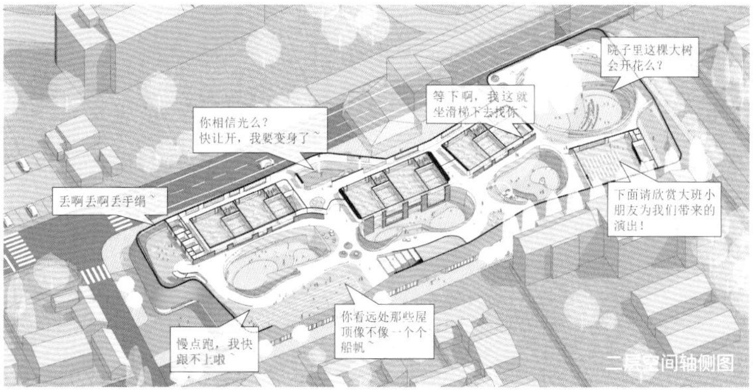

院子里这棵大树会开花么？
等下啊，我这就坐滑梯下去找你~
你相信光么？
快让开，我要变身了~
丢啊丢啊丢手绢~
下面请欣赏大班小朋友为我们带来的演出！
你看远处那些屋顶像不像一个个船帆~
慢点跑，我快跟不上啦~
二层空间轴侧图

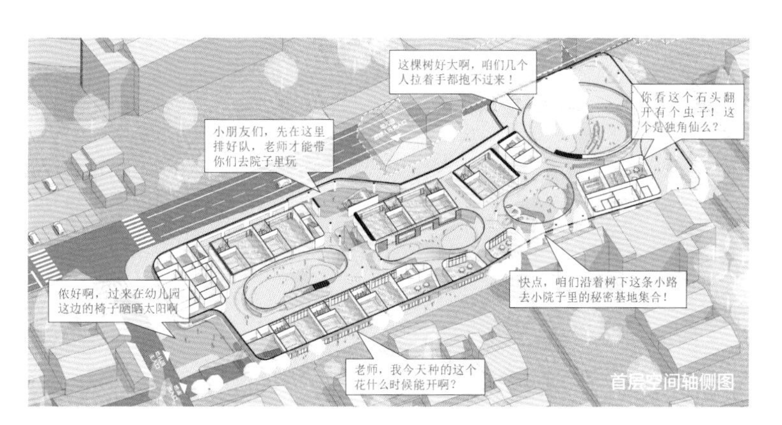
这棵树好大啊，咱们几个人拉着手都抱不过来！
你看这个石头翻开有个虫子！这个是独角仙么？
小朋友们，先在这里排好队，老师才能带你们去院子里玩
依好啊，过来在幼儿园这边的椅子晒晒太阳啊
快点，咱们沿着树下这条小路去小院子里的秘密基地集合！
老师，我今天种的这个花什么时候能开啊？
首层空间轴侧图

奉贤水乐路幼儿园

总体定位

助力打造南上海优质教育资源，建设一所示范性、标志性、现代化、智能化的儿童乐园。积极营造“自主、体验、互动”的学习环境，承担区域学前教育改革的实践与示范任务。充分考虑未来街区城市设计理念，将数字化学校、零碳建筑等关键元素与幼儿活动空间有机融合，设计一所功能实用、理念先进、绿色环保的高标准示范园

基本信息与设计条件

征集要求	建筑方案征集
用地性质	Rs6 幼托用地
规划用地	8134 平方米
建筑面积	约 9100 平方米（地上约 7100 平方米，地下约 2000 平方米）
建筑高度	15 米
容积率	1.0
建设地点	南桥新城 FXC0-0008 单元 06-03 地块。基地东至水滨路（规划道路），南至水乐路（规划道路），西至 06-02 地块（规划住宅），北至 06-02 地块（规划住宅）
功能要求	幼儿教育建筑，拟建一所 15 班幼儿园

基地位置图

竞赛入围团队

上海大小建筑设计事务所有限公司

从儿童视角出发，通过木结构“芳草屋”单元和绿坡元素的融合运用，注重自然绿色的表达，打造多样化的空间，激发儿童创造力，形成智慧校园，为儿童带来欢乐的童年记忆。

华东建筑设计研究院有限公司

从村落的肌理出发，抽象成网络肌理下的村、田、水，展现一幅田野上的村庄画卷，创造独属奉贤的生态幼儿园。设计以人、空间及景观三个要素为出发点，划分出不同大小尺度的景观空间，打造立体多元的幼儿教学环境。

众造建筑设计咨询（北京）有限公司

大自然可以激发孩子们的好奇心和探索欲。“探学园”将学习与自然景观紧密地联系在一起。通过景观产生多样的学习空间，创造一个面对未来、可以激发孩子探索和创新的幼儿园。

诺蒂奇工程咨询（北京）有限公司

从“发光的石海塘”这一原初的灵感出发，从其外形特征和精神内涵出发，打造传承古人智慧、面向未来的智慧园所和具有包容感、安全感的温馨乐园，建立与自然共生、绿色低碳可持续范本，打造启迪幼儿感官和好奇心的城市地标。

东南鸟瞰效果图

芳草屋

上海大小建筑设计事务所有限公司

“芳草屋”设计理念——通过调研，从儿童视角出发，注重自然的表达，打造多样化的空间，激发儿童创造力，形成智慧校园，为儿童带来欢乐的童年记忆。考虑到托班、小班不应上二层，总体采用了“9+3+3”的排布。将 1 个早教指导班、5 个托儿早班放置于南侧一层，3 个幼儿早班放置于北侧一层，北侧二、三层分别布置幼儿中班与幼儿晚班。满足功能的同时保证采光充足。

在两栋活动教室中间引入公共活动场地及集中绿地，并将绿地与屋顶形成连绵的坡面，拓展了儿童的活动空间，增加室内外的互动性，拉开两栋教学楼之间的间距，以最大限度地获得日照。

总平面图

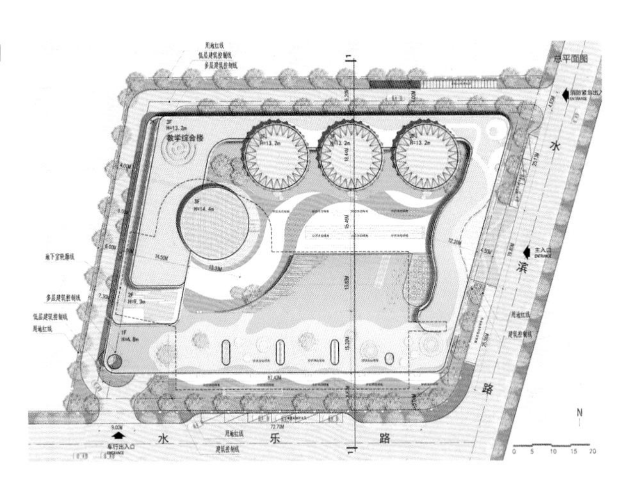

建园

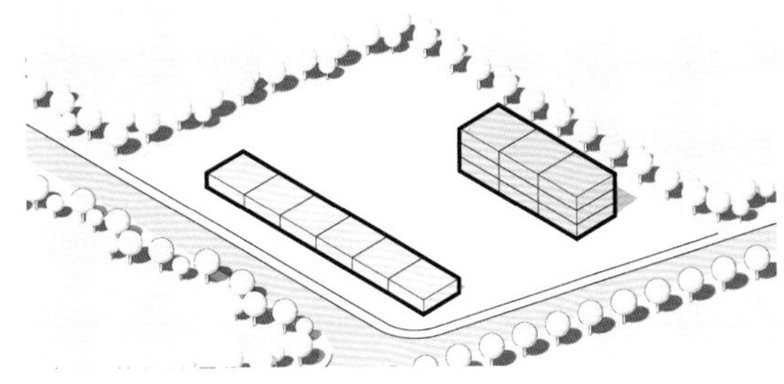

基本排布

采用‘9+3+3’ 布局，考虑托班小班不应上二层的排布，将托儿早班及幼儿园早班放置于南侧一层，采光充足。

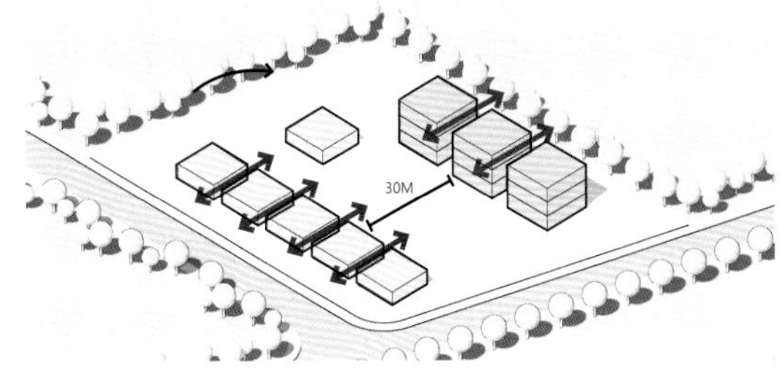

单元独立

各个单元之间留出间隙，使单元的采光更充沛，调整南侧布局，形成 5+1 的排布方式。

通过围合式的布局，在中部形成开阔的活力庭院。

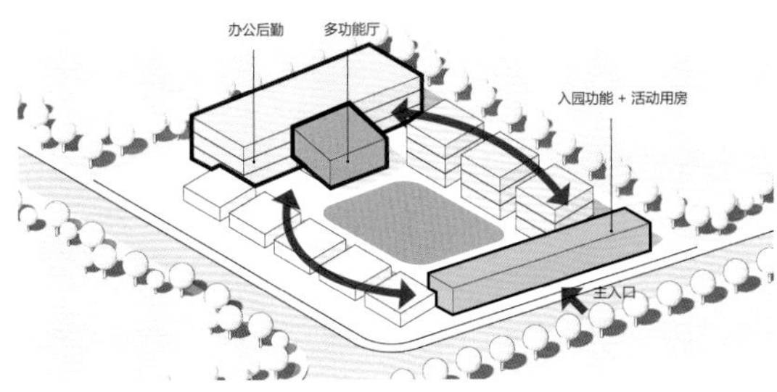

动静分区

采用东侧作为主入口，将活动用房及多功能厅等围绕中部的活力庭院布置。

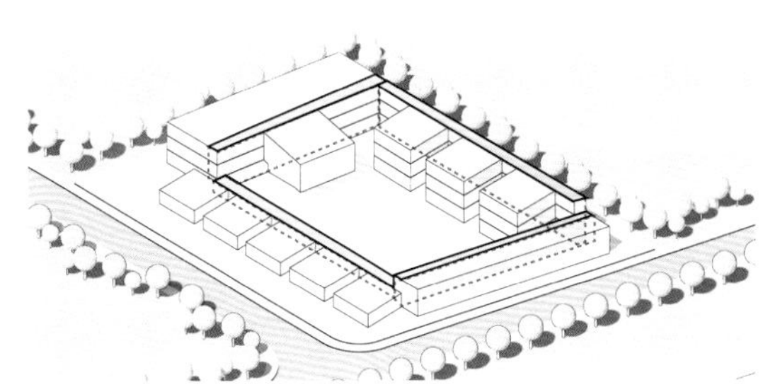

动线环通

通过环廊连接各功能，交通便利。

造坡

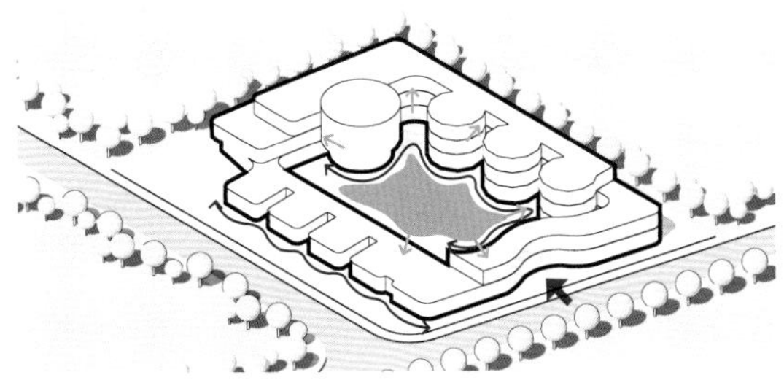

形体柔化和空间限定

将建筑形体对应儿童的喜好加以变化，导入极赋童趣的树屋形式塑造空间；中部的活力庭院提供更丰富的空间体验。

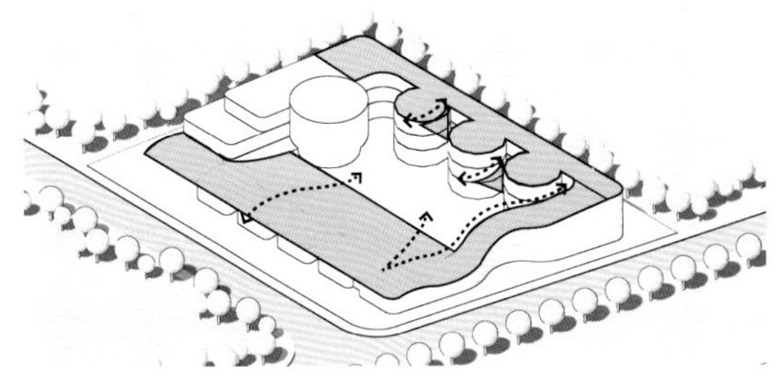

立体坡面

通过连绵的坡面，拓展了儿童的活动空间，儿童可以在更开阔的场地中肆意的奔跑。

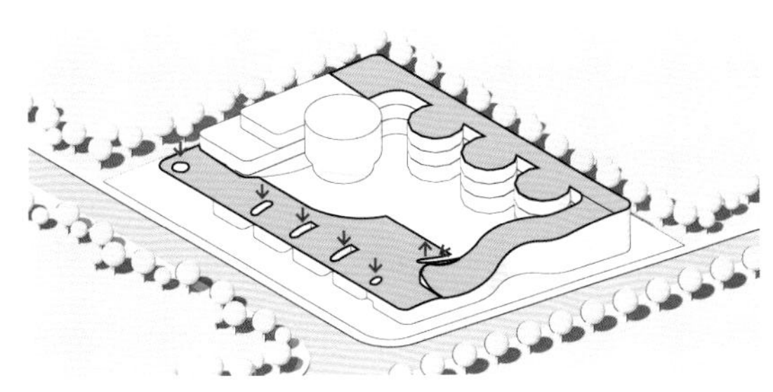

屋面节点

屋面开设天窗及出入口，导入下部单元的采光口以及滑滑梯的交通连接。

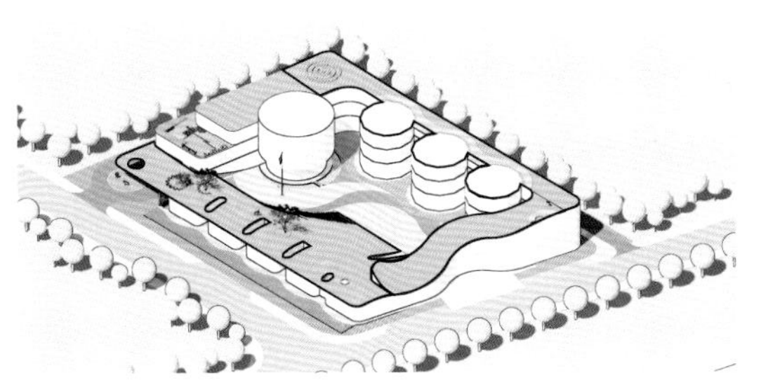

丰富体验

围绕绿坡设置了各式各样的儿童活动场所，给儿童带来丰富的体验。

奉贤沿港河路幼儿园

总体定位

沿港河路幼儿园周边为成熟居住社区，医院、学校等基础设施配备较为完善。为提升 15 分钟社区生活圈品质，满足居民入学需求，致力于打造一所理念先进、自主互动、生态友好的高标准幼儿园

基本信息与设计条件

征集要求	建筑概念设计方案征集
用地性质	基础教育设施用地
规划用地	7531 平方米
建筑面积	约 7531 平方米
建筑高度	/
容积率	1.0
建设地点	奉贤新城 15 单元，基地东至贤浦路，南至沿港河路，西至 29A-01A 地块，北至 29A-01A 地块
功能要求	幼儿教育建筑，拟建一所 15 班幼儿园

基地位置图

田目建筑设计咨询（北京）有限公司

方案整体布局中建筑位于场地中央，户外活动空间分散和线性布置，功能动线效率较高。采用了分散单元式布局，理性而不失活泼，为幼儿提供了多样化的探索空间。建筑尺度宜人，教室及活动场地设置紧凑合理，形式符合幼儿心理需求。单元式布局对于幼儿园的功能规划有优势。积极回应人民建议的结论及需求，具备进一步优化设计的能力。

上海中建建筑设计院有限公司

设计方案呈跌落式布局，考虑了分班活动场地需求，逐层退台造型提供了良好的日照、视野以及丰富的室外活动平台，各流线设置清晰合理，教学空间可分可合，兼顾多使用场景。总平面布局合理，室外集中活动场地完整，对幼儿活动的多样性场景进行了充分考虑，呈现空间体验的丰富性。

深圳市建筑设计研究总院有限公司

方案外方内柔，空间形态有一定的趣味性，室内外活动空间互动性强。平面布局集约，便于幼儿园的管理，首层空间利于营造良好的幼儿园活动空间。室外空间丰富且有变化，激发幼儿创造力。从城市环境视角来看，建筑体量偏大，建筑需结合上海地区的气候特征，加强气候适应性。

南侧沿河案立面效果

万丰园——流动的聚落

田目建筑设计咨询（北京）有限公司

项目以“风车与聚落”为设计原型。采用“坡屋顶”的元素，试图结合幼儿成长中对空间认知能力的培养，以及对趣味空间探索的需求，形成符合儿童心理的游戏性、互动性和探索性的室内外场所，让幼儿园成为承载孩子们活动的容器，为孩子创造一个释放天性、寻找独特自我的成长环境。

从空中俯瞰，四组形态各异的建筑组团如同花瓣一般围绕中心展开，形成风车状的布局。立体的平台相互串联，营造出丰富多样的空间关系，让孩子们能在其中穿梭徜徉，充满好奇与惊喜。

曲线与直线相互融合，动区与静区相辅相成，空间呈现鲜明的反差感和各种不确定性，并不急于为孩子们设定任何前提和假设，只尽力为他们提供可以舒展想象力的自由空间。

总平面图

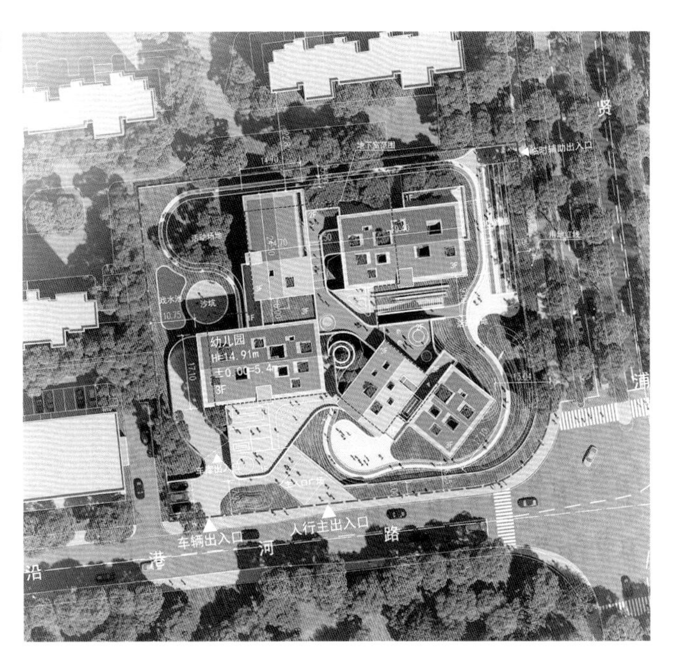

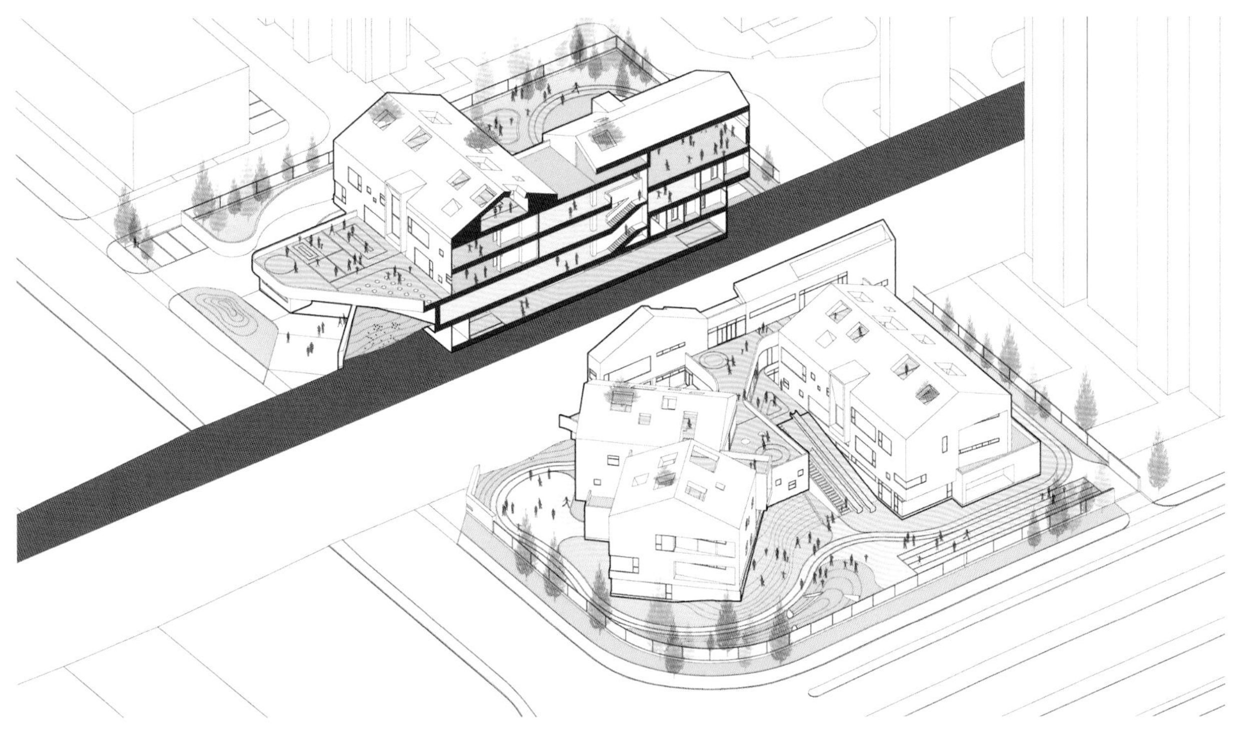

剖面透视图

风车与聚落模型示意

沿港河路主入口方向模型示意

3.3.2 小学

青浦双盈路小学

总体定位

旨在满足青浦新城中央商务区西片区适龄儿童入学要求，助力打造青浦新城优质教育资源，建设一所示范性、标志性、现代化、智能化小学样板，承担区域基础教育改革的实践与示范任务，打造一所环境优美、功能实用、绿色环保、面向未来教育的示范性小学

基本信息与设计条件

征集要求	建筑方案征集
用地性质	基础教育设施用地
规划用地	22841 平方米
建筑面积	约 23500 平方米（地上约 18500 平方米，地下约 5000 平方米）
建筑高度	20 米
容积率	1.5
建设地点	青浦新城中央商务区，基地位于青浦新城中央商务区双盈路南侧，北临双盈路，东临规划三路，南临规划道路，西临规划二路
功能要求	小学教育建筑，拟新建 1 所 30 班小学

基地位置图

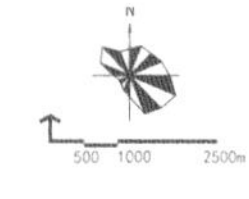

竞赛入围团队

悉地国际设计顾问（深圳）有限公司

设计坚持“以人为本，绿色健康”的理念，打造生态“台地”，让校园成为自然的延伸，充分引入自然景观资源，打造提供城市客厅、生态公园、快乐教育和友好共享文体场所的校园。

上海柏涛工程设计顾问有限公司

设计以“园与台”两种空间类型为核心，打造立体生态的沉浸式学校体验以及联动周边的共享体系；通过多面向的教育空间打造，给学生带来丰富有趣的教育体验；打造育于自然，寓教于乐的学习环境。

宝麦蓝（上海）建筑设计咨询有限公司

希望本项目能够成为一座将青浦水乡印象与未来学校连接在一起的桥梁，兼具繁华与恬静的特质。与环境紧密交融，和谐一体。同时以桥和涟漪抽象形态，将风景绿廊引入地块，打造生态校园。

南京观墨建筑设计有限公司

设计以“知识聚落，编织校园”为灵感，在场地中编织清晰、灵活、具有适应性的绿廊网格；置入多样的、能带来丰富体验的庭院景观与趣味建筑。建筑体量在类型与高度上变化，形成聚落般的空间布局。

日景鸟瞰图

自然 Utopia

悉地国际设计顾问（深圳）有限公司

项目位于上海青浦新区中央商务区的低碳生活片区，整体校园设计考虑两个维度：第一个维度是如何处理好城市、自然与项目用地的关系，一个好的建筑不应孤立地存在，而应融于周边环境，与城市相融，与环境共鸣；第二个维度是思考教育的本质以及对未来教育的探讨，应该打破传统边界、既定场景的设定，创造多元复合的未来校园。整体方案以“自然 Utopia”为理念，希望在充分尊重自然的前提下，将人与生态有机融合，更好地建立城市、教育、自然之间的关系，为孩子提供一个可以充分释放天性，寓教于乐的梯田聚落式校园。同时，也面向社会开放，作为社区服务中心以及文化活动中心为社会服务。

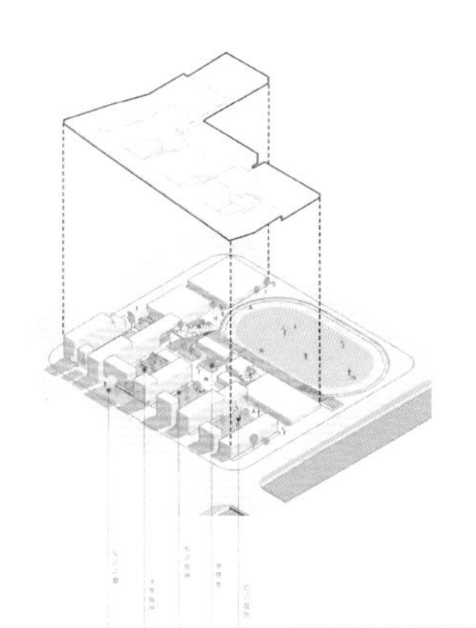

公园下的学院生活

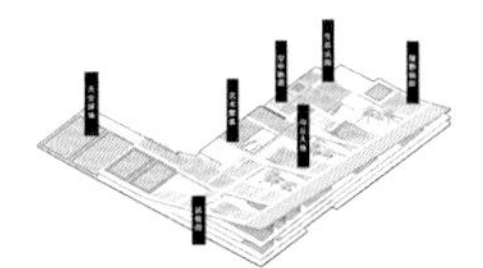

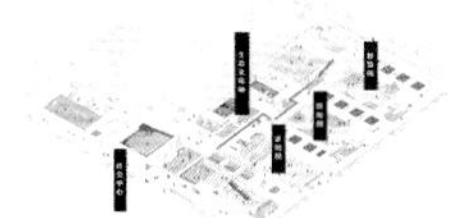

云顶上的江南园林

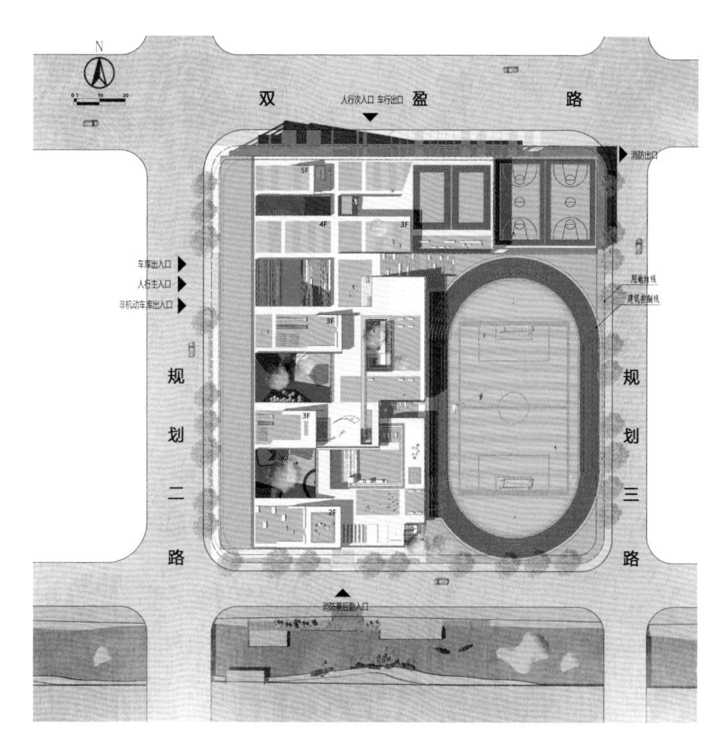

总平面图

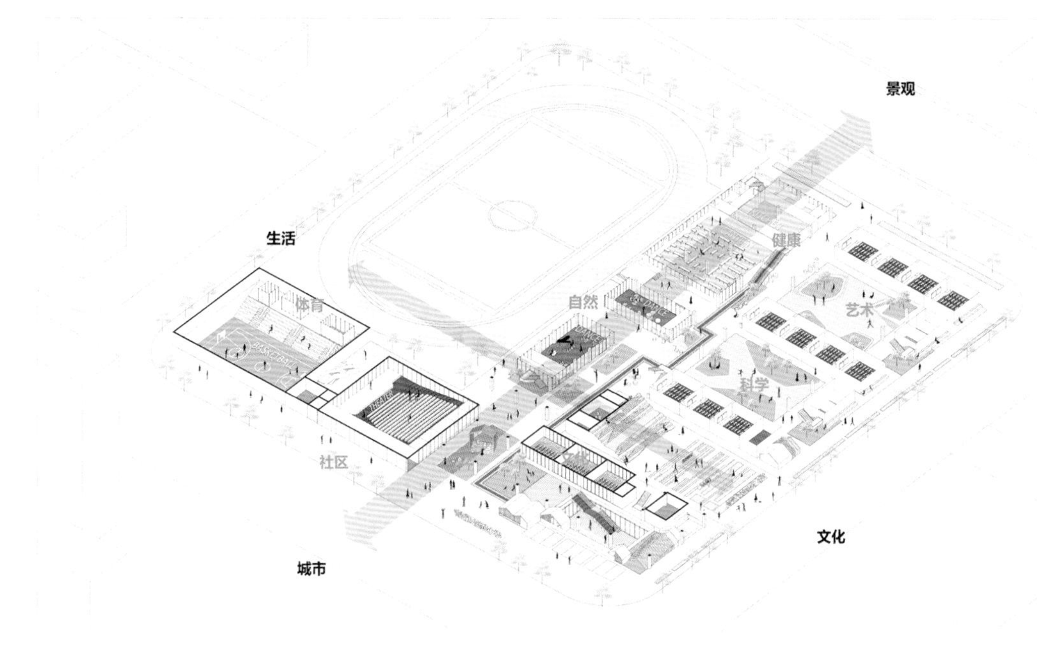

空间轴线分析

青浦双盈路小学模型

南汇荷翠路小学和社区中心

总体定位

南汇荷翠路小学和社区中心位于临港新片区中央活动区先行启动北区，冬涟河南侧，处于滴水湖核心片区规划的开放区枢纽节点位置。该片区规划为高品质活力街区，定位为集聚创新产业、居住功能、公共服务于一体的综合型创新社区。项目拟高标准建设、高品质设计，希望设计能充分利用两个项目的地块关联，考虑社区共享

基本信息与设计条件

征集要求	建筑方案征集
用地性质	基础教育设施用地，社区级公共设施用地
规划用地	23000 平方米，15000 平方米
建筑面积	学校建筑面积约为 11525 平方米（不含地下），社区中心建筑面积约为 23380 平方米
建筑高度	24 米
容积率	小学 1.0，社区服务中心 1.5
建设地点	荷翠路小学（F05-04），社区服务中心（F05-05）两个地块
功能要求	拟建 1 所 30 班学校和社区级公共服务设施，包含社区服务中心、社区文化活动中心、游泳馆及室外体育场地

基地位置图

竞赛入围团队

上海博风建筑设计咨询有限公司

充分利用本项目“资源共享”地块关联的特色，突破常规设计，实现空间拓展。将小学和社区中心两个不同功能的建筑，通过置于中央的小学体育场，形成异质交融的城市开放空间。

上海现代建筑规划设计研究院有限公司

面向当下：打造可承载多元社区活动的场所空间。面对未来：创造随使用者需求变化而成长的空间，融合社区公服，适宜面向未来的教学实践。

澳大利亚 LAB 建筑事务所

营造一个拥有田园风光的书院和社区，使之成为全年龄共享的终生学习的场所。同时，融会贯通的自然资源与共享空间，也使这里成为城市中的“疗愈村落”。

上海正象建筑设计有限公司

设计以森林的生态系统为母题，于城市街道可达的地面层展开布局，作为开放的“地表层”，营造沉浸于自然思考与探索、游戏与交流的“小森林学社”，实现社区公共设施的潮汐共享。

沿河鸟瞰图

汇翠园

上海博风建筑设计咨询有限公司

提倡地块之间相互共享的上位规划，赋予南汇荷翠路小学和社区中心与以往独立建设的校园及社区中心项目截然不同的项目条件。设计以此为出发，在社区中心、小学、沿河绿地三个地块之间，建立积极的共享与互动关系，不仅为周边城市居民创造了具有全天候活力的城市公共空间，更让每一个地块享受到共享的大尺度院落空间带来的良好的日照、通风与景观。

通过集中高效的建筑布局，为未来的扩建与发展预留了充分的空间，使项目在每一个建设阶段都可以形成舒适开放的城市空间。

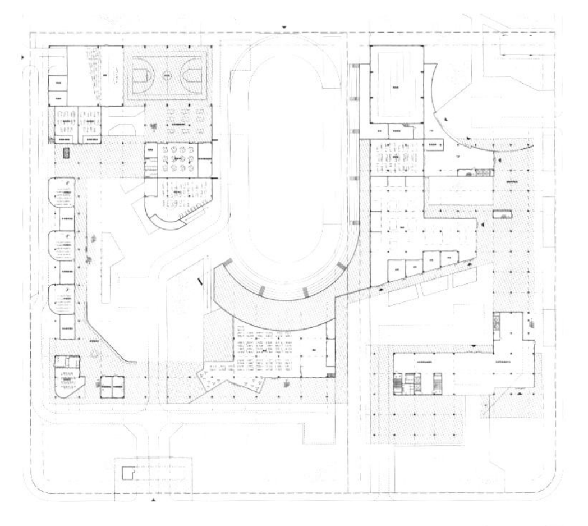

一层平面图

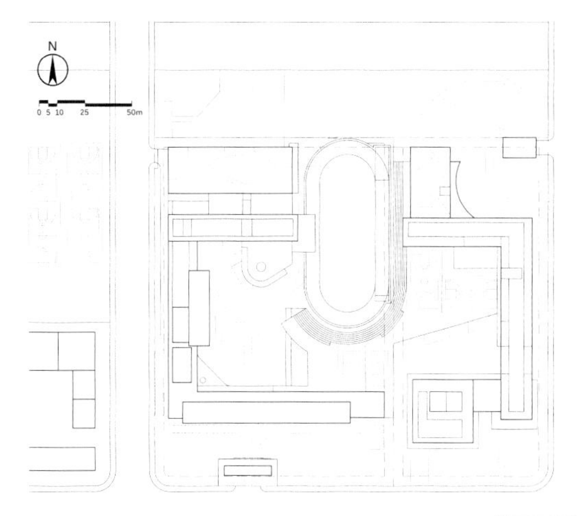

总平面图

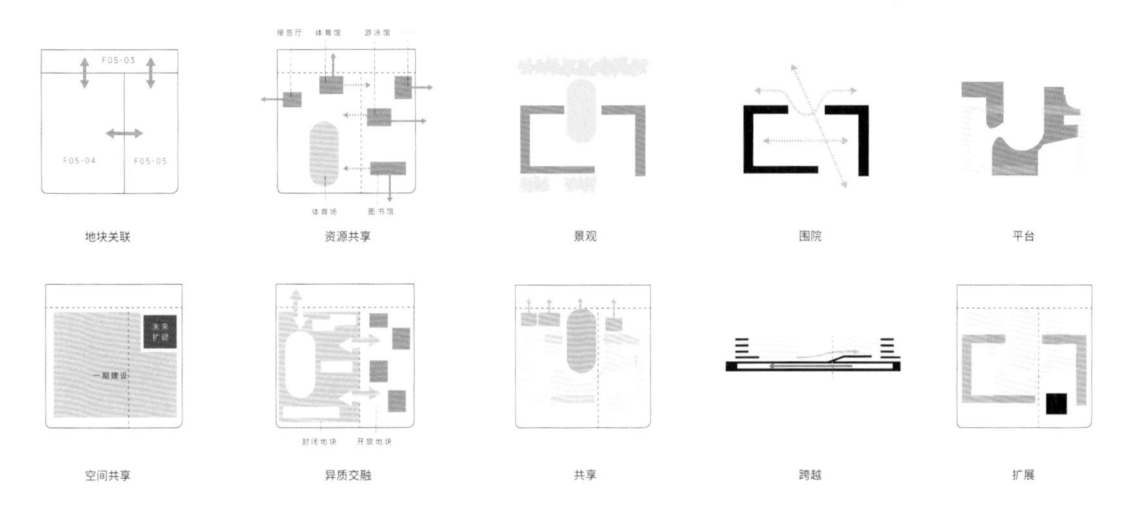

分析图

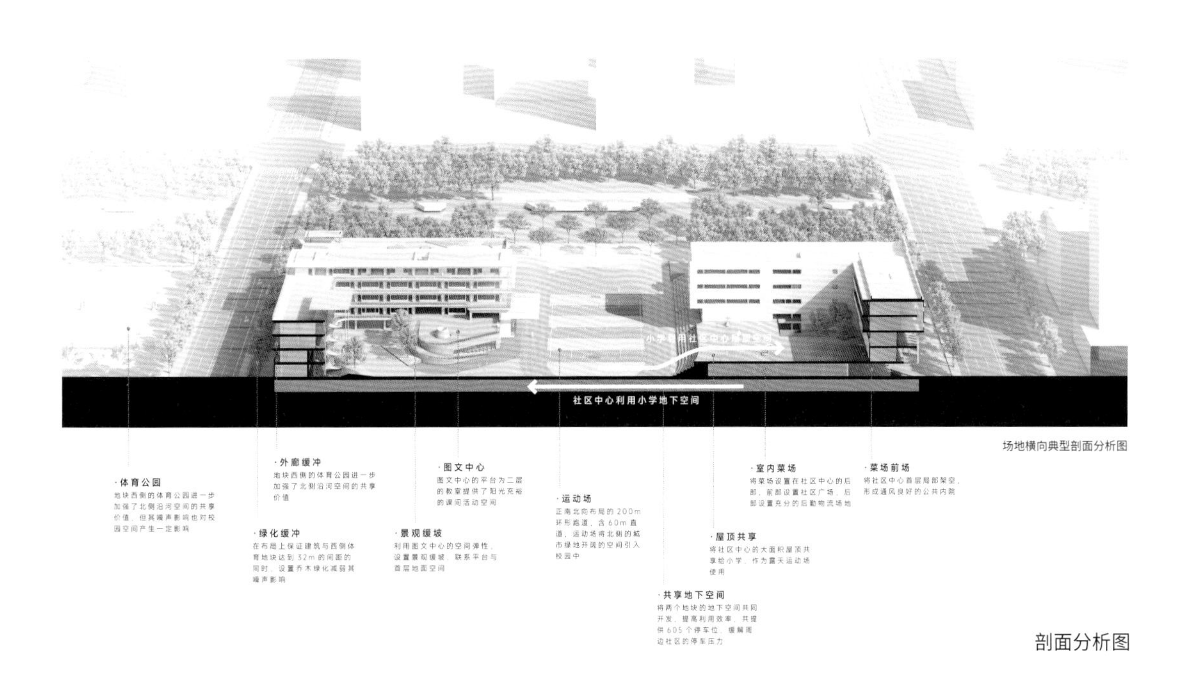

场地横向典型剖面分析图

剖面分析图

3.3.3 中学

嘉定复华完全中学

总体定位	建设一所以“追求卓越，培养创造未来的人”为办学目标、以“发现与发展每一个学生的潜能”为教育理念、以“未来导教、以学定教、优师助教、物联促教”为教学原则的示范性学校，为嘉定新城尤其是复华园区内产业人才子女提供优质的义务教育资源，为地区发展提供优秀的人才储备

基本信息与设计条件

征集要求	建筑方案征集
用地性质	Rs1 完全中学用地
规划用地	32581 平方米
建筑面积	≤ 45000 平方米（地上≤ 39000 平方米，地下约 6000 平方米）
建筑高度	24 米
容积率	1.2
建设地点	嘉定新城复华园区 JDC10502 单元东北部 02-02 地块，基地东至 02-01 地块规划住宅，南至现状叶城路，西至规划茹水南路，北至现状嘉戬公路
功能要求	中学教育建筑，办学规模为 28 班完全中学。初中 16 班，每班 45 人，高中 12 班，每班 50 人

基地位置图

竞赛入围团队

上海空格建筑设计咨询有限公司

方案围绕“沉浸式”校园的核心理念，营造多样的学习空间和教学单元，提供类型丰富的运动场地，分散灵活布置各类功能空间。同时，打开功能边界，形成社区共享。

上海洽澜建筑设计有限公司

方案围绕“未来中学”核心理念展开设计，建造面向未来的多元化校园，创造面向社区的公共学习空间，提供灵活可变的功能组团模块，同时，将智慧教育与绿色节能融入校园的各类空间。

北京市建筑设计研究院股份有限公司

围绕“分时共享，学社融合”核心理念，在满足未来学校发展新趋势的要求下，利用分层策略，提升校园开放性，实现多元立体、学社互融、资源共享的未来学校空间。

赛朴莱茵（北京）建筑规划科技有限公司上海分公司

方案设计充分引入非正式学习空间、灵活中性的教学空间，以台阶式公共自主学习的“丘厅”作为核心，与北侧的“餐厅绿谷”和南侧的“运动绿谷”相连接，整体形成贯穿南北的公共活动空间底座。

校园主路口透视图

沉浸式校园

上海空格建筑设计咨询有限公司

项目基地位于复华片区，嘉定老城区与新城中间。从地块到嘉定老城和新城的距离均约 2 公里。鉴于项目独特的区位，以及为了满足未来的学习模式和使用需求，本项目设计目标为打造一个呼应嘉定城市文脉、开放灵活以及能与社会共享的未来沉浸式校园。

以 U 形体量形成合院式向心型校园，创造丰富的内部校园环境，同时最大限度减少对周边居民影响。建筑体量靠边界部分设置食堂、体育馆、美术馆及图书馆，方便对外开放，形成与居民共享的社区空间。西侧边界内退 1.5 米，形成边线公园，将操场看台背面空间转化为积极的绿化生态空间，形成社区友好界面。学校内部环境鼓励教学走出教室，将走廊拓宽，下挖开放式下沉广场，形成随时随地可进行教学活动的灵活开放空间。

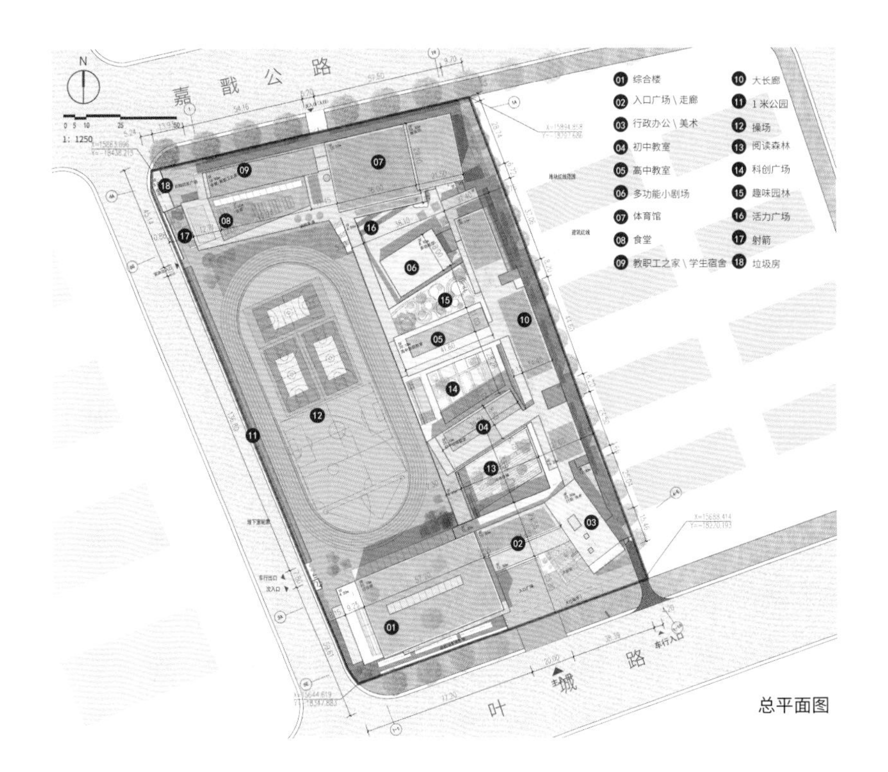

总平面图

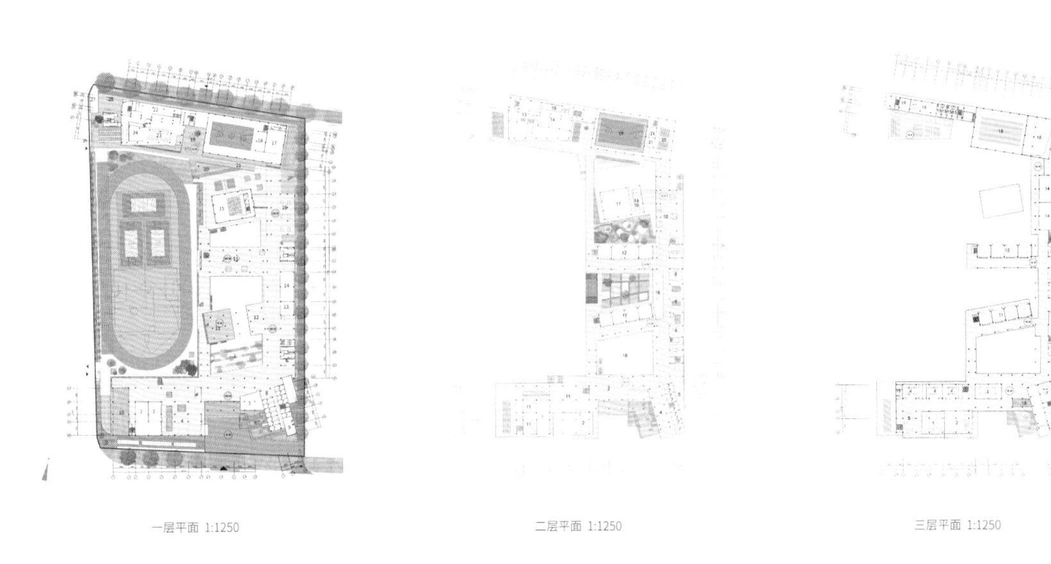
一层平面 1:1250　　二层平面 1:1250　　三层平面 1:1250

南北向 场地剖轴测

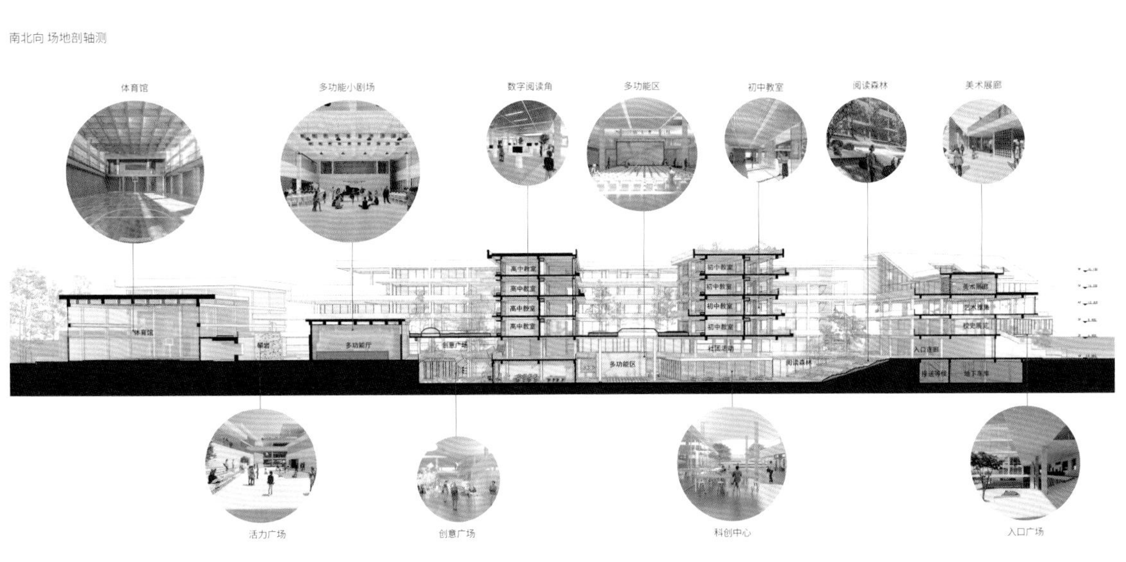

松江广富林广轩中学

总体定位

助力松江新城广富林片区打造一所功能齐全、设施完备、师资力量雄厚、集时代性、舒适性、安全性、实用性于一体的重点高级中学，营造核心教学、艺体培养、创新实践、多彩生活、开放共享的生态校园，构筑人文、生态、科创一体的教学综合体

基本信息与设计条件

征集要求	建筑方案征集
用地性质	基础教育设施用地
规划用地	29601 平方米
建筑面积	约 27000 平方米（地上约 23000 平方米，地下约 4000 平方米）
建筑高度	40 米
容积率	1.5
建设地点	松江区广富林街道 SJC1-0004 单元 2 街区 5-09 地块，基地西北双向紧邻市政道路，周边道路均已通车，交通条件优越。项目用地南侧毗邻银河河道，景观资源丰富
功能要求	中学教育建筑，办学规模为 24 班公办高中

基地位置图

竞赛入围团队

同济大学建筑设计研究院（集团）有限公司

以“书院空间的现代演绎”为设计原点，结合对未来学校与未来教育的深入研究，从松江传统云间书院提炼出“院”“廊”“囿”“庭”四大要素，并将其进行现代书院演绎，塑造多样化的学习空间。

库赫拉建筑师事务所（Studio Kuadra）

以提炼“不断演进中的多场景超链接空间”设计理念为初衷，通过“教育空间的创新设计”，打造具有感染力的“创新型教育的空间”，在建筑形态中通过多层次的室外活动空间和室内弹性空间共同激活校园整体活力。

天津华汇工程建筑设计有限公司

引入“立体校园”理念：高效利用场地及空间，将功能布局立体化，营造丰富有趣的校园空间。同时嵌入“漫游网络”理念：强调校园功能的多中心、扁平化和高联络度，形成网络化的学习生活综合体。

上海力本建筑设计事务所

设计围绕“知识绿港 学习社区”的总体理念，致力于在校园中央形成丰富的学习交流场所，同时，学习空间融入开放共享、创新进取的新城精神，将校园与街区融合，塑造出具有活力的互联学习社区。

廊桥庭院日景鸟瞰图

新城·新书院

同济大学建筑设计研究院（集团）有限公司

我们期待的构思，既要承载先进教育模式，又是孕育未来教育变革的孵化器。同时，广富林文化、新城蓝图、自然基底、政法基因等多元要素，使本设计得以在历史与未来的双重语境下，探索教育建筑创新的边界。

我们以松江传统书院布局为灵感，将各个功能聚落间隔布置、相互围合，形成见天露地的新书院格局。南北轴线链接城市、校园、景观；沿河界面以活跃的形态引入自然的渗透；纵横交织的廊桥，建构了聚落间的可达性；地面、下沉、廊道、屋顶多个层次的平台、绿地和农场为学生提供了丰富的活动空间。创新的建筑空间与务实的落地性，将使新书院从一种未来校园的理想架构变为影响教育变革的新城先锋。

新书院本身就是天然的绿色建筑，错落的庭院将阳光、空气、绿化渗透于校园的每一个角落；屋顶太阳能和立面遮阳以主动和被动的双重形式减少能耗。校园建筑将以低碳化的工业产品进行建设，缩短施工周期，减少维护成本。

总平面图

设计理念

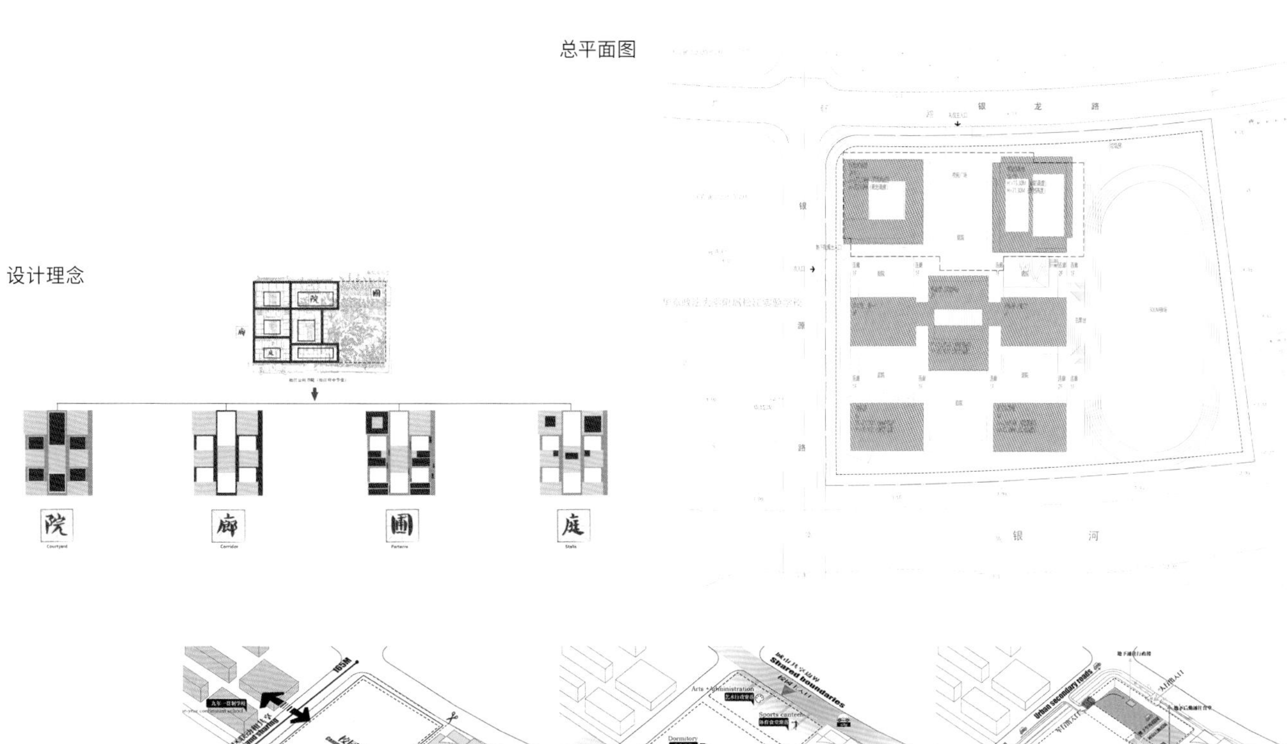

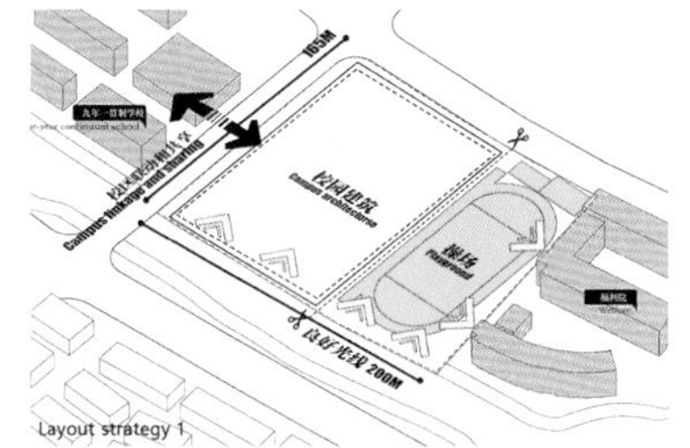

布局策略1：在东西长向的基地中，操场置于东侧，为校园及福利院提供阳光和视野 建筑置于西侧，与实验学校功能联动

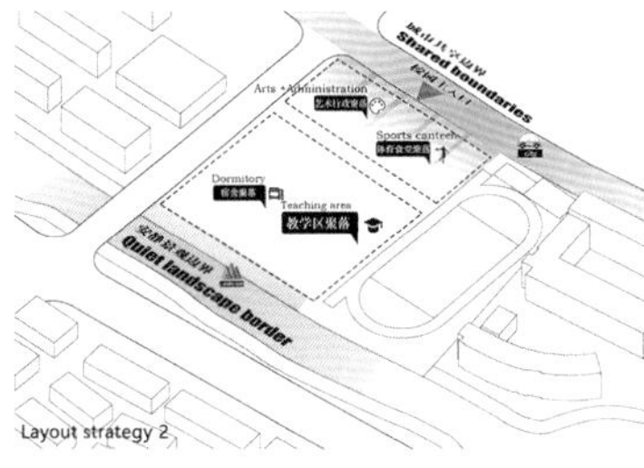

布局策略2：艺术行政聚落、体育食堂聚落置于北侧，结合主入口形成校园与城市的共享边界主要教学区、宿舍区布置在中南部，利于安静的校园秩序

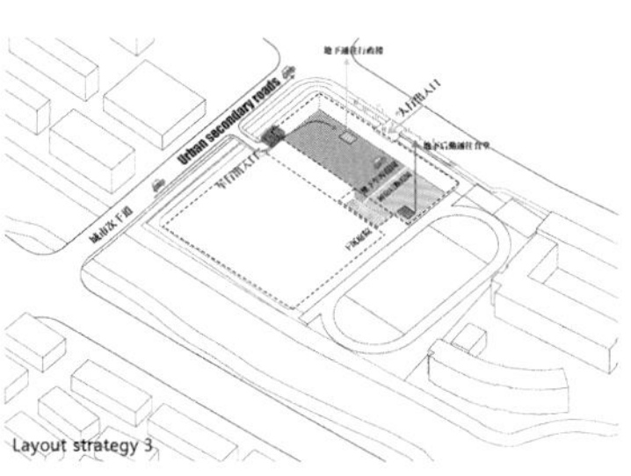

布局策略3：车行口置于西侧次干道，就近接驳地库，人车完全分行

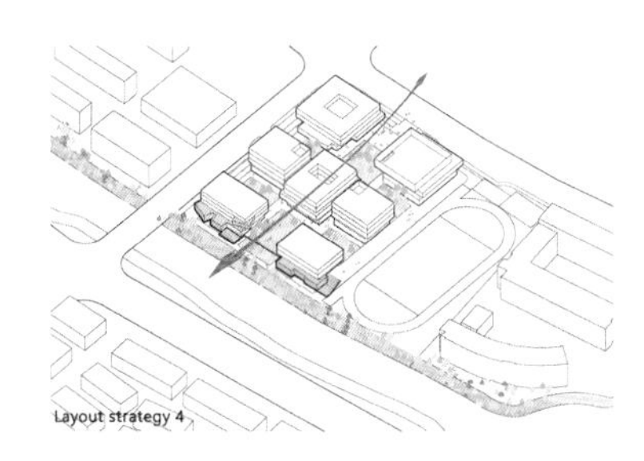

布局策略4：松江传统书院布局为灵感，将各个功能聚落间隔布置、相互围合，形成见天露地的新书院格局

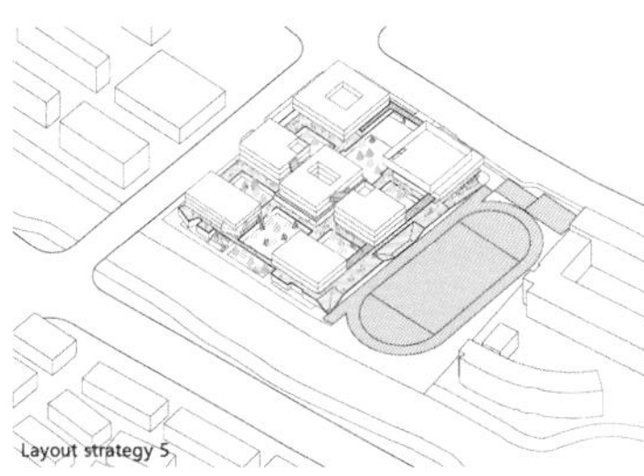

布局策略5：纵横交织的廊桥，建构了聚落间的可达性

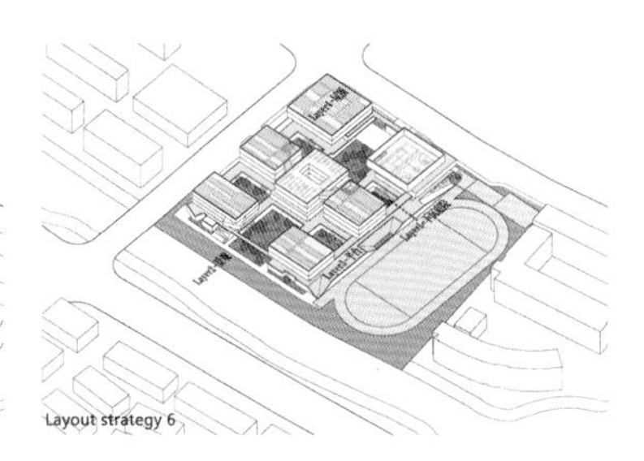

布局策略6：地面、下沉、廊道、屋顶多个层次的平台、绿地和农场为学生提供了丰富的活动空间

布局策略

校园内效果图

3.4 生态景观类项目

3.4.1 中央绿轴

松江枢纽中央绿轴

总体定位

打造“公园+城市候车厅”的一体化景观场景。以打造城市客厅环境品质、烘托枢纽门户形象气质为目标，为市民和旅客设计出站即中心的一体化景观场景。项目景观设计应符合枢纽空间品质并且承担枢纽与城市的人流疏散及空间交互功能。设计在满足通行需求的同时，需满足区域内商业活动、市民及游客的游憩体验需求；

建立高效立体、弹性灵活的交通系统。构建立体慢行系统，空中慢行系统应与水系结合形成动静分区，考虑分期实施的条件，并整合共享单车及其他公共交通系统的可能性。同时，设计应注重视线通廊上的视觉引导和空间交汇处的交通和景观节点设置

基本信息与设计条件

征集要求	景观概念设计方案征集
用地性质	公园绿地用地
规划用地	8.5 公顷（仅包括研究范围内 G1 公共绿地）
建设地点	松江云间站城核示范样板区。项目研究范围为松江枢纽站前广场核心区，东至大涨泾，南至松江枢纽，西至人民路，北至金玉路；设计范围为研究范围内公园候车厅与滨水生活街区部分的公共绿地用地
功能要求	景观概念方案。景观设计范围主要为公园候车厅与滨水生活街区的公共绿地部分。方案需要结合绿化水系和高铁枢纽超标层集群打造枢纽中央公园，同步设计公园内配套公服设施和标志性景观构筑物，以及规划的南北向二层空中联络系统，并对规划教堂等建筑优化立面，打造枢纽地区高品质整体景观空间

基地位置图

MLA+B.V.、同济大学建筑设计研究院（集团）有限公司和杭州中联筑境建筑设计有限公司联合体

设计策略与场地条件结合紧密，“根芽”概念有明显交通脉络，同时突出了松江地域特点，考虑了三种人群的速率和分区特点，对应不同到达人群的诉求。方案突出了地面体验，克制且理性地联通二层步行系统。垂直的交通解决方式梳理了各个标高，注重连廊与建筑界面的联系，对未来开发建设时序考虑较好。

SWA 集团

“公园＋城市候车厅”概念结合“云间”的理念，较好地体现了松江文化传承。双层地面的设计结合“云伞”和下沉广场较好地打通了南北慢行联系，衔接了各个标高的立体交通流线，兼具地标性。方案提供了二层平台的绿化空间，并充分考虑平台下后期运营的功能提升。

上海市上规院城市规划设计有限公司

方案以“云梯”的理念，采用双首层的方式解决交通疏散问题，结合地面和地下形成立体的空间体系，出站界面创造性地以云霄飞车作为区域轴线标志，平台形成富有吸引力的云中公园。

高光时刻最地标的动力源点

根芽计划——人文未来相生

MLA+B.V.、同济建筑设计研究院（集团）有限公司、
杭州中联筑境建筑设计有限公司

松江拥有“上海之根”的美誉，其深厚的人文历史积淀是松江未来发展的灵感源泉。依托 G60 科创走廊的辐射带动作用，未来科技产业将在此集聚、创新和发展。如何融贯古今，打造具有松江特色的公共服务空间是项目的重要命题。设计从“根”这一意象出发进行设计延伸，根系的运行本质是为植物生长输送营养、供给能量，呼应了场地的交通枢纽属性与自然生态属性。根系也昭示着文脉的延续，传承历史文化底蕴，生长出面向未来发展的公共生活新芽。“根芽计划”的核心是在松江枢纽打造一条根植松江人文底蕴与面向未来想象的灵感绿轴。设计从三组速率体系构建、公共空间网络、重要场景营造、未来运营策划四个维度来实现“根芽计划”的峻茂场景。极具生命力的生活范式将激发归属感与认同感，吸引人们重回松江，扎根松江，成长于松江。

总平面图

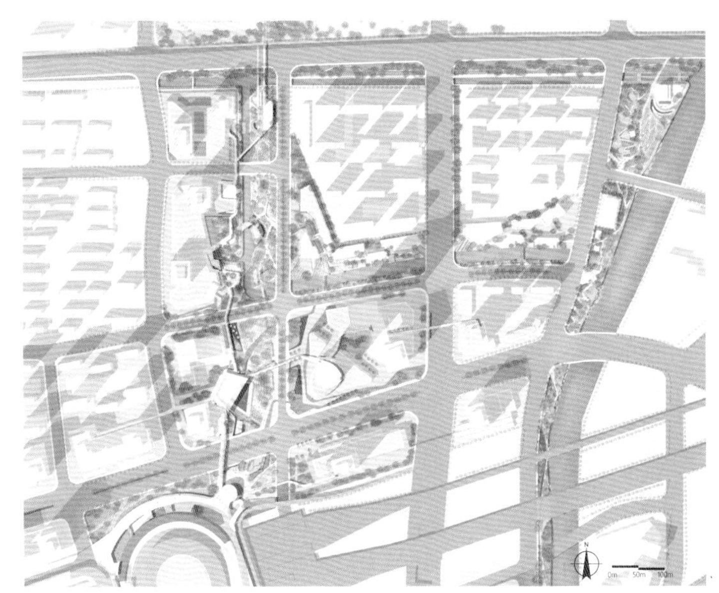

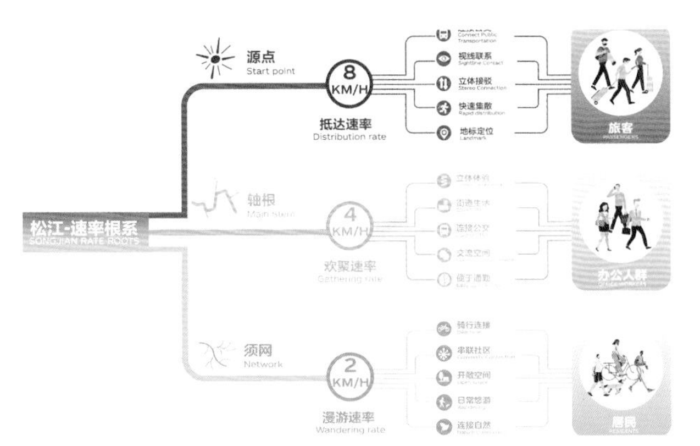

人群体验速率与动线根系的空间契合

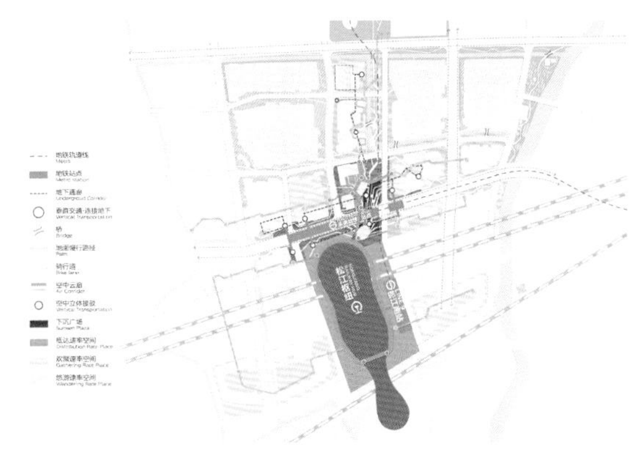

生长全域的动线网络系统

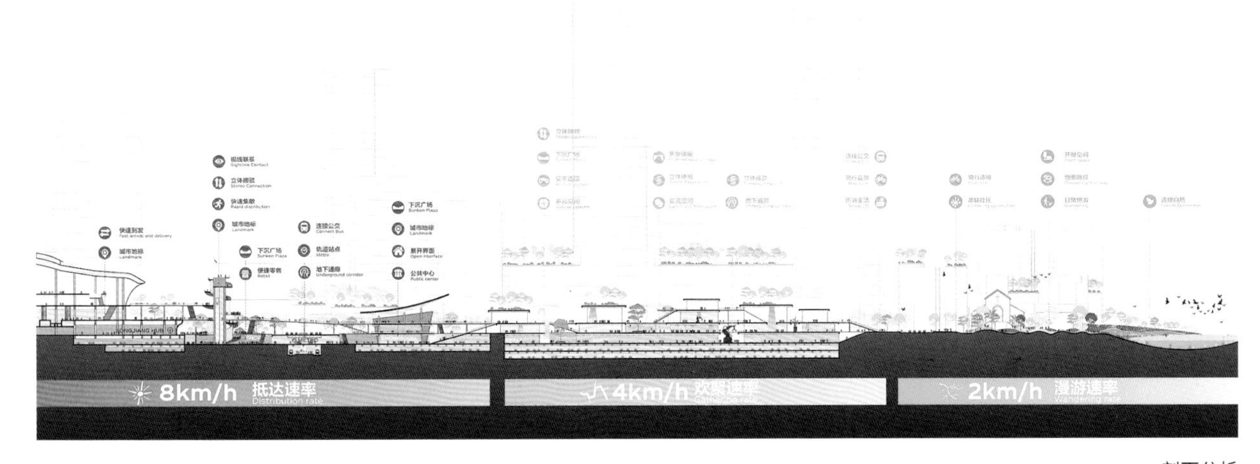

剖面分析

空中连廊景观节点

活力广场景观节点

滨河商业景观节点

3.4.2 滨水绿带

嘉定赵泾绿带

总体定位

打造嘉定新城公园城市示范点。赵泾绿带位于嘉定新城远香文化源示范样板区，需结合绿带东西两侧的地块功能需求进行分段景观形态设计，在做好整体风貌设计的基础上针对周边多种城市功能片区进行深化设计，致力于为新城居民提供更多的绿色共享滨水空间，创造人与自然和谐共生的城市环境，打造公园城市示范点；

因地制宜开展景观设计，呼应周边城市功能需求。结合上位规划，针对重要景观节点、视觉廊道、特色区域等，对滨水绿色空间做好精细化、针对性设计。打造全民共享的远香湖示范性慢行街区，慢行系统设计应与远香湖整体片区的景观设计主题“清荷远香”相匹配，同时体现本区域特色

基本信息与设计条件

征集要求	景观概念设计方案征集
用地性质	绿化、水域用地等
规划用地	约 15.38 公顷（公共绿地约 8.96 公顷，水域约 5.07 公顷，道路 1.35 公顷）
建设地点	嘉定新城远香文化源示范样板区，东至地块边界，南至封周路，西至阿克苏路，北至伊宁路
功能要求	景观概念方案。打造绿色共享滨水空间，以休闲游憩为主要功能设计，考虑设置景观步行桥、慢步道、城市家具、配套用房、地下公共停车场等内容

基地位置图

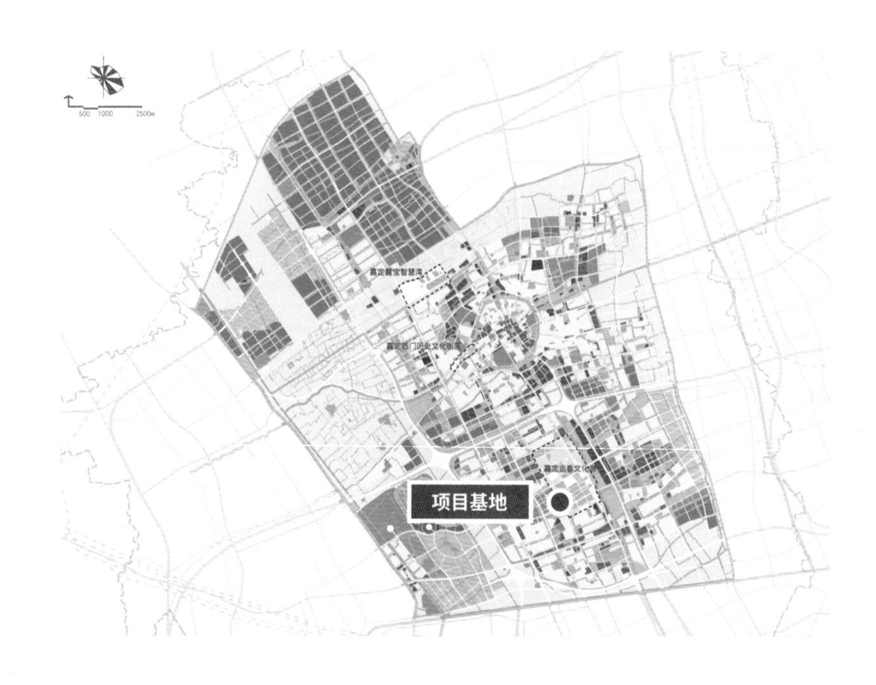

竞赛入围团队

奥冉（上海）建设工程设计有限公司

方案引入自由曲线，形成多个景观岛，增加了水岸长度，有利于生境营造和生物多样性，体现了面向未来和生态河道的设计理念。同时将设计放置于城市整体场景中考量，与周边功能协同性好，在尊重河道的情境下激活水城，创造宜人空间。建议进一步复核现有水岸线并研究生态岛的行洪影响，充分贴合场地现有环境。

WEi 景观设计事务所

方案设计概念充分汲取嘉定本土特色，结合周边功能和人群需求，充分考虑人民意见征集反馈，用模块化的方式，对全线腹地功能进行分段设置，形成水、产、城共享的自然社交空间。设计元素丰富，水岸、桥梁、绿化、园路充分整合，互相渗透，形成丰富的绿色生态场景。

茧梵景观设计咨询（上海）有限公司

方案将整个项目置身于周边整体绿色系统中，对原有交通系统进行优化完善和补充，强调步行系统与周边空间的连接，并提供了多样化的活动场所。基本维持现有河道的蓝线范围，因地制宜，土方量较小，实用性较强。各分段功能与腹地功能充分融合，达成水产城互动。

由西向东整体夜景鸟瞰图

十里春饶——联动 赋能 沉浸

奥冉（上海）建设工程设计有限公司

十里春饶公园，如同春天播下的种子，承载丰富活动的气泡和穿梭在蓝绿间的流线互相交织，创造出了沉浸式的场景体验。大小不一的小岛互簇，如同毛细血管中的红细胞，为嘉定新城源源不断输送活力。本次概念设计将场地分为森享自然、慧享办公、趣享童年、颐享天伦四大主题片区，通过 12 大特色功能节点创造沉浸式的景观体验，运用自然灵活的景观布局和生态绿色的岸线营造方法，保证可持续城市公园的蓬勃发展。

方案鼓励社区参与并加强邻里互动，使公园成为市民学习和传播文化创新理念的科普展示基地。设计通过打造“十里春饶”公园品牌，建立可持续运营的综合服务管理系统，实现“生态营造 + 社群创生”的双倍效益增长模式，助力城市景观作为片区发展的绿色基础设施，实现区域联动和景观赋能的美好城市发展愿景。

总平面图

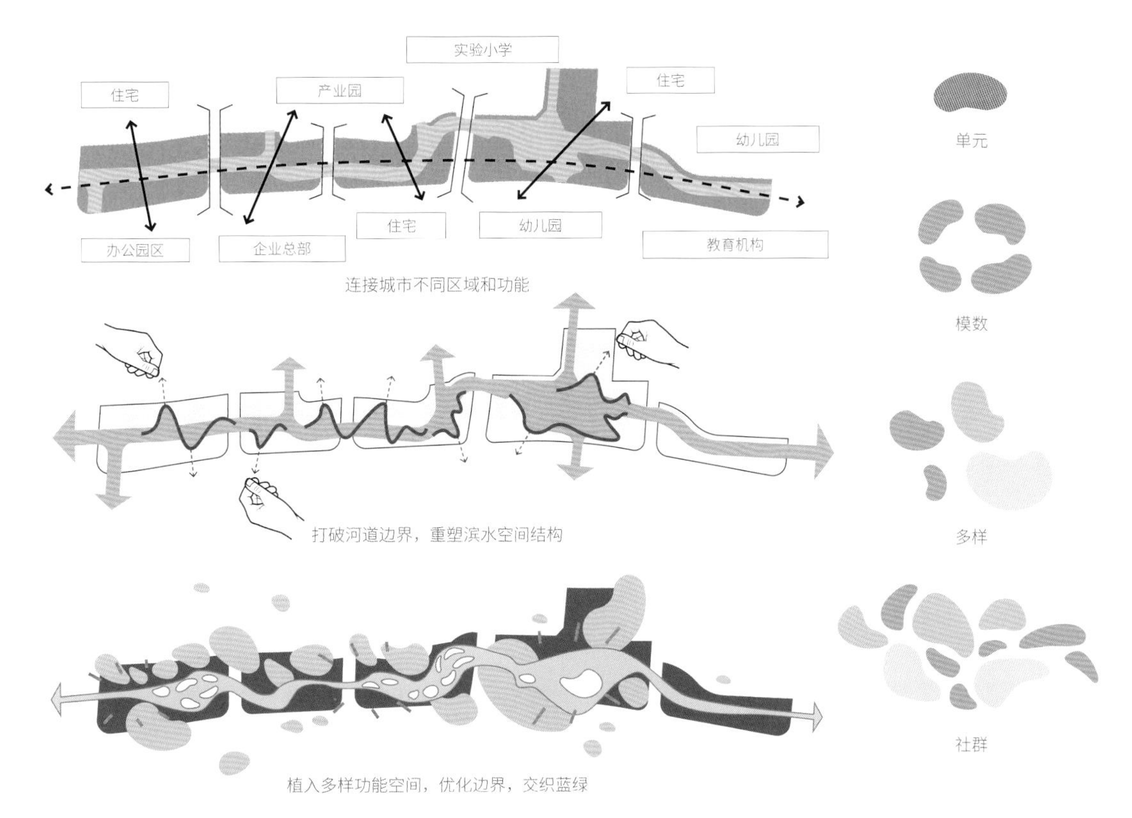

设计概念 & 景观分析

湿地秘境

3.4.3 城市公园

松江昆秀湖公园提升改造

总体定位

昆秀湖公园位于松江新城小昆山镇郊野单元，为松江新城绿环上重要空间节点，致力于提升新城绿带生态环境品质，突显松江人文涵养，为新城居民提供共享共融的绿色游憩空间，打造休闲林地特色公园示范点。设计应尽量保留基地原有的林地和湿地资源，对水、林、路、设施配套、游憩组织和地形营造等要素提出功能策划、运营策略、空间布局及提升方案

基本信息与设计条件

征集要求	景观及建筑概念设计方案征集
用地性质	林地
规划用地	94.2 公顷
建设地点	国家级松江经济技术开发区西部科技园区。基地位于松江新城小昆山镇郊野单元，东至油墩港，西至东升港路，南至文翔路，北至广富林路
功能要求	景观 + 建筑概念方案。需结合公园现有景观风貌与同类休闲运动文化项目的运营研究，提出整体策划方案，并结合功能策划

基地位置图

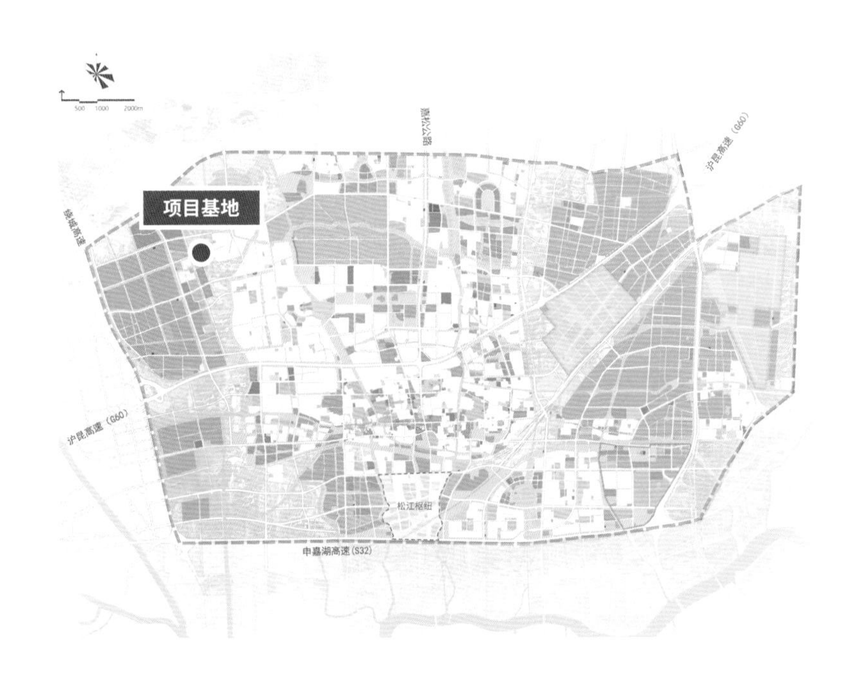

竞赛入围团队

华汇工程设计集团股份有限公司和深圳奥雅设计股份有限公司联合体

方案落地性强，充分挖掘场地特色，较大程度保留原有肌理和地貌，局部植入文化特色节点功能，造价可控。对于运营的研究深入，水上运动策划部分具有亮点，具有较高的实施性和操作性。平面设计注重细节和可行性，打造多层次的景观和视线效果。

上海市园林设计研究总院有限公司和原典建筑设计咨询（上海）有限公司联合体

方案体现了对现场细致的调研工作，设计以“水”“云”“鲲”为理念，串联起整个水、林、绿的生态节点，故事线完整。设计对松江文化进行了深入研究，体现了与本土文化的交融，塑造当代江南的特色风韵。地形塑造在尊重现状的基础上进行适当微调，同时建筑设计特色突出。

尼克诺森景观设计有限公司（Niek Roozen B.V.）

设计逻辑清晰，通过对问题的分析层层展开，采用清晰的图示语言展示对水体、岸线和林地等的景观处理方式。动静分区合理，结合原有设施考量复合型公园的塑造。因地制宜打造生态体系，水系梳理采用水质净化、生态驳岸和海绵措施来提升公园品质。对高压走廊的处理和设计别具一格。

日景鸟瞰图

繁花千树 运动之森

华汇工程设计集团股份有限公司、深圳奥雅设计股份有限公司联合体

昆秀湖公园位于松江新城小昆山镇的郊野单元，为松江新城绿环上的重要空间节点，同时位于松江国家级经济技术开发区西部科技园区。根据对公园现有景观风貌、场地问题与同类休闲运动文化项目运营的前期研究，设计将公园改造提升的理念定为“繁花千树，运动之森”。

凭借昆秀湖良好的自然和文化基底，在交通升级、功能提质、文化创智、低碳科普四大方面进行公园提升，构建康养生活、生态乐水、研学教育三条公园体验游线，将功能区划分为城市客厅区、水上运动区、花林运动区、林荫活力区、亲子活力区、斯巴达勇士运动区、休闲运动区、智慧休闲区等，融入水陆体育运动、养生等休闲生活功能，让游客游览于千树万花丛中，为市民打造一个运动无界的自然体育公园以及松江新城首个水上休闲运动中心、户外都市运动中心、智慧体育主题公园。

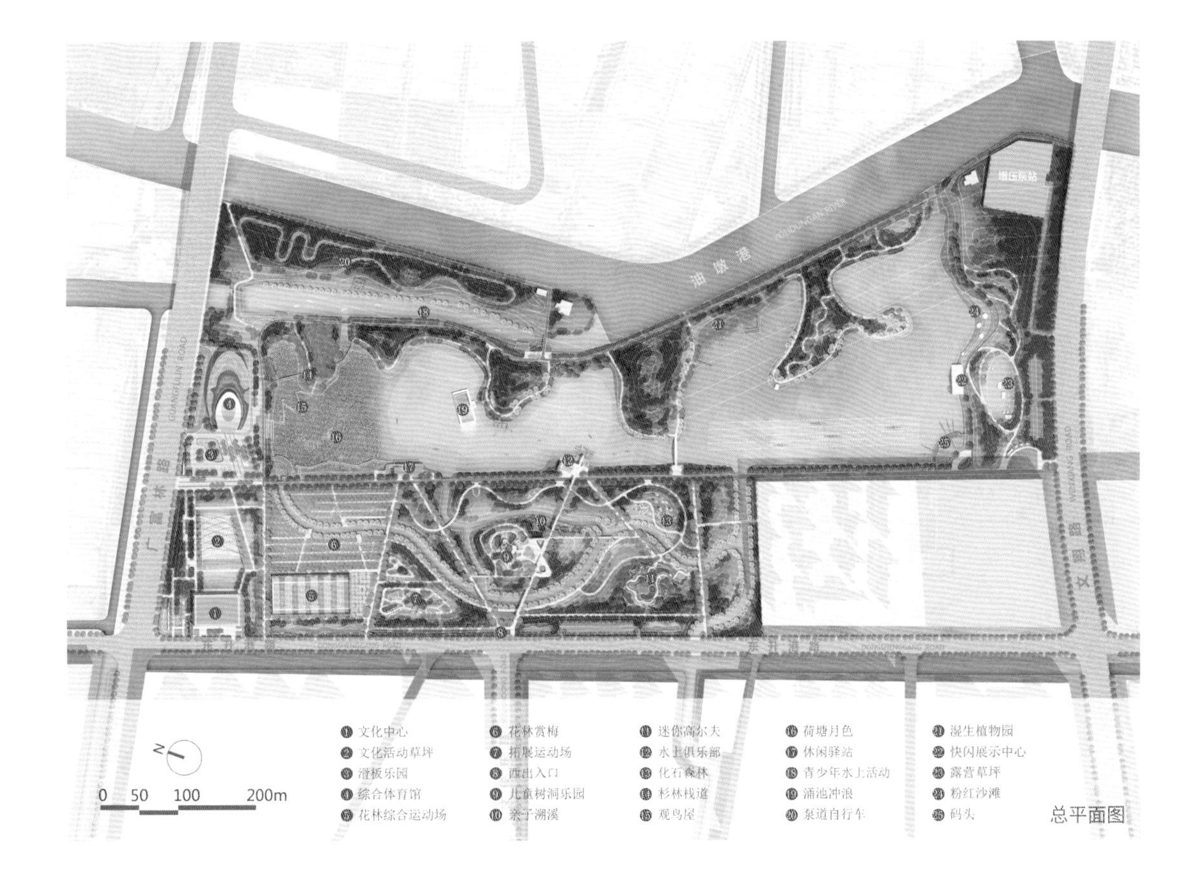

总平面图

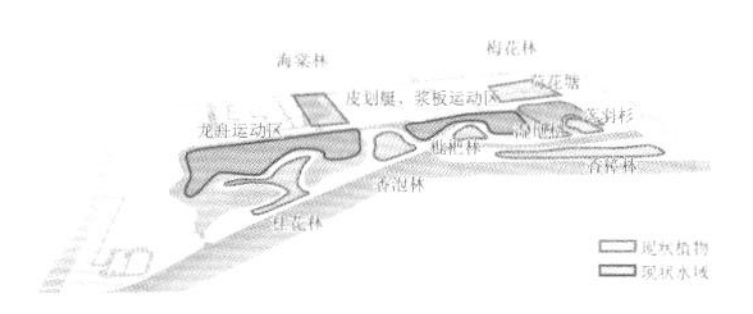

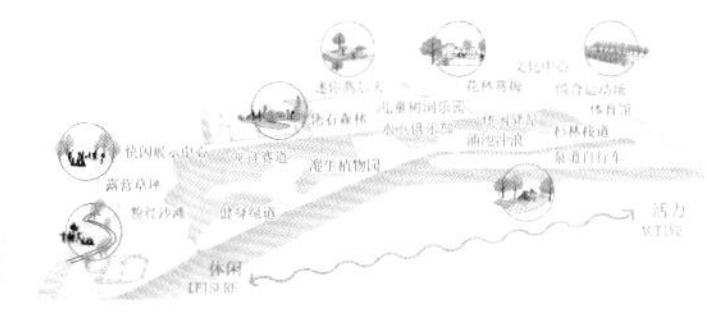

1. 面状保留：保留现状长势较好的片植特色植物林，利用现状水体条件设置不同水上运动区域。

2. 带状通达：保留现状骨架道路，新增二层连桥与部分园路，公园内环通绿道 2.6km。

3. 重点激活：从场地现状资源和运动功能定位出发，植入多个富有特色的观景节点与运动休闲场地。

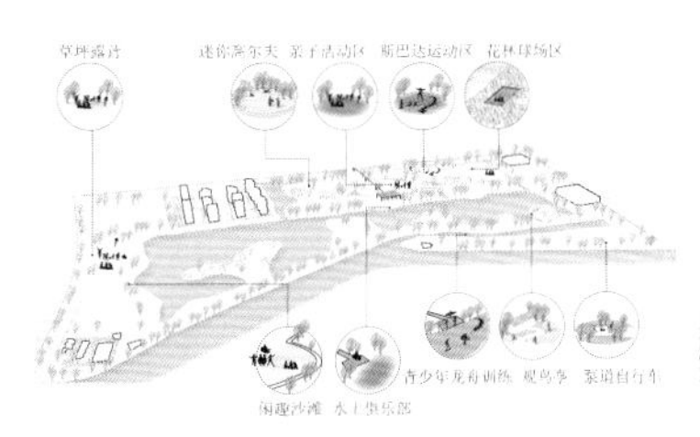

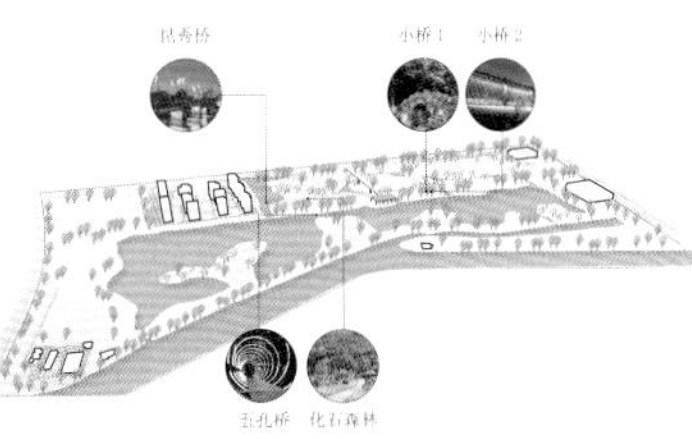

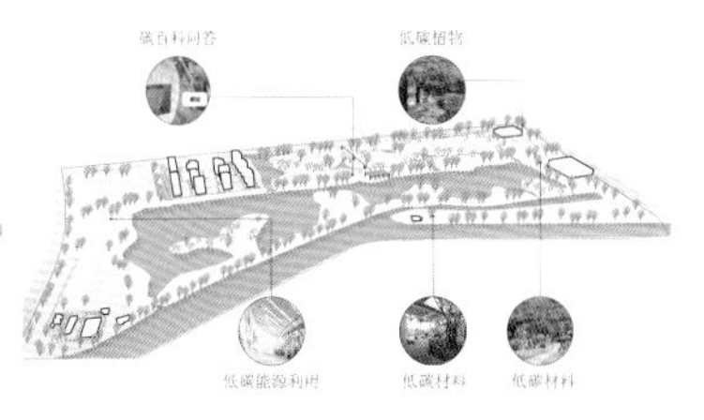

4. 功能提质：充分利用现有资源， 打造水陆结合、新潮多元、全域年龄的运动场所。

5. 文化创智：文化遗产再利用，融入生态景观和智慧科技互动，续写昆秀底蕴。

6. 降碳节能：全园考虑海绵城市的应用，构建绿色建筑，合理布局雨水花园。

设计策略

景观节点

3.4.4 社区公园

临港安茂路街心公园

总体定位	安茂路街心公园位于上海市临港新片区现代服务业开放区，是高品质居住片区，拟建一个景观优美、体验丰富、多元复合、开放共享的街心公园，打造全龄共享社区公园示范点。公园周边为幼儿园与小学等教育用地，可考虑重点营造适合儿童活动的无障碍、友好、参与式社区公园，同时与周边区域做好整体风貌协调

基本信息与设计条件

征集要求	景观概念设计方案征集
用地性质	G1 公共绿地
规划用地	8211 平方米
建设地点	临港环湖自贸港西侧，临港新片区 PDC1-0103 单元 A01-A05 街坊，基地东至杉云路，南至安茂路，西接 A03-02 地块，北临 A03-03 地块
功能要求	社区公园景观概念方案。以休闲游憩为主要功能设计，考虑设置慢步道、城市家具、活动场地、管理服务用房等内容。重点结合活动设置、入口形象设计和设施需要，针对重要节点进行深化设计

基地位置图

竞赛入围团队

沐和景观设计（上海）有限公司

方案的设计灵感来自临港海陆之间多元动态的生态景观，巧妙地结合场地布局。15 分钟可达花园的设计理念契合区位特点。设计积极回应人民意见需求，满足体育锻炼及儿童游乐活动等需求。方案考虑弹性建设模式，考虑了临港新片区未来人口数量结构的变化，提供一个全年龄段社区公园，有利于构建新居民的社区认同感。

曼翰设计咨询（MANDAWORKS）

方案通过一个独特的切点切题，以营造多层次的静漪空间为目标，希望用以小见大的方式打造一系列小型社交空间。方案具有明确的空间结构特征，点、线、面的组织方式，结合园林设计的手法，逻辑性很强，并充分考虑人民建议反馈。

杭州园林设计院股份有限公司

方案以“环”为意象，组织整个社区公园的核心空间，沿街界面具有强烈的标识性，并结合外形置入了全年龄段活动场景。流线型的空间特征，呼应新片区滨海特色，同时一定程度上体现了传统园林的设计理念。功能分区相对清晰，充分吸收人民建议征集的成果并在设计中有所反馈。

公园整体鸟瞰图

海陆之间：社区能量站

沐和景观设计（上海）有限公司

设计灵感来源于临港海陆交汇之间多元动态的生态景观。设计以“社区能量站”为主题，构建全龄友好的开放社交场所和能源可循环的未来社区型城市公园范本，搭建绿色基础设施和海绵城市系统，创建一个联结社区情感的能量站。

从场地东南角向西北方向依次形成海浪广场、邻里中心、阳光草地、生态森林带和社区生活带五大空间结构，如同海陆交汇处多层次的景观形态，串联不同活动空间的社区生活带与生态森林带交织呈现。东南街角对外增加公园可达性，形成核心的公共活动区域。街角的邻里中心是社区能量交汇的核心场所。

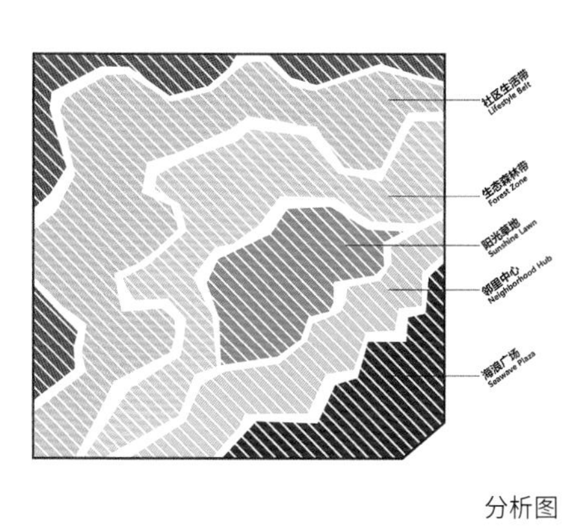

分析图

总平面图

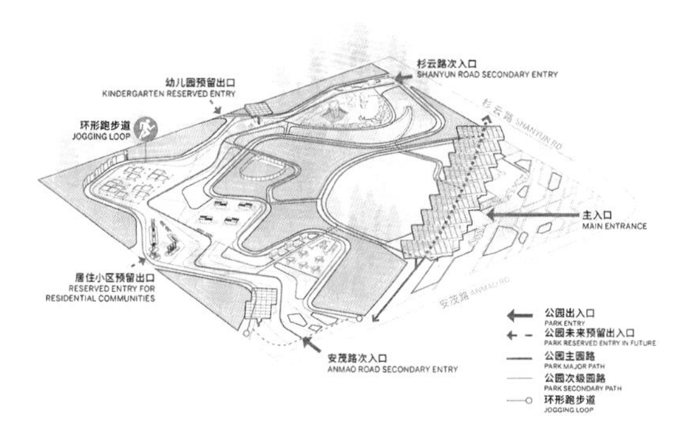

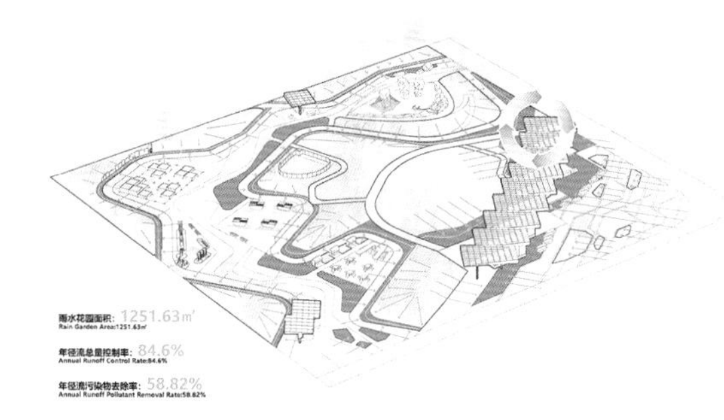

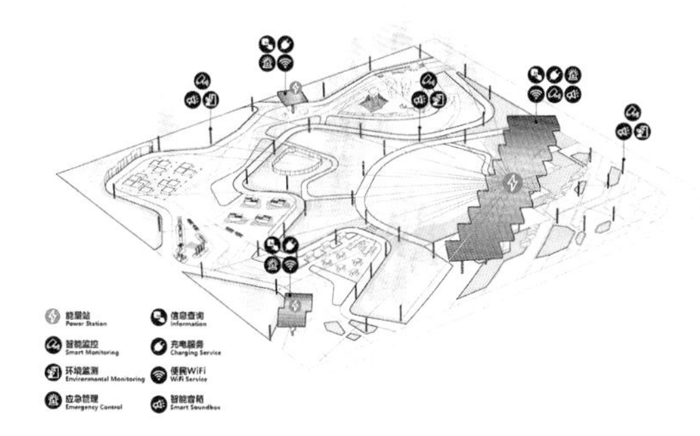

景观 & 概念分析

社区能量站效果图

景观节点

新城之新

04

生态之城 绿环熠彩

新城绿环是上海市域生态网络的重要结构组成，是加快实施“新城发力”战略的重要举措，是紧邻郊野地区集中打造具有强烈地域自然特点和人文特色的重要蓝绿空间。为深入贯彻党的二十大精神，落实习近平生态文明思想，促进乡村振兴战略实施，2022 年以来，上海市新城推进办（上海市规划资源局）、上海市绿化市容局、上海市水务局先后指导五个新城所在区的区政府和管委会开展新城绿环概念规划国际方案征集、绿环专项规划编制、绿环先行启动段实施方案编制、“大师园及云桥驿站”众创设计等工作。

本章节集中展示了从新城绿环概念规划到落地实施过程中的优秀规划设计作品，充分反映新城绿环以实施为导向的规划传导过程。期待在不远的未来，一幅幅集中体现以人民为中心、强化区域联动发展、突出地域文化、坚持生态韧性、注重创新智慧理念的绿环画卷将陆续呈现在广大市民朋友面前。

4.1 总体概况

为贯彻“上海 2035”总体规划，上海市人民政府于 2021 年 5 月印发《关于加快推进环城生态公园带规划建设的实施意见》，提出“一大环 + 五小环”环城生态公园带的建设目标，即在外环绿带功能提升的同时建设五个新城环新城森林生态公园带。为落实实施意见总体要求，从 2022 年 1 月起市规划资源局（市新城推进办）、市绿化市容局、市水务局联合五个新城所在区的区政府和管委会开展新城绿环的规划建设工作。首先，通过对标国内外最高标准和最好水平，集聚顶尖设计资源和力量，开展了新城绿环概念规划国际方案征集，过程中坚持公众参与和专家把关。其次，在新城总体城市设计的引导下依托国际方案征集成果编制了五个新城绿环专项规划，并于 2023 年 1 月获上海市政府批复。最后，按照新城绿环专项规划和新城规划建设导则的内容，进一步开展了先行启动段方案编制和“大师园和云桥驿站”的设计工作。

新城绿环建设实施将以全域土地综合整治为工作平台。其中“十四五”期间，按照“每个新城绿环每年造林 2 平方公里左右，主环绿道贯通 10 公里以上、主脉内水环贯通整治不少于 10 公里”的规划实施目标。至 2025 年，五个新城绿环体系初步构建，主脉全线基本贯通，重要节点基本建成，生态示范效应初步彰显；至 2035 年，五个新城绿环全面建成，生态价值和效益充分彰显。

五个新城绿环	规划面积	贯通道长度
嘉定新城绿环	74.69平方公里	45公里
青浦新城绿环	82.25平方公里	46公里
松江新城绿环	87.30平方公里	45公里
奉贤新城绿环	83.30平方公里	45公里
南汇新城绿环	55.20平方公里	33公里

新城绿环分布图及总体建设目标

4.2 工作历程

新城绿环的规划建设工作经历了概念规划国际方案征集、专项规划、先行启动段实施方案、大师园及云桥驿站设计四个阶段。2022 年 1 月，市区两级政府、相关部门开展新城绿环概念规划国际方案征集。有来自美国、加拿大、英国、德国、法国、新加坡、澳大利亚和国内的共计 50 家优秀规划景观领域设计团队参与应征，经过专家遴选，最终 15 家国内外顶尖设计单位进入正式设计阶段。

2022 年 6 月起，市级部门组织相关单位在吸纳国际征集方案先进理念和设计优点、特色的基础上，进行五个新城绿环专项规划的编制，并于 2023 年 1 月由上海市政府批复。2023 年 2 月起在落实专项规划的基础上，进行新城绿环先行启动段实施方案编制，加快形成各具特色的新城绿环空间体系。2023 年 5 月，市区两级政府、部门联合开展了“大师园及云桥驿站”众创设计活动，旨在通过优秀设计作品来点亮新城绿环的重要空间节点。

新城绿环规划设计过程中高度重视专家智库的支撑作用，参与绿环工作的行业专家既有来自国内知名高校的教授学者，也有来自各大设计单位的顶尖规划、景观和建筑领域资深专家学者深度参与，积极为各设计团队点拨迷津、出谋划策、贡献智慧，充分确保了规划设计成果的质量。同时，上海市新城推进办（上海市规划资源局）坚持开门做规划，2022 年 3 月，在市人民建议征集办的大力支持下，“新城绿环，由您绘就”人民建议征集和问卷调查活动在线上展开。这些建议集中反映了市民对新城绿环特色定位、交通到达方式，以及绿环内活动、场馆内容和类型等方面的诉求和期许。设计单位充分考虑广大市民提出的建议，并将可贵之处融入设计之中。此外，为强化绿环品牌的塑造，结合新城绿环的定位和各自的空间特质，由上海市新城推进办（上海市规划资源局）牵头，从简洁美观、特色鲜明、易记忆和传播、国际化等角度设计了一套新城绿环品牌 LOGO，以期发挥品牌带动和示范作用。

人民建议征集线上发布

新城绿环 LOGO

新城绿环设计单位信息一览表

嘉定新城

国际方案征集

TLS

汤姆里德景观设计事务所
Tom Leader Studio Inc.
(TLS)

中国美术学院风景建筑
设计研究总院有限公司
（中国美院）

SASAKI

SASAKI 事务所
Sasaki Associates, Inc.
(SASAKI)

专项规划及实施方案

上海市城市规划设计研究院
(上规院)

上海市园林设计研究总院有限公司
(上海园林院)

大师园

上海庄伟环境规划设计有限公司
(庄伟环设)

同济大学

青浦新城

国际方案征集

上海市园林设计研究总院有限公司
(上海园林院)

RAMBOLL
STUDIODREISEITL

戴水道景观设计咨询有限公司
Ramboll Studio Dreiseitl Pte. Ltd
（安博戴水道）

尼克·诺森景观设计有限公司
Niek Roozen B.V.
(Niek Roozen)

专项规划及实施方案

上海市城市规划设计研究院
(上规院)

上海市园林设计研究总院有限公司
(上海园林院)

大师园

北京市园林古建设计研究院有限公司
(北京园林院)

苏州园林设计院

苏州园林设计院股份有限公司
（苏州园林院）

松江新城

国际方案征集

上海市上规院城市
规划设计有限公司
（上规公司）

泛亚环境有限公司
（泛亚）

agence ter

岱河（上海）景观设计咨询有限公司
AGENCE TER
(TER)

专项规划及
实施方案

上海市城市规划设计研究院
（上规院）

上海市园林设计研究总院有限公司
（上海园林院）

大师园

上海市园林设计研究总院有限公司
（上海园林院）

Lab D+H 上海工作室
（Lab D+H SH）

同济大学

Atelier Z+

上海致正建筑设计有限公司
（致正）

奉贤新城

国际方案征集

AECOM

艾奕康环境规划设计（上海）有限公司
（AECOM）

德国瓦伦丁 + 瓦伦丁城
市规划与景观设计事务所
（瓦伦丁）

杭州园林设计院股份有限公司
（杭州园林院）

专项规划及
实施方案

上海市城市规划设计研究院
（上规院）

上海市园林设计研究总院有限公司
（上海园林院）

大师园

杭州园林设计院
股份有限公司
（杭州园林院）

中国建筑标准设计
研究院有限公司
（标准院）

北京多义景观
规划设计事务所
（多义景观）

同济大学建筑设计研究院（集团）
有限公司
（同济建筑院）

南汇新城

国际方案征集

ECADI

华东建筑设计研究院有限公司
（华建集团华东院）

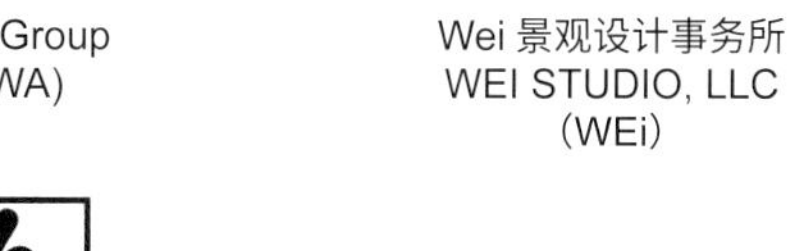

SWA Group
（SWA）

Wei 景观设计事务所
WEI STUDIO, LLC
（WEi）

专项规划及
实施方案

上海市城市规划设计研究院
（上规院）

上海市园林设计研究总院有限公司
（上海园林院）

大师园

深圳媚道风景园林
与城市规划设计院有限公司
（媚道设计）

上海市政工程设计研究总院（集团）
有限公司
（上海市政总院）

上海浦东建筑设计研究院
有限公司
（浦东设计）

4.3 概念规划国际方案征集

参加征集活动的 15 家国内外景观规划设计机构，用妙笔生花设计出一幅幅靓丽的新城生态新图景，这些设计作品突出耕地保护优先、强化郊野特色；尊重文化基因、体现地域特色；关注民众需求、打造体验特色；强化区域联动，协调功能特色，充分展示新城绿环过去、现在和未来。

4.3.1 嘉定新城绿环——环抱嘉定教化城

聚焦嘉定历史文脉底蕴和科技创新特色，汤姆里德（TLS）、中国美院、Sasaki 分别以“绿环校园”“生态源地 生息之环”“教化的原野”为核心理念，构建多级绿道、水上游线、马拉松线路等类型丰富多样的贯通慢行系统，打造“嘉定教化城”。

绿环校园（TLS）

以“绿环校园”为设计概念，以自然、人文、科技三大教育主题体现生态保育、运动游憩、低碳智慧的设计策略，通过 12 个专业学系的设置将场地划分为 12 个学科分区，构建生态环、学堂环、慢行环、水网环交织一体的绿环校 园总体结构。

生态源地 生息之环（中国美院）

将“生态源地生息之环”作为规划理念，提出三大策略：自然友好、生态筑底，汇聚流动、创新活力，场所共鸣、心灵滋养。再塑“疁城十景”，营建五个特色鲜明的主题分区。

教化的原野（Sasaki）

提出“教化的原野”的设计概念，对教化进行生态化、低碳化、活力化、人文化的新诠释。方案提出三大规划策略：提升生态价值、弘扬本地特色、推广低碳建设与产业。总体形成六大主题分区的空间结构。

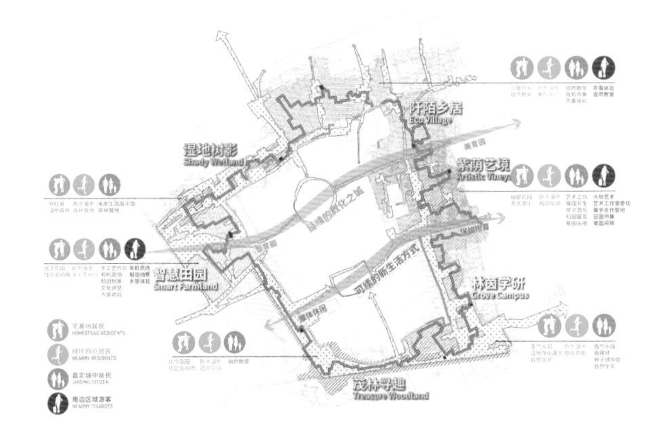

4.3.2 青浦新城绿环——吹拂青浦江南风

聚焦青浦水文章，尼克诺森（Niek Roozen）、安博戴水道（Ramboll Studio Dreiseitl）、上海园林院分别提出“田园诗画·水墨青浦·生态绿环”“圩水相依·环游林田间”“青浦生命环”的总体设计概念，激发青浦新城“因水而兴、依水而生”的人文生态活力，打造“青浦江南风”。

田园诗画·水墨青浦·生态绿环
（Niek Roozen）

方案在“天圆地方”“动与静和谐与统一”的理念基础上，提出“田园诗画·水墨青浦·生态绿环”的设计概念。通过“理水、塑岸、整田、育林、兴村、通路”六大设计策略，希望打造“田”字景观格局，重塑“田圆”“田苑”“田渊”“田源”的田园生态绿环。

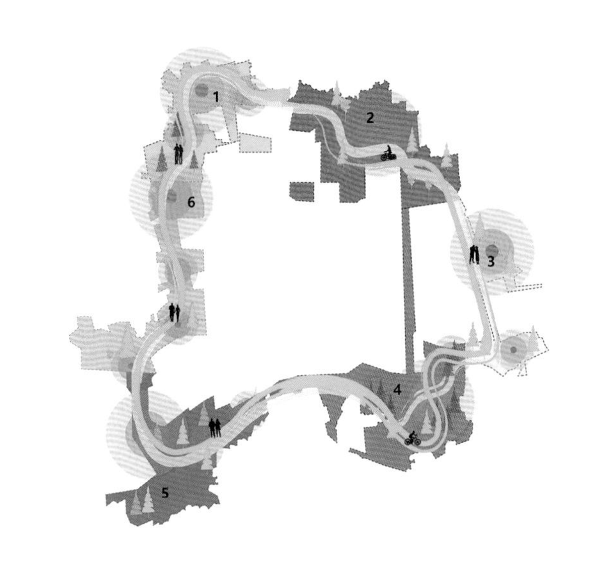

圩水相依，环游林田间（安博戴水道）

方案以青浦“长三角圩田人居模式”为切入点，打造“圩水相依，环游林田间”的青浦未来之环。通过功能复合，生态优化，价值提升，打造蓝绿交织，林田多栖，循环农耕，活力引爆的自给自足圩区单元，形成以农业体验、生态涵养和公共游憩共同构成的弹性圩田文化游览带。

青浦生命环（上海园林院）

方案提出“青浦生命环”的设计概念，打造“滋养生命的一方水土、助益城市的蓄能之地、文脉承启的江南画境、引领未来的永续之环”青浦新城林带空间意象。

4.3.3 松江新城绿环——深植松江上海根

围绕松江千年的文脉积淀与独特的自然要素，上规公司、泛亚国际和岱河（TER）分别提出“海上·云巢”“山水像素 万物丰收”“城市起搏器 蓝绿聚能环”的设计概念，构建松江新城“山水入城”的整体空间格局，打造“松江上海根”。

海上·云巢（上规公司）

方案提出“海上 • 云巢”的设计概念，以恢复生态多样性、形成景观多样性、提供生态服务多样性、吸引人群多样性、增强绿环整体性为设计原则，打造“五茸之野鹿鸣呦，云间城外鹤徘徊，芳草洲绿鲈鱼跃，碧树丹山凤凰来”的松江新城林带空间意象。

山水像素 万物丰收（泛亚国际）

方案将“以自然之道，养万物之生”作为规划理念，提出“山水像素 万物丰收”的目标定位，以期实现松江绿环的生命丰收、城市的生态丰收、人民的生活丰收，并提出塑绿、城环、赋能三大设计策略。

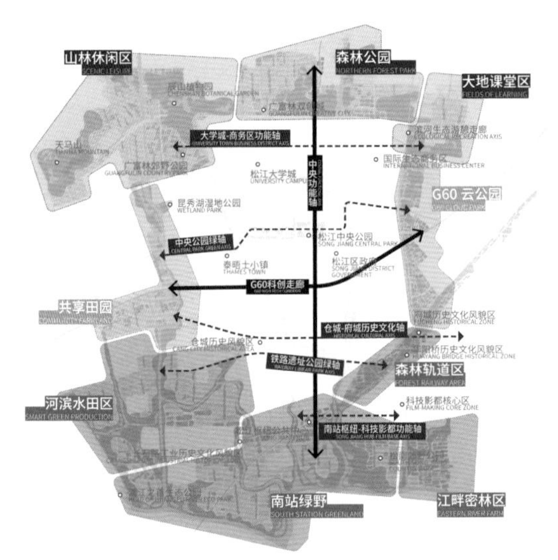

城市起搏器 蓝绿聚能环（TER）

方案以“城市起搏器 蓝绿聚能环”为设计概念，提出松江新城绿环具有生态之环、文脉之环、生产之环、发展之环四个层次，以慢行道联通各个节点，结合六大特色门户空间，最终形成凝聚性的、反哺新城及周边的活力环。

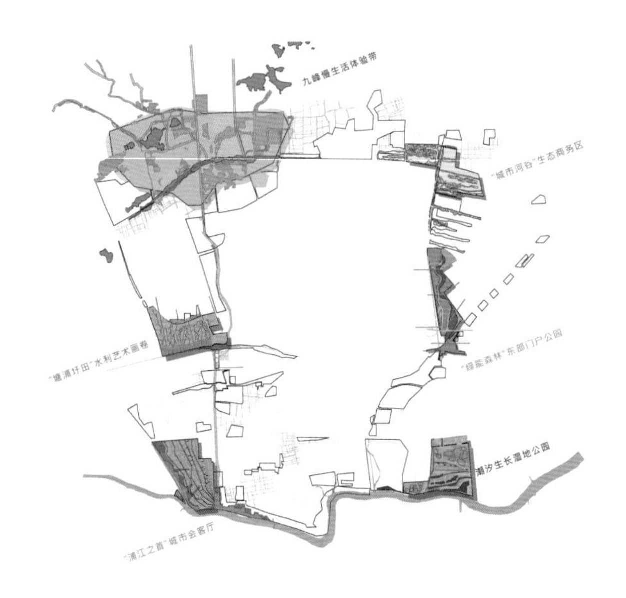

4.3.4 奉贤新城绿环——萦绕奉贤贤者地

围绕奉贤新城“独立无边界、遇见未见”的城市发展愿景和新江南文化品牌，艾奕康（AECOM）、杭州园林院、瓦伦丁分别提出“大贤无界·心生江海”“江海田园·万象贤美”“边界与纽带”的设计理念，深入挖掘奉贤新城“敬奉贤人”的历史积淀，充分发挥新城绿环通江达海的生态区位优势，打造“奉贤贤者地”。

大贤无界·心生江海（AECOM）

方案提出“大贤无界·心生江海”的设计概念，从更加关注城乡要素的全域融合、更加关注人民需求的深度匹配、更加关注开发路径和实施运营三个维度出发，空间上打造四大全域生态郊野公园和四大门户节点。

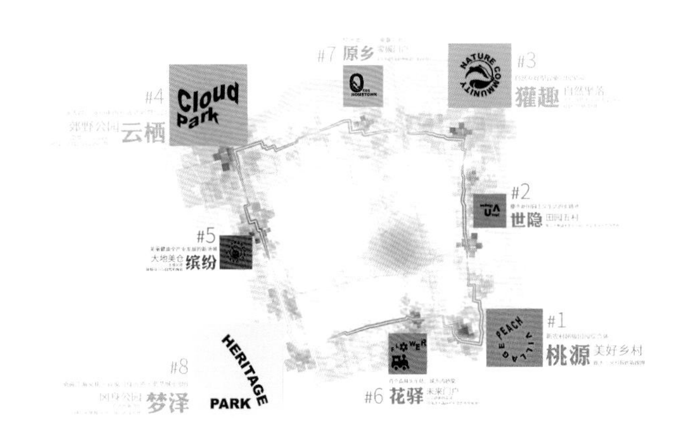

江海田园·万象贤美（杭州园林院）

方案将“江海田园 万象贤美”作为规划理念，提出东西南北延展“江海田园”四大界面、交织“人民之环＋新城绿环”双回环、嵌彩“田、水、路、林、村、产、服、文、生态”九大要素，融合季节时令赋予特色主题，打造绿环十二域。

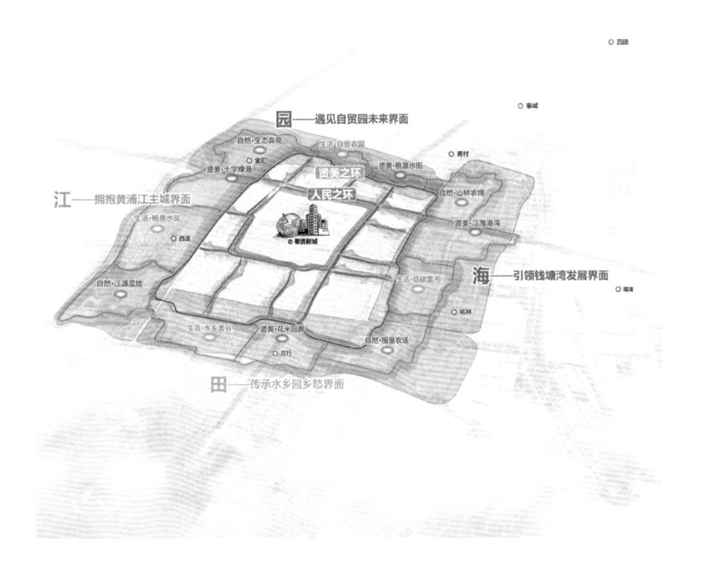

边界与纽带（瓦伦丁）

方案以“边界与纽带”为设计理念，将新城内外的连接作为重点设计内容，以现有肌理为本底，在空间上沿新城边界强化公共活动共享纽带，作为城市与乡村的过渡地带，并在绿环内形成四个主题片区。

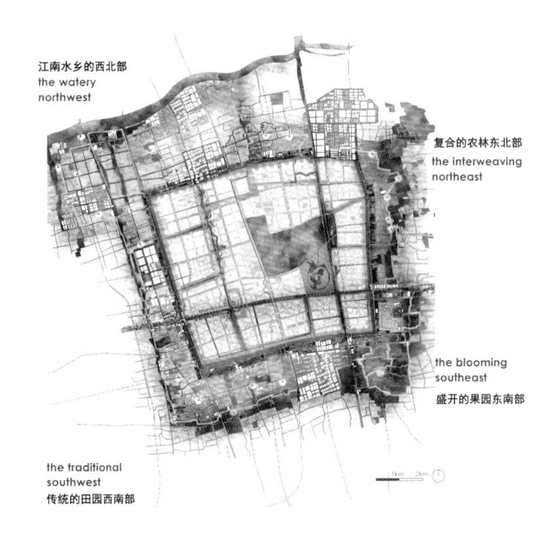

4.3.5 南汇新城绿环——晕染临港海湖韵

充分发掘南汇新城独特的生态禀赋优势和特色要素，华东院、WEi Studio 和 SWA Group 分别提出“超级涟漪”“南汇味道”“引力环”的核心设计概念，建设水陆相汇、林田交融的绿色生态半岛，为南汇新城量身打造“临港海湖韵”的整体空间意象。

超级涟漪（华东院）

方案提出“超级涟漪”的设计意象，将有界绿环、无界营造作为规划理念，提出以水、路、田、林等绿色基础设施要素体系布局和建设为契机，引导、带动新城绿环建设，形成“一环五片，悦游南汇”的空间意象格局。

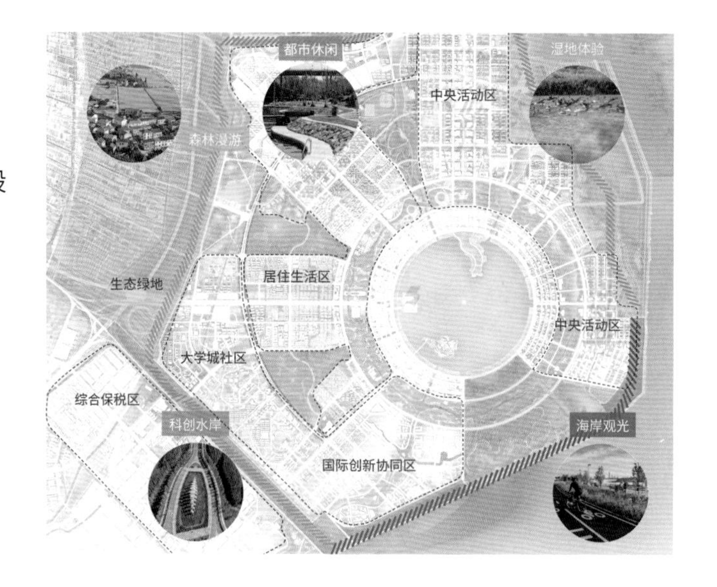

南汇味道（WEi Studio）

方案以“南汇味道”为设计概念，从风、土、人三个角度，提出绿环建设的自然、城市、人际策略，结合自然文化特质，打造十二生活世界，形成生命共享互联之环的愿景。

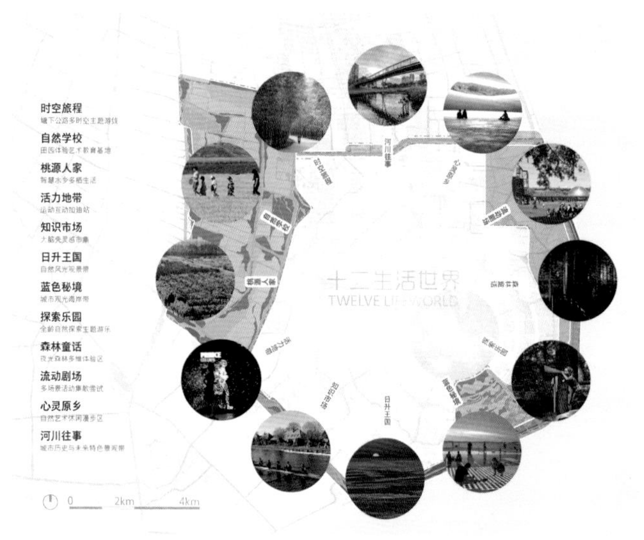

引力环（SWA Group）

方案以“引力环”为设计概念，围绕风、水、人、鸟四条主线，通过绿道串联自然引力、人文引力和引力平衡三大空间类型，实现“风和水孕，人居鸟栖”的共同愿景。

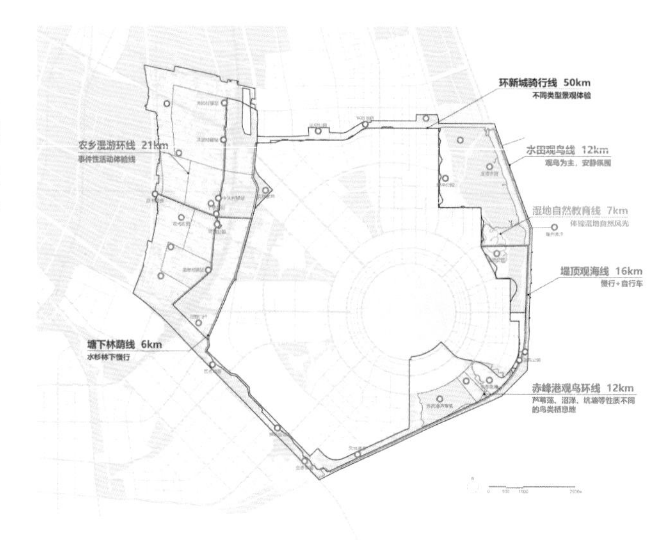

4.4 专项规划与先行启动段实施方案

4.4.1 新城绿环总体格局

五个新城绿环专项规划是通过综合各新城绿环国际方案征集成果、现状资源禀赋和环境特点，构建蓝绿交织、田园共生、清新明亮、城乡融合的新城郊野绿环画卷，并分别提出各具特色的“一环一意向”。根据五个新城绿环的空间特色，并按照范围由大至小，将五个新城绿环依次划分为主带、主环、主脉三个带状空间（以下简称“三带”空间），最终，形成“54113”的绿环总体格局。“5”是指五个新城；“4”是指每个新城约 40 公里左右长新城绿环；“1”是指每个新城绿环约 100 米宽空间贯通主脉；“1”是指每个新城绿环约 1 公里宽蓝绿交织主环；“3”是指每个新城绿环约 3 公里宽城乡融合主带。

1. 主带——城乡融合带（约 3 公里宽）

主带衔接行政村边界，并综合考虑周边地区功能联动和风貌协调后划定，是统筹田、水、路、林、村空间布局和用地安排，落实乡村振兴战略、推进城乡统筹发展的主要地区。

2. 主环——蓝绿交织带 (约 1 公里宽)

主环紧邻各新城，以水路为边界划定，以塑造蓝绿为基底的大地景观为导向，适当植入少量配套服务功能，形成各具特色的东西南北四个条段和多个门户区段。主环是新城绿环内推进林地建设、疏通水系的重点地区。

3. 主脉——空间贯通带（约 100 米宽）

主脉是主环内依托重要水系划定的主贯通空间，充分利用现状林水空间和已建成绿道综合设置骑行道、跑步道、慢行道和船行道等贯通道，是新城绿环内主要的郊野游憩空间和标志性绿道。每个新城规划主脉总长度约 40 公里。

4.4.2 嘉定新城规划方案

1. 总体说明

嘉定新城绿环通过构建“双心引领、三轴联动、四水环绕、六节点、四角点、十单元”的空间结构，以嘉定老城和新城远香湖城市客厅双心为引领，形成娄塘河、盐铁塘、蕰藻浜、罗蕰河四水环绕格局；强化紫气东来、横沥河、练祁河三轴联动；在与绿环交汇处形成六个门户节点：创客森林、稻梦空间、竞速之森、十字渡口、低碳花园、葡园胜景，在绿环四角形成四个重要角点空间：生息谧境、千亩茂林、水田乡依、阡陌乡野。全环划分为十个单元，形成十种特色风貌。依托新城重要轴线，形成生态智谷、郊野游憩、体育竞游、低碳生活、生态农艺、人文乡居六大功能区段，突出生态优先、强化郊野特色；尊重文化基因、体现地域特色；关注民众需求、打造体验特色；加强区域联动、协调功能特色。

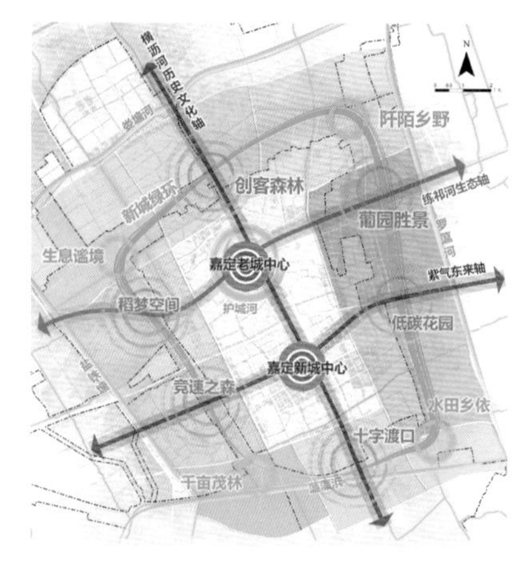

嘉定新城绿环空间结构图

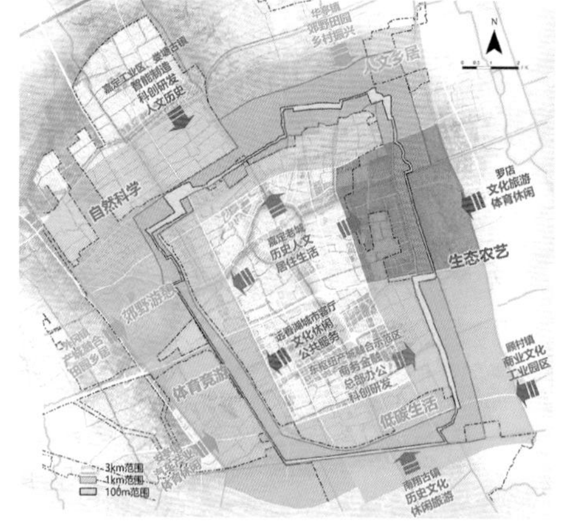

嘉定新城绿环功能分段图

2. 空间意象——绿动光环

基于嘉定新城环廊相连、绿蓝纵横、一城三片、古今芸萃的区域特征和亘古通今、大气规整、双轴簇心的新城形象，在嘉定双十字加环的结构基础上，丰富新城环廊贯通、轴心引领、五片融合的空间内涵，演绎森林绕、古今荟、教化城的城市意象，打造联动城乡板块、彰显地域风貌的绿动光环。

嘉定新城绿环空间意象图

3. “三带”空间划分

3 公里主带——城乡融合带

主带北至宝钱公路，南至嘉绣路，西至盐铁塘，东至沪崇高速—罗蕰河，总面积约 153 平方公里。

1 公里主环——蓝绿交织带

主环北至城市开发边界——绿意路，东至大安路—练祁河—云长泾，南至蕰藻浜，西至世盛路—练祁河—漳浦—城市开发边界，总面积约 34 平方公里。

100 米主脉——空间贯通带

主脉绿道贯通总长度约 45 公里。规划绿道宽度为 4 ～ 6 米，总面积约 3.7 平方公里。

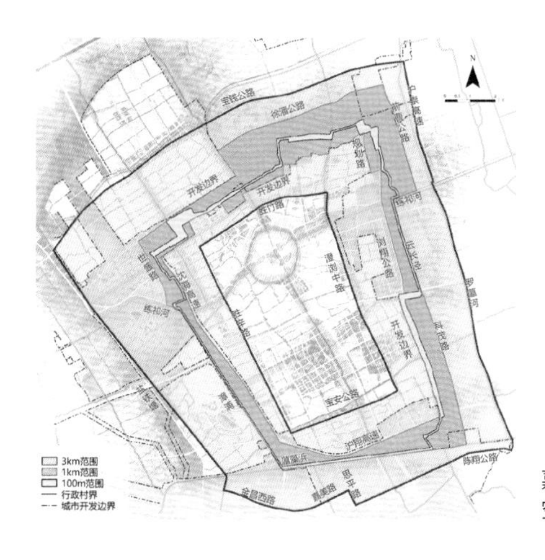

嘉定新城绿环“三带”空间范围示意图

4. 重要节点设计

为强化嘉定新城双十字轴线结构，强化生态资源特色，打造生态功能极核，在轴线与新城绿环的交汇空间形成特色门户节点。聚焦创客森林、阡陌乡野、葡园胜景三个现状资源有特征、基础好且实施性强的重要节点，打造各具特色的郊野休闲游憩空间。本书展示的为葡园胜景节点。

葡园胜景节点东至罗蕴河，西至倪家浜，北至徐潘路，南至嘉戬公路，面积约 13.6 平方公里。设计深入挖掘马陆葡萄产业文化和本地农林资源，打造葡园水径、嘉源乡野、徐行生态林等一系列农艺特色体验节点，营造特色葡萄产业景观和农林活动体验，旨在形成产景交融、共享的农业艺术亮点景观。

葡园胜景效果图

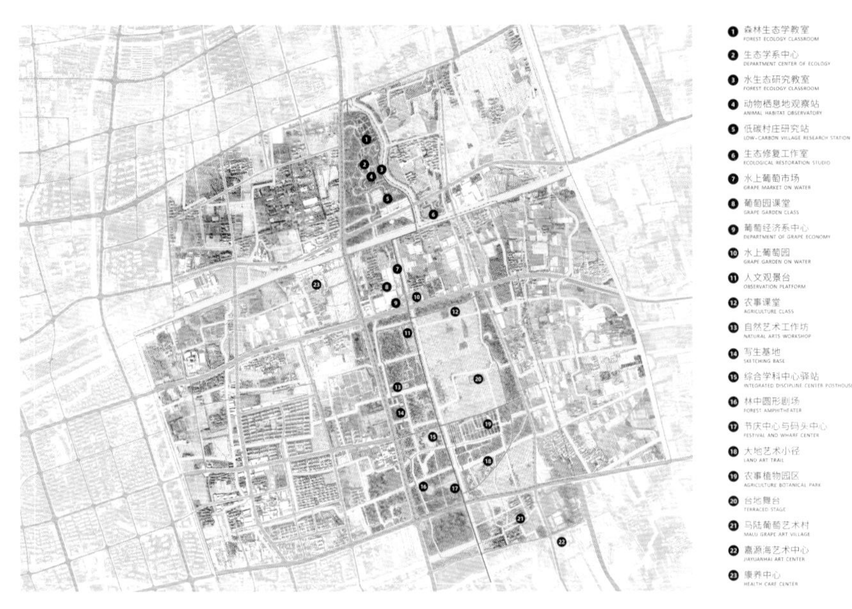

嘉定新城绿环重要节点——葡园胜景平面图、效果图

5. 先行启动段实施方案

实施方案聚焦绿环西北象限。自南向北由漳浦连接长浜，形成一条连续的主水环，串联郊野公园、智慧秀林、创客森林三大空间单元，贯通长度约 10 公里，重点围绕启动段整体空间以林地密布、河网纵横为主的场地特征和特色挖掘。在林绿融合的主环空间，结合水脉及贯通道，实现在森林水岸的畅游穿行，结合多元使用功能植入，形成生态效益提升、多元活力汇聚的公共开放空间。

嘉定新城绿环
先行启动段实施方案
总平面图

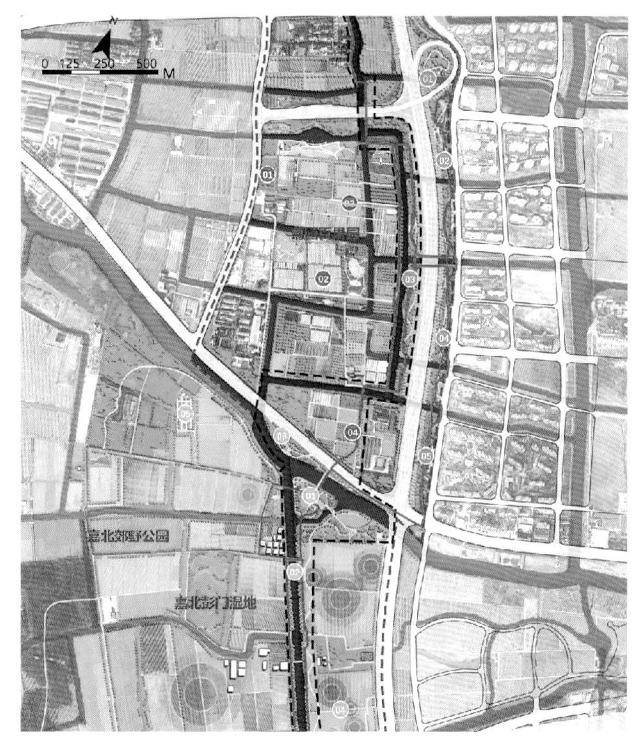

嘉定新城绿环郊野公园单元总平面图、效果图

郊野公园单元

郊野公园单元南起嘉安公路，北至胜竹西路，总面积约 1.59 平方公里。场地以郊野农艺主题为风貌特征，结合地形河网梳理，形成以南北向串联场地的主水环，结合两岸林田肌理形成独特的郊野环境特色，融合现状场地原有生产及游憩功能，进一步提供自然郊野与农艺风光的融合体验。

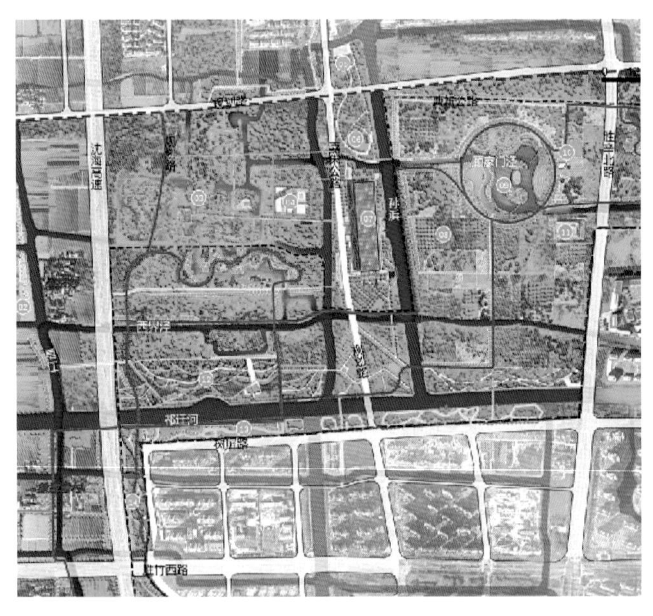

嘉定新城绿环智慧秀林单元总平面图、效果图

智慧秀林单元

智慧秀林单元西至世盛路，东至胜辛北路，北至曹新公路，南至胜竹西路，总面积约 2.37 平方公里。空间聚焦挖掘嘉宝片林的本底空间优势，融入生态游憩和自然探索功能。核心以中央公园提供商业服务设施，西侧提升现状水系，形成湿地聚集片区；东侧植入大师园，形成森林片区中的点睛游园片区。

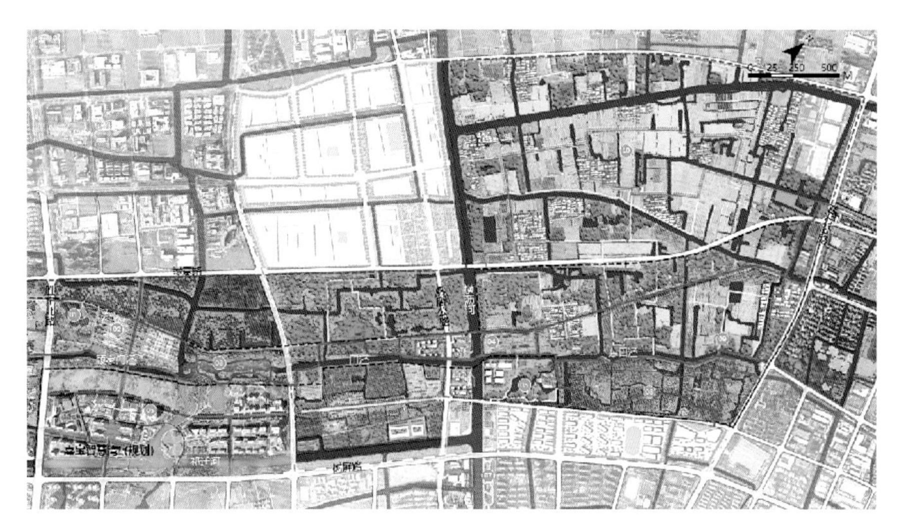

01 林荫水岸
02 百叶集市
03 湖光岛链
04 门户水岸
05 丰德园（现状）
06 嘉宝智慧湾（规划）
07 北水湾体育公园（现状）
08 枫林道
09 水云居
10 水陌田园

嘉定新城绿环创客森林单元总平面图、效果图

创客森林单元

创客森林单元西至胜辛北路，东至嘉行公路，北至战斗公路，南至昌徐路，总面积约 6 平方公里。聚焦核心区域，结合横沥河交汇的十字水系形成门户水岸，结合嘉宝片林形成水上森林等主要节点；依托现状森林基底，增加群落色彩，植入科普宣教等体验活动，形成四季多彩的本土森林景观。

4.4.3 青浦新城规划方案

1. 总体说明

青浦新城绿环构建“青浦之心、多彩岛链、蓝绿叠合、环轴联动、四边六段九节点、十单元”的空间结构。以青浦之心为新城中心，串联新城多彩岛链，落实青浦新城“水陆叠合，上字水轴”总体城市设计意象，延续新城棋盘水网格局，构筑蓝绿交融的水城品质，联动东大盈港发展轴、上达河发展轴、淀浦河发展轴。衔接青浦及周边地区自然功能，形成北田、东港、南林、西塘四个差异化特色方向，田野郊野段、田园村落段、文化展示段、生态森林段、湖荡湿地段、农业生态段六个主题分段。在轴线交汇和四边交汇处形成九个节点，划分为十个单元，形成独特的风貌。

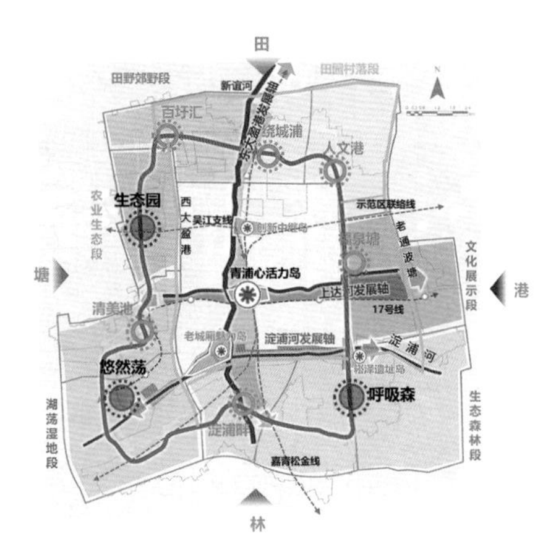

青浦新城绿环空间结构图

青浦新城绿环单元划分示意图

2. 空间意象——青美水环

强调青浦地区作为历史太湖流域、江南低洼水乡的自然基底，延续水田林自然特色与江南“圩区”智慧，结合四边自然特征，构建“依水而生、圩水相依、环游林田”的空间特色。以主脉为核心，通过辅环及特色小环的贯穿，延续新城水网格局，构筑蓝绿交融品质，奏响乐活、自然、人文之律动。

青浦新城绿环空间意象图

3.“三带”空间划分

3 公里主带——城乡融合带

主带北至新谊河，南至小港等，西至上海市行政边界—朱昆河，东至老通波塘—漕港河等，总面积约 149 平方公里。

1 公里主环——蓝绿交织带

主环北至沪常高速—潘家浜—王淀泾等，南至张方江—三官塘—长相泾—南湾河—西安桥河等，西至上海市行政边界—朱昆河—新塘江—沿家港等，东至崧华路，总面积约 57.6 平方公里。

100 米主脉——空间贯通带

主脉贯通道总长度约 46 公里。规划绿道宽度为 4~6 米，总面积约 7.4 平方公里。

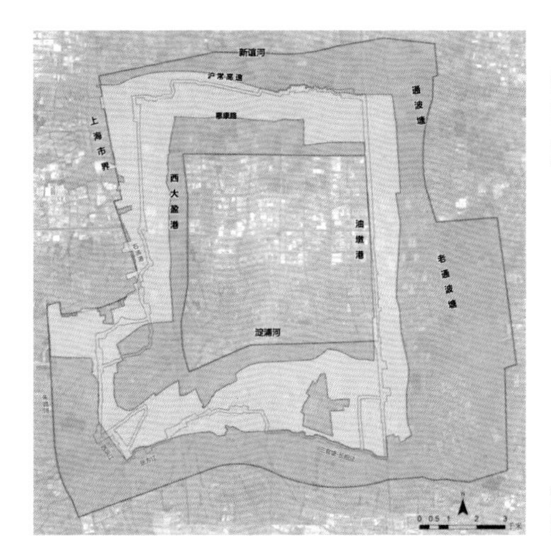

图例

3 公里主带

1 公里主环

100 米主脉

青浦新城绿环“三带”空间范围示意图

4. 重要节点设计

基于青浦新城绿环的现状资源特色，突出绿环生态环境优势，打造生态功能极核，在绿环的空间转折处形成特色门户节点。聚焦呼吸森、悠然荡、生态园三个现状资源有特色、基础好且实施性强的重要节点，打造各具特色的郊野休闲游憩空间。本书展示的为呼吸森节点。

呼吸森节点北起沪青平公路，南至崧华南路，西起油墩港，东至漕港河，面积约为 7.7 平方公里。以密集的林地为特色，打造“青林探野、浦水溯源”的生态绿森，创造绿、水之间相互交融的多级景观体验，着重通过生态修复手段打造人与自然和谐的生态系统，加强疏林、润水、引风入城，改善城市环境，构建全民积极参与的森林郊野乐园。

青浦新城绿环重要节点效果图

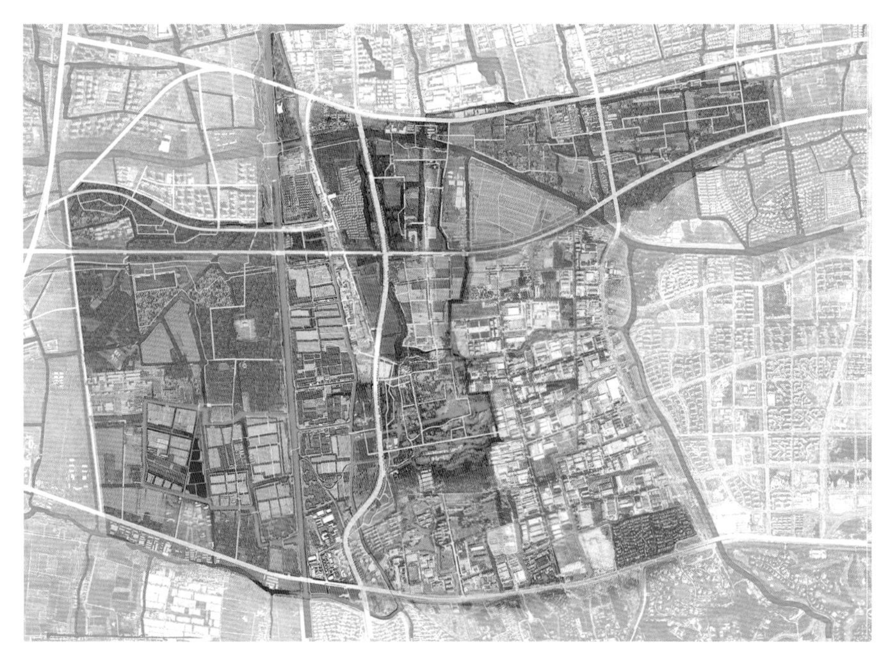

青浦新城绿环重要节点——呼吸森平面图

青浦新城绿环先行启动段实施方案总平面图

5. 青浦新城绿环先行启动段方案

青浦新城绿环把握“青水林田”的总体特色，先行启动段主要聚焦绿环西段，贯通道长约 12 公里，以“碧网岛链，稻浪水乡”为主题，依环境特色由南而北分为：青美湿地、山海之链、水村原乡三个特色段落，景观元素丰富，近聚居片区，突出生态优先、强化郊野特色，尊重文化基因、体现地域特色，关注民众需求、打造体验特色，加强区域联动、协调功能特色。

1. 文化设施及企业总部
2. 休闲商业区
3. 星级酒店
4. 商业及体育活动
5. 会议中心
6. 滨水大剧院
7. 湖荡客厅
8. 开放森林
9. 线性花园
10. 入口广场
11. 湿地休憩空间
12. 休闲广场

青浦新城绿环青美湿地总平面图、效果图

青美湿地

青美湿地南起淀浦河，北至淀山湖大道，西至港周路，东至新开泾，总面积约 1.18 平方公里，位于启动区段南侧，充分考虑与青浦新城的关系，使其与城市形成互动共生的关系。具体以三分荡优质生态基底为依托，打造蓝绿交织、复合休闲娱乐功能的近自然滨湖湿地空间。并在尊重原生态的前提下结合自然适宜地开发利用，同时引入文化、商业、旅游等元素，为乡村振兴和可持续发展赋能。

1. 山海桥村
2. 亲水平台
3. 养殖鱼塘
4. 大师园
5. 口袋公园
6. 新增桥梁
7. 绿色隧道
8. 林间栈道
9. 开放森林
10. 薛家湾村
11. 休闲鱼塘
12. 郊野田园

青浦新城绿环山海之链总平面图、效果图

山海之链

山海之链南起新塘港，北至盈朱路，西至八间头村，东至新河港，总面积约 2.14 平方公里。依托山海桥村、薛家湾村的村落基础，复合周边林、水资源，形成生态综合体。设计以林塘为特色，打造郊野田园氛围的自然生态空间。具体空间结构形成“一带、二园、五岛”的空间布局。

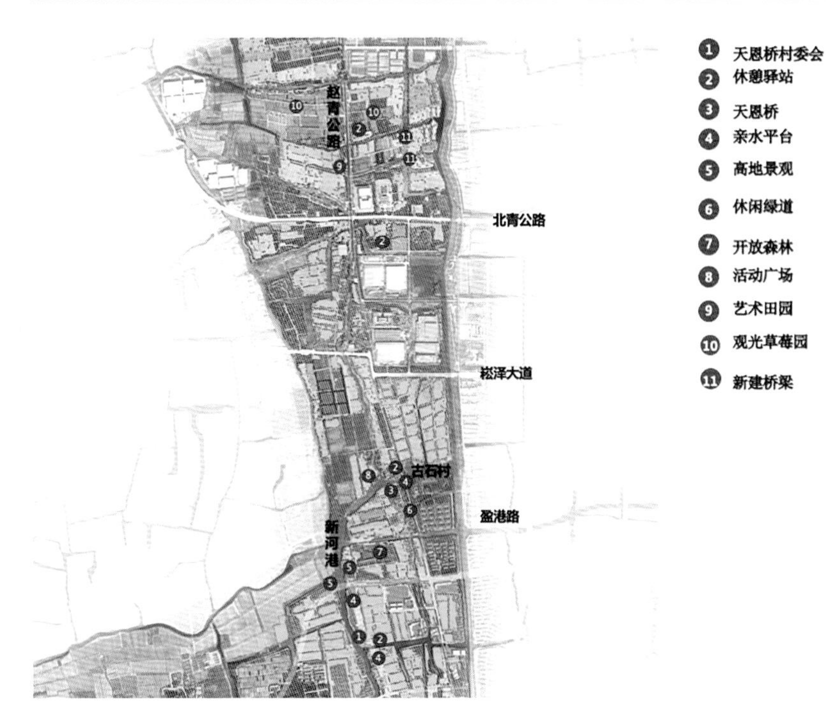

青浦新城绿环水村原乡总平面图、效果图

水村原乡

水村原乡南起盈朱路，北至北青公路，西至上海市界，东至西大盈港，总面积约 3.44 平方公里。以江南圩田的景观特色著称，其间点缀的村落宅基与田、林、水复合一体，具有较好的风貌特色。设计以现有村落为基础，打造水乡圩田郊野景观。

4.4.4 松江新城规划方案

1. 总体说明

松江新城绿环与新城嵌套融合，共同构建“山水入城、双环双心、十字廊轴”的总体空间格局：外部新城绿环，内部依托沈泾塘、通波塘、张家浜、人民河等自然河道，构筑集生态景观、公共活动、历史文化、多元功能于一体的活力水环、松江枢纽公共中心、中央公园公共中心、长三角 G60 科创走廊、嘉松发展轴。绿环内形成“四段、三节点、十二单元”的空间结构。基于资源禀赋，形成低碳科技、城郊田园、历史人文、体育休闲四大功能分段；聚焦绿环与十字廊轴、生态廊道交汇区域，形成彩林门户、浦江之首、松南城畔三个重要节点。北望佘山、南达浦江，经油墩港和洞泾港，串联松郡九峰、彩林门户、云麓小镇、松南城畔、塔汇森林、浦江之首等特色区域，划分为十二个单元，形成不同主题风貌。

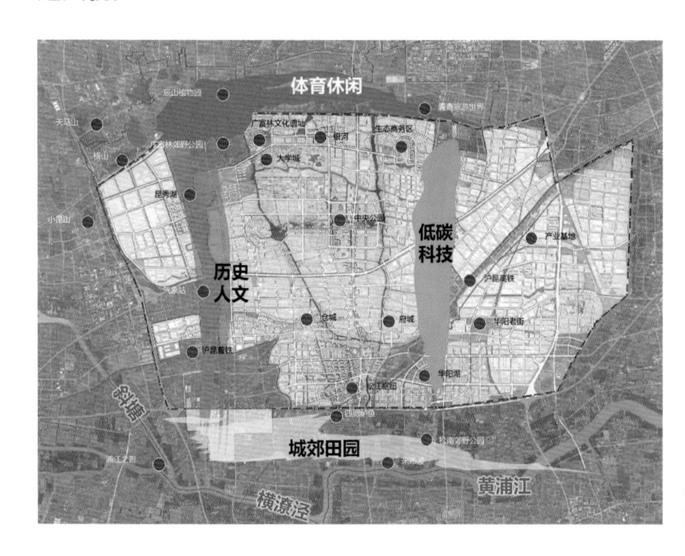

松江新城绿环功能分段示意图

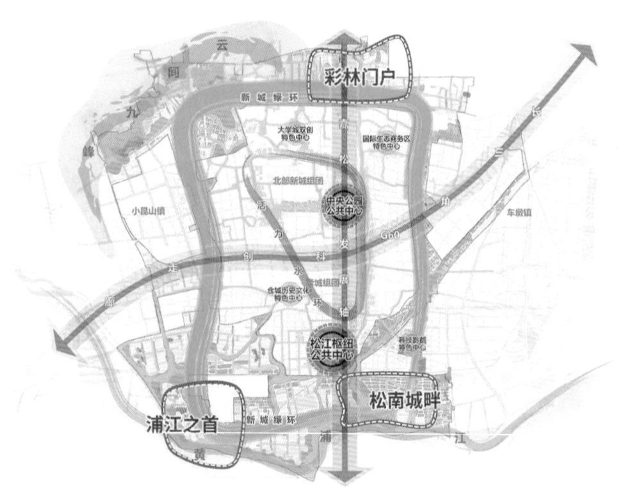

松江新城绿环空间结构图

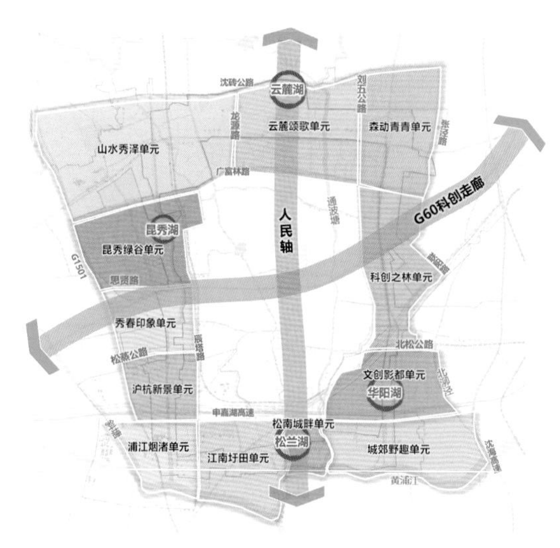

松江新城绿环功能划分图

2. 空间意象——山水云环

基于松江新城“北山、南水、东林、西田”的整体自然格局特征、丰富深厚的人文历史资源底蕴，提出“山水云环”的总体空间意象，打造山水为底、蓝绿与共、人民向往的松江新城绿环。通过理水、育林、整田等手段构建生态之环，通过绿道贯通、城环相融、设施赋能等策略塑造人文之环，通过承载新功能、营造新场景打造创新之环。

松江新城绿环空间意象图

3.“三带”空间划分

3 公里主带——城乡融合带

主带北至沈砖公路，东至张泾路—洞宁路—中创路—联阳路—北泖泾，南至黄浦江，西至斜塘—绕城高速，总面积约 132.6 平方公里。

1 公里主环——蓝绿交织带

主环范围以沈砖公路、辰花公路、中凯路、松卫北路、盐平支路、塔汇公路、洞泾港、向阳四号河、新春 1 号河、长兴港、东胜港、百花港等水、路为边界划定，总面积约 40.8 平方公里。

100 米主脉——空间贯通带

主脉范围主要沿油墩港、洞泾港、百花港、孙家河、庵江等主要河道和水系划定，长度约 45 公里，总面积约 6.7 平方公里。

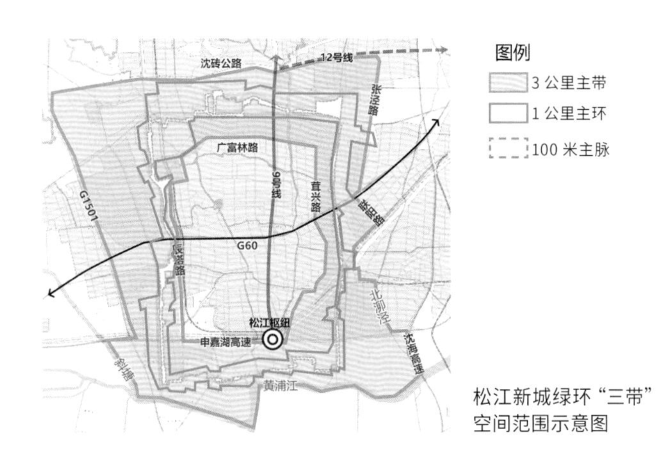

松江新城绿环“三带”空间范围示意图

4. 重要节点设计

聚焦松江新城绿环和新城内主要空间发展轴线交汇区域、新城重要出入口、示范样板区相邻区域，聚焦特色节点区域，集中打造各具特色的郊野休闲游憩空间，承载新城环城生态公园带功能。共选取三个重要节点，包括北部的彩林门户、南部的松南城畔和西南部的浦江之首，本书展示的为松南城畔景观节点。

松南城畔节点北至申嘉湖高速公路、南至黄浦江、东至松卫北路、西至毛竹港，总面积约 7.6 平方公里。打造松江枢纽功能辐射区，泖田湿地生态展示区，实现面向松江枢纽，出站即郊野，形成绿环画卷的对外展示窗口。

松江新城绿环重要节点——松南城畔平面图、效果图

5. 松江新城绿环先行启动段实施方案

松江新城绿环启动段聚焦绿环的北段、东段和西南象限的集中造林片区，实施范围从佘山脚下出发，以“绿环串珠”向南串联辰山植物园、广富林郊野公园和广富林文化遗址，再沿银河向东向北贯通，在绿环的北段和东段分别形成富林花岛、山麓教堂、彩林门户和月季园四个大师园，同时结合油墩河谷和黄浦江上游水系在绿环西南部打造集中造林片区，形成“塔汇森林”大师园。启动段规划布局特征为“一段 + 一片”，总贯通距离为 18.1 公里。其中“一段”为北部和东部的综合贯通示范段，包括城野田园、云麓彩林、松城水岸三个特色景观段；“一片”为集中造林片区。依托丰富的自然山水资源和人文禀赋，突出生态优先、强化郊野特色，尊重文化基因、体现地域特色，打造山水为底、蓝绿与共、人民向往之环。

松江新城绿环先行启动段实施方案总平面图

松江新城绿环城野田园段总平面图、效果图

城野田园

北至沈砖公路，南至辰花路，西到辰山中心河，东到人民北路，总面积约 4.7 平方公里。突出乡村文旅的郊野特色，以“记忆中的诗意之歌”为设计主题，充分利用现有大片优质农田，结合地形梳理、河道整治工作，形成北部环上最具乡野韵味的林田景观，体现对原乡记忆的保留和现代乡村文旅风貌的重塑，进一步提供自然郊野与农艺风光的融合体验。

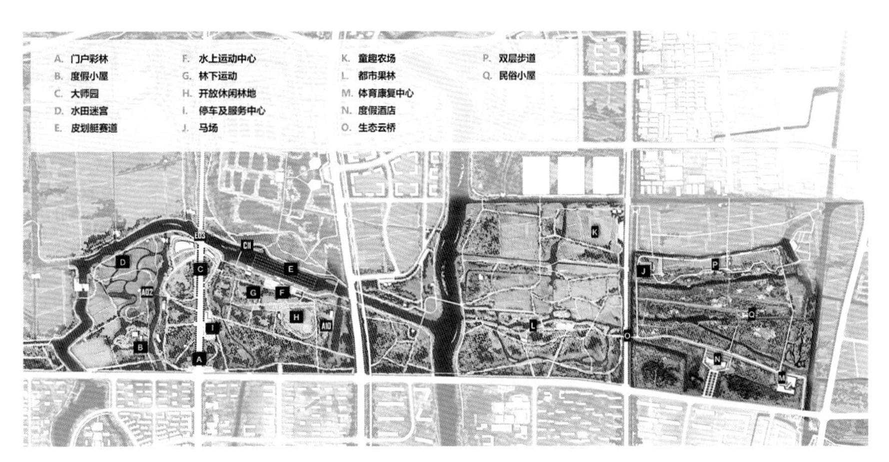

松江新城绿环云麓彩林段总平面图、效果图

云麓彩林

北至百花港—砖新河，南至辰花路，西到塘湾里，东到洞泾港，总面积约3.5平方公里，依托百花港开放林地，为空间赋能。以“年轮 & 生长”为主题，演绎“林之声”，塑造大地绿脉林下运动场所、百花港休闲水上活动中心、年轮嘉年华、露营基地等活力空间，组织森林派对。新增林地和既有林提升，注重当地乡土植物和表现良好的新优品种应用；保留现有背景林，与周边绿地形成冠幅连绵、冠下通透的新增育林区；合理搭配建群种、伴生种，乔、灌、草相结合，最后达到近自然林营建的目标。

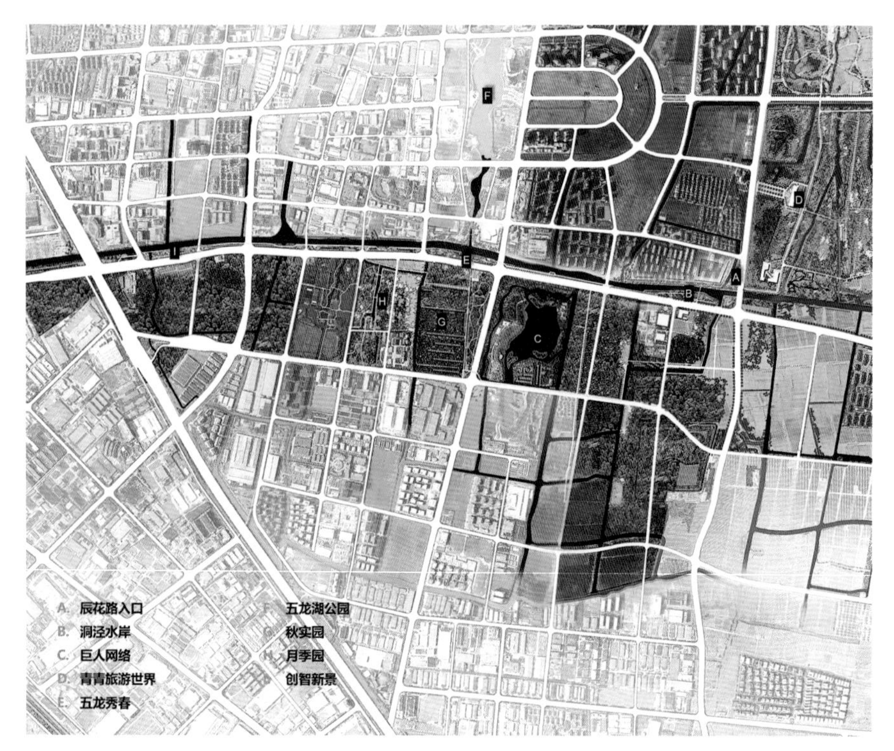

松江新城绿环松城水岸段总平面图、效果图

松城水岸

北至砖新河，南至 G60 沪昆高速，西到洞泾港西岸，东到中凯路，总面积约 4.9 平方公里，以“活力四射的城市交响”为设计主题，体现了城市水岸生活特色和丰富多彩的滨江活动空间魅力。

4.4.5 奉贤新城规划方案

1. 总体说明

奉贤新城绿环通过构建“一核双环四界面、九宫方城十二域”的空间结构。在上海之鱼和南上海中央公园生态核心引领下，以约 50 米宽的人民之环和约 100 米宽的绿环贯通主线作为新城绿环的核心空间，形成“北江、西田、南海、东园”的空间四界面，划分农艺公园、大地美仓、花米港湾、梦泽冈身、绿野仙踪、光明寻古、十里桃源、桃源水街、田园三村、森林小镇、万亩良田、畅意水岸等十二个主题功能单元。

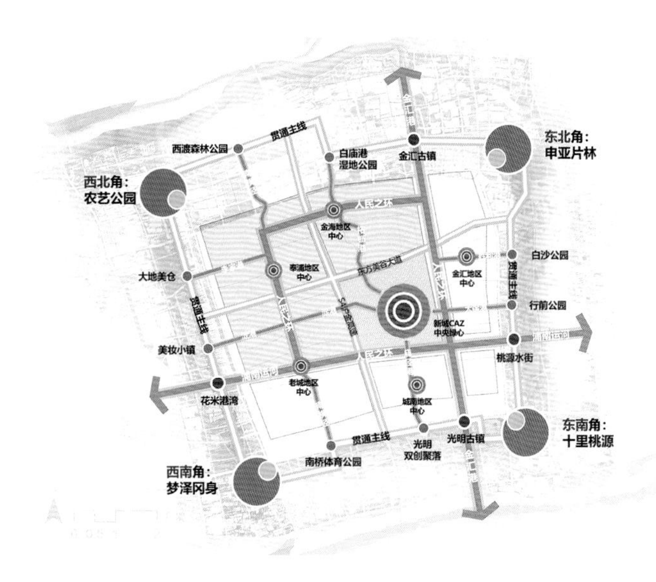

奉贤新城绿环
空间结构图

2. 空间意象——贤荟花环

基于奉贤新城九宫方城的城市空间特征，“北江、南海、东园、西田”的整体自然格局以及丰富深厚的人文历史资源底蕴，提出 " 贤荟花环” 的总体空间意象，打造环绕九宫方城、拥抱江海田园、实现三生融合的奉贤绿环。通过理水、育林、整田等手段构建生态之环，通过绿道贯通、城环相融、设施赋能等策略塑造生活之环，通过承载新功能、产业发展联动打造生产之环。

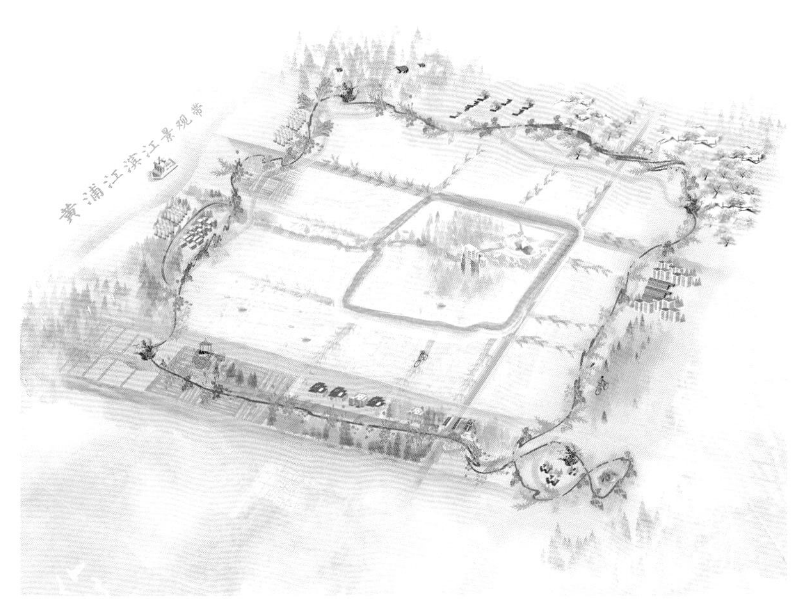

奉贤新城绿环空间意象图

3. “三带”空间划分

3 公里主带——城乡融合带

主带北起黄浦江，南至平庄西路，西起浦卫公路，东至沿浦公路，总面积约 120 平方公里。

1 公里主环——蓝绿交织带

主环北起西闸公路—金海路—金庄公路，南至平庄公路—光建路，西起南沙港，东至规划道路，总面积约 65 平方公里。

100 米主脉——空间贯通带

主脉主要沿鱼塘港—大新河—新杨河等 21 条河流布局，总长度约 45 公里，总面积约 6.9 平方公里。

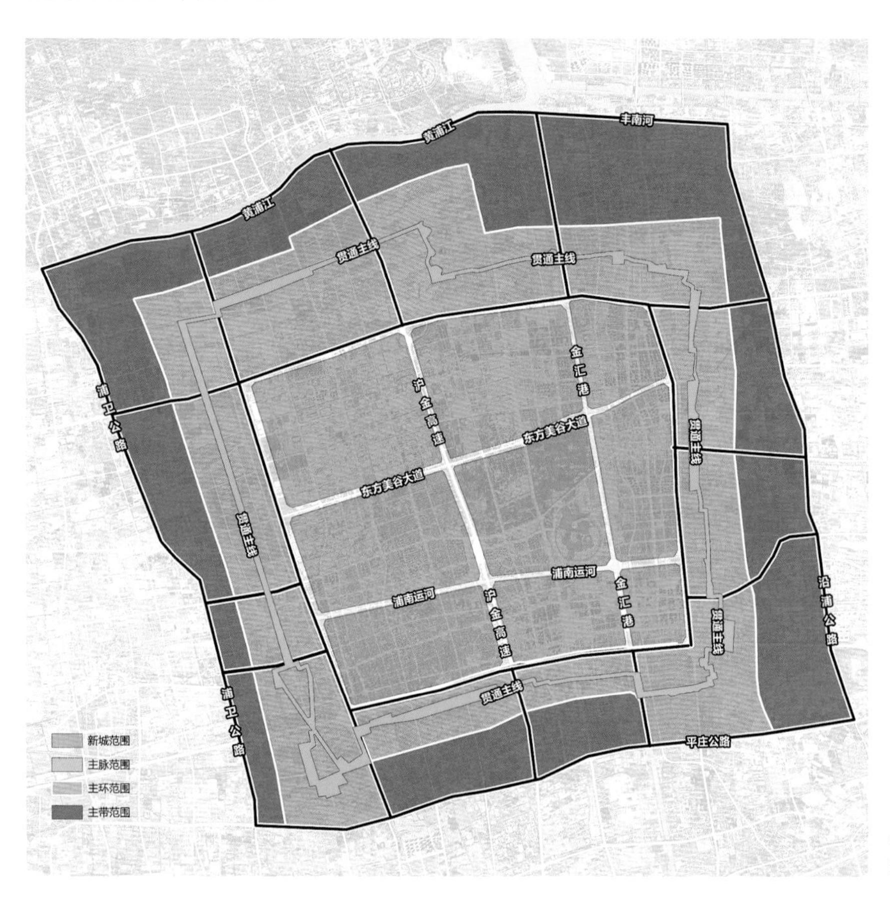

奉贤新城绿环“三带”空间范围示意图

4. 重要节点设计

强化奉贤新城绿环西面独特的水系生态肌理，聚焦大地美仓、花米港湾、梦泽冈身三个现状资源有特征、基础好且实施性强的重要节点，共同描绘川流不息、三生融合的新江南乡村长卷，打造各具特色的郊野休闲游憩空间。本书展示的为梦泽冈身节点。

梦泽冈身节点位于绿环西南部，设计范围北起规划道路，南至平庄西路，西起南沙港，东至南竹港，总面积约 6.1 平方公里，空间以田园湿地为主要风貌特色，是江海古文化遗址所在地，定位为冈身文化展示地，城市韧性承载基。设计深入挖掘冈身内涵，强化“8”字形水系特征，打造南北两片“水上之洲，心心相印”的空间意象，通过空间序列讲述自然演替—生存发展—文明演进—社会衍生—传承对话的冈身成陆历史，打造上海冈身遗址公园，再现时光流转，江海梦泽。

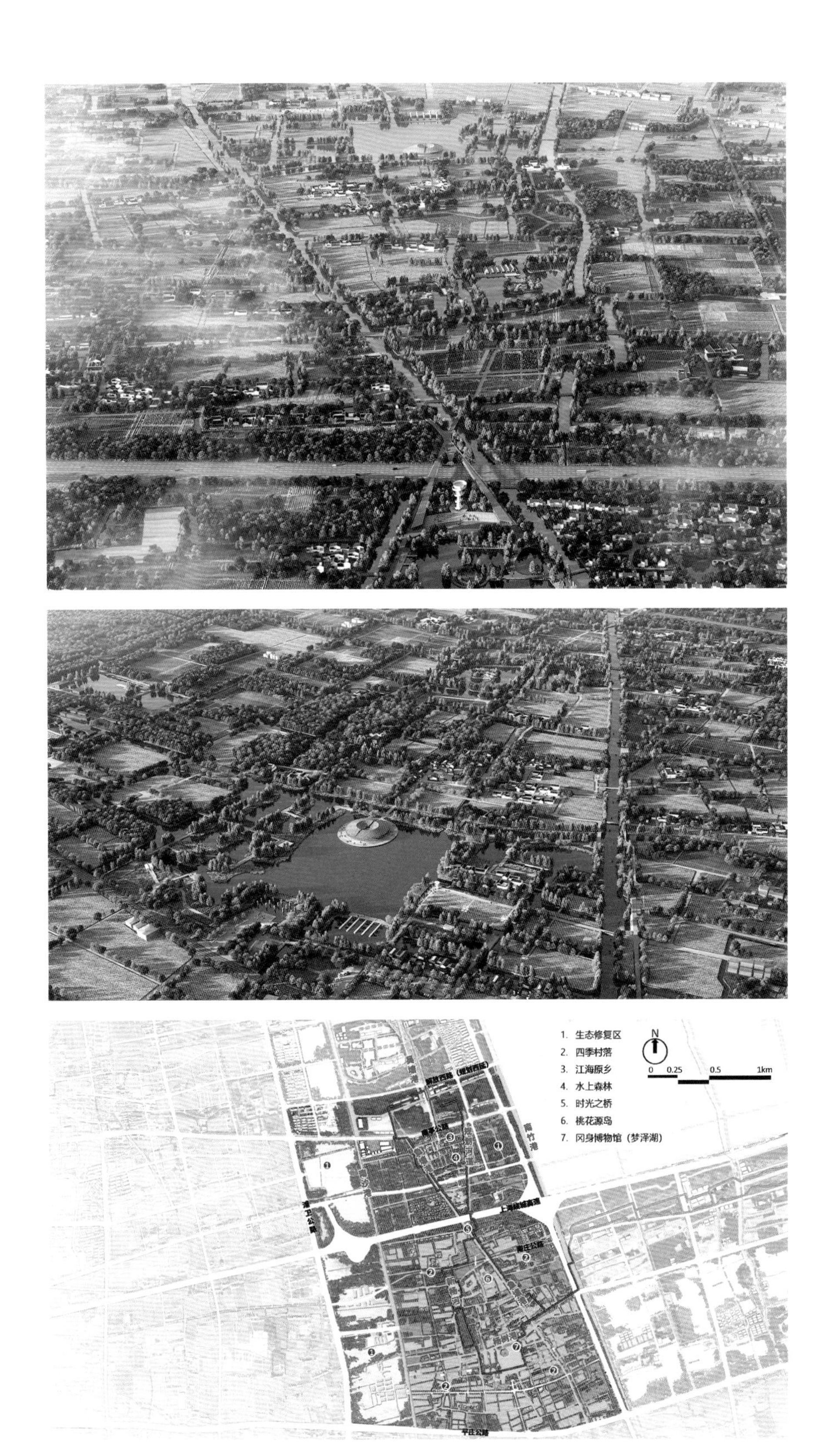

奉贤新城绿环重要节点——梦泽冈身平面图、效果图

5. 奉贤新城绿环先行启动段实施方案

先行启动段主要聚焦绿环西段，与上海成陆古冈身带空间区位重合，贯通道长约 12 公里，包括农艺公园、大地美仓、花米港湾、梦泽冈身四大单元。结合景观设计手法，展现贤文化，形成绿环冈身文化带。打造吴塘港新江南水乡冈身绿廊，展现“中轴礼序、川流不息”画卷；打造南竹港生境绿洲，形成滨水生态科普基地；打造南沙港活力绿绸，形成开放共享的郊野艺术森林。

奉贤新城绿环农艺公园单元总平面图、效果图

农艺公园

本单元位于南竹港、南沙港、吴塘港三条南北向河流纵贯入江的滨江源地，是田园大地景观的主呈现地，也是村野相融的郊野客厅。详细设计范围北起黄浦江，南至大叶公路，西起南沙港，东至南竹港，总面积约 5 平方公里，涵盖庄行镇浦秀村及南桥镇吴塘村。依托现状吴塘港两侧贯通，通过林地抚育及新造林，串联浦江涵养林、桃花廊庑、光辉湿地及农艺公园带等特色景点，打造冈身绿脊，设计大师园一处。对现状水岸宅基进行功能置换，打造集农艺体验、艺术创作及休闲慢活为功能的滨江源地区域。

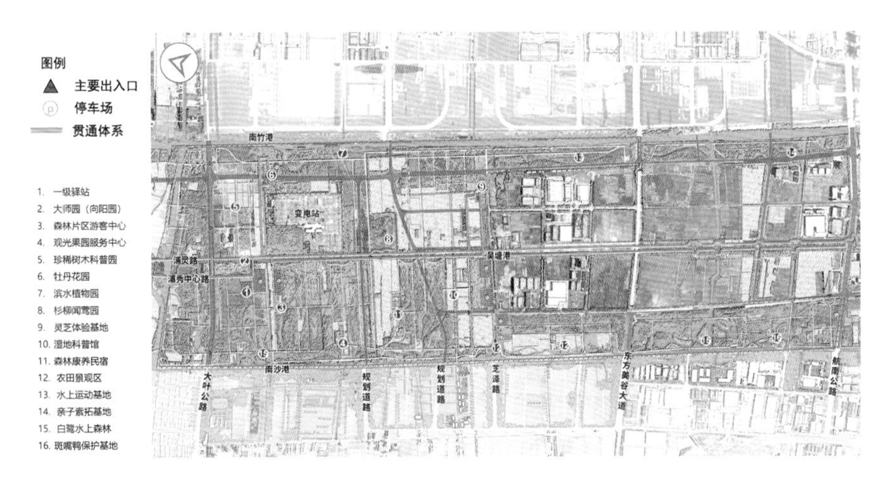

奉贤新城绿环大地美仓单元总平面图、效果图

大地美仓

本单元位于南竹港、南沙港、吴塘港三水纵贯的起承之地，也是田林交错的美谷花园。详细设计范围北起大叶公路，南至航南公路，西起南沙港，东至南竹港，总面积约 6.57 平方公里，涵盖南桥镇吴塘村、灵芝村及华严村。贯通道依托现状吴塘港两侧贯通，空间上延续冈身绿脊中轴序列，打造若干核心生态修复展示空间。通过林地抚育及新造林，整合坞桥珍稀树木科普园及明代牡丹园特色植物资源，设置慢行支线串联园区滨水绿带及华严村旧址等节点。

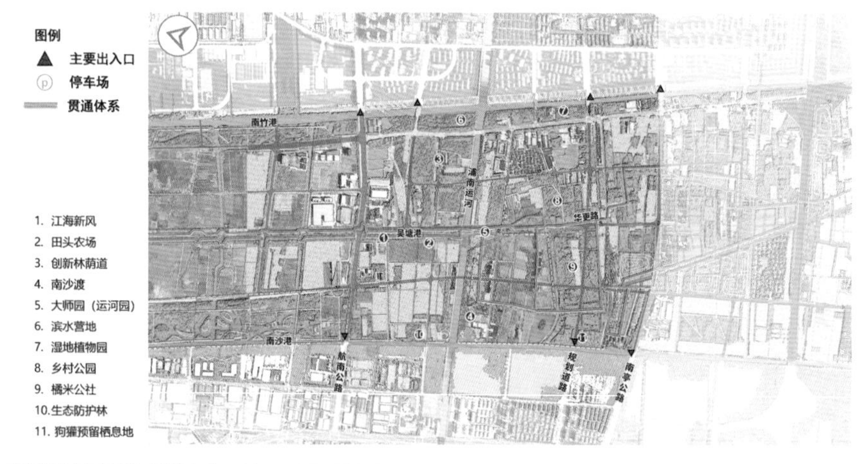

奉贤新城绿环花米港湾单元总平面图、效果图

花米港湾

本单元位于南竹港、南沙港、吴塘港三水纵贯的转合处，浦南运河城市段的起点，宜农宜旅的新乡村会客厅。详细设计范围北起航南公路，南至规划道路，西起南沙港，东至南竹港，总面积约 2.4 平方公里，涵盖南桥镇华严村及江海村。沿浦南运河两侧打造江海文化客厅，强化商业服务功能，通过低效建设用地减量化造林，促进生态效益增长。贯通道依托现状吴塘港两侧贯通，带动沿线公共服务空间开放共享，设置慢行支线串联橘米公社等乡村振兴功能项目。

奉贤新城绿环梦泽冈身单元总平面图、效果图

梦泽冈身

本单元位于圩田森林的古冈身带遗迹，是江海文化的集中体现地。设计范围北起规划道路，南至平庄西路，西起南沙港，东至南竹港，总面积约 7 平方公里，涵盖南桥镇江海村及沈陆村。以鱼塘港和规划水系为依托形成“8”字环状水系，并以此为基础构建核心贯通空间。在“8”字水环内部形成江海原乡、时光之桥、桃花源岛、冈身梦泽四个核心功能节点，并设计大师园及云桥各一处。贯通道依托现状吴塘港、渔塘港、新杨河、杨树港及新开河道两侧贯通，串联两网融合教育基地、良渚博物馆、桃花岛、海马营地、碎石地公园、开心菜园及一品渔村等乡村振兴功能项目。

4.4.6 南汇新城规划方案

1. 总体说明

南汇新城绿环构建了“一环五段十单元十二寻”的空间结构，将全环划分为西部森林漫游段、西南科教水廊段、南部滨海文化公园段、东部滨海生态公园段和北部运河绿廊段等五大功能段，环绕主脉形成风舞林菲、水镜杉影、申港彩林、书香涵逸、秋水观澜、绿苇野径、海角浣尘、日升霞冠、白鹤仙踪、露泽栖鹄、静练水幕、花语如诉等十二个空间节点。

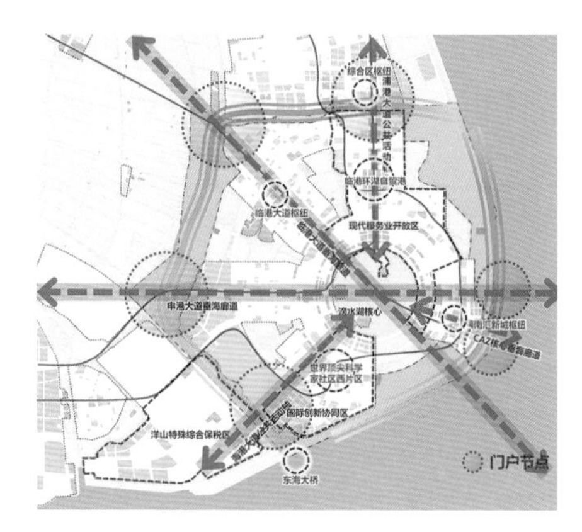

南汇新城绿环空间结构图

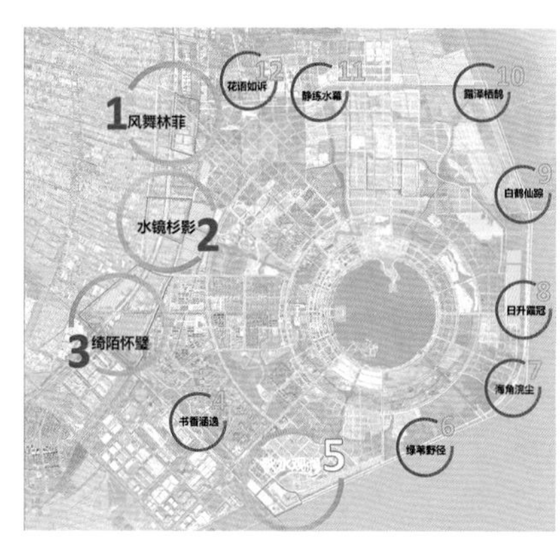

南汇新城绿环节点分布图

2. 空间意象——海上玉环

南汇绿环的总体目标是汇合自然、城市、人文三大要素，体现南汇精神，引领生态趋势，塑造城市活力。体现临港自贸区资源整合优势，兼顾向海和向城发展需求，打造无界融合的最美滨海郊野生态，城乡对话、面向未来的环城公共空间。

南汇新城绿环空间意象图

3.“三带”空间划分

3 公里主带——城乡融合带

主带范围涉及书院镇、泥城镇、南汇新城镇三个街镇，是由东大公路、老芦公路、常满路、世纪塘围合形成的环状区域，总面积约 55 平方公里。

1 公里主环——蓝绿交织带

主环范围西至白龙港，北至北护城河，东南至世纪塘，西南至芦潮引河内部至城镇开发边界及主要骨干道路水系，面积约 21 平方公里。

100 米主脉——空间贯通带

主脉空间贯通带沿人民塘随塘河、芦潮引河、世纪塘和北护城河设置，环线长度约 33 公里。

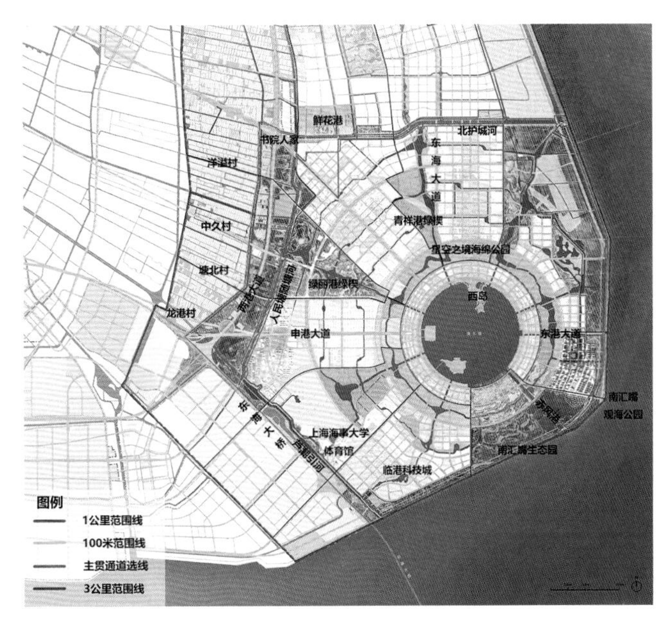

南汇新城绿环“三带”空间范围示意图

4. 重要节点设计

为强化南汇新城轴线结构关系，在轴线与新城绿环的交会处形成特色门户节点，同时强化楔形绿地向新城的生态链接，打造绿环生态功能极核，锚固绿环生态骨架，构建城乡联动的生态之环。聚焦风舞林菲、水镜杉影、申港彩林三处资源特色突出、落地性强的节点，旨在打造各具特色的郊野休闲游憩空间。本书展示的为申港彩林节点。

申港彩林节点位于申港大道、两港大道等多条干道交会的新城门户区域，面积 2.66 平方公里。设计提出 " 筑林乐野” 的概念和“以林为脉，共栖城野”的定位，以森林为媒介，塑造电港大道门户视觉廊道和塘下林影景观慢行廊道，形成文化服务和乡野体验两个核心，打造“两环十径”慢行系。

重要节点效果图

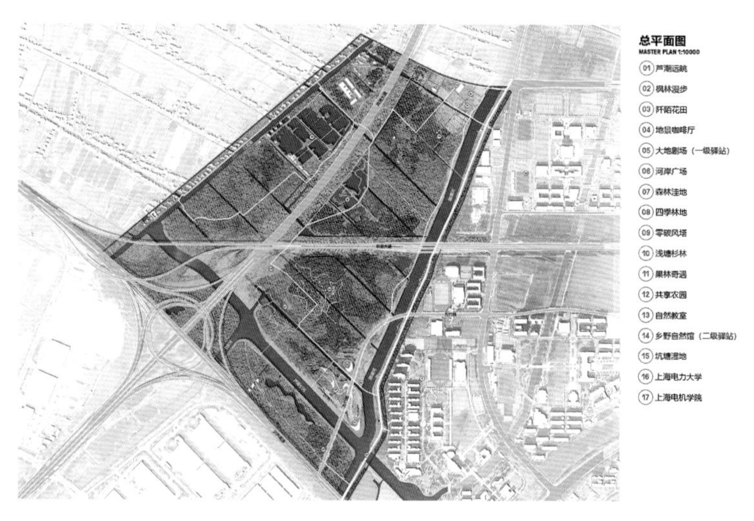

南汇新城绿环重要节点——申港彩林平面图

5. 南汇新城绿环先行启动段实施方案

南汇新城绿环先行启动段主要聚焦绿环西南段，包括西侧沿人民塘随塘河的西部森林漫游段和西南侧沿芦潮引河的科教水廊段，贯通道长约 10 公里。沿线设置多个重要节点，以自然环境为本底，结合生态廊道串联并激活场地，形成城乡融合、体现乡土文脉的林水复合风貌，突出多维度的郊野游憩体验。

申港彩林位于芦潮引河北岸，人民塘随塘河西岸，蒋港南岸，两港大道东侧，面积 2.66 平方公里。设计通过堆山、理水、造林、点景等设计策略，模拟自然山水格局和全域贯通的绿道，打造具有趣味和变化的大地景观。通过起伏变换的空间关系，以近自然的植物群落为基底，营造多种游览路径的体验；以森林为核心，将艺术、知识科普、零碳建设融入体验环境中，真正实现人与自然和谐共处的林水郊野公园。

芦潮引河节点临河布置，北至随塘河，南至世纪塘路。全长约 4.46 公里，腹地宽度约 30~150 米（海事大学区域宽 150 米），总面积约 15.5 万平方米。沿线通过桥下下穿、新建浮桥、平交、新建步道等方式、打通堵点，结合腹地空间向游客及高校师生提供游憩与探索相结合的慢行游线，实现两岸从“背靠河”变为“拥抱河”的发展模式，促进人气的汇聚和活力的再生。

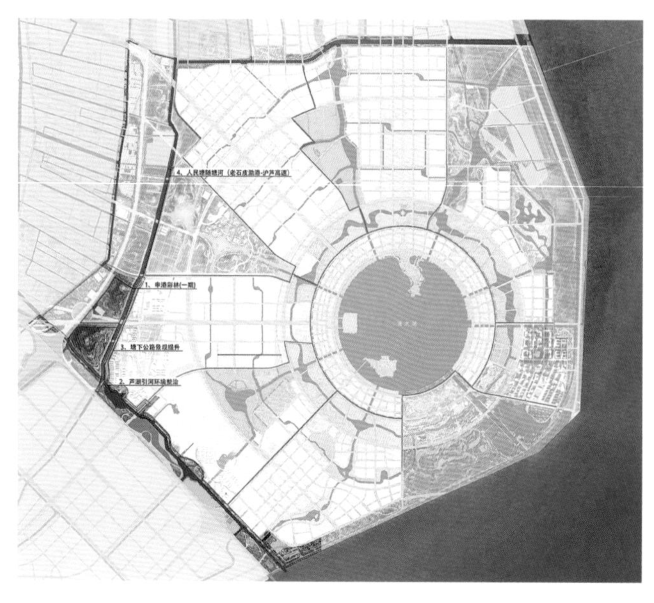

南汇新城绿环先行启动段实施方案总平面图

南汇新城绿环申港彩林节点效果图

南汇新城绿环申港彩林节点总平面图

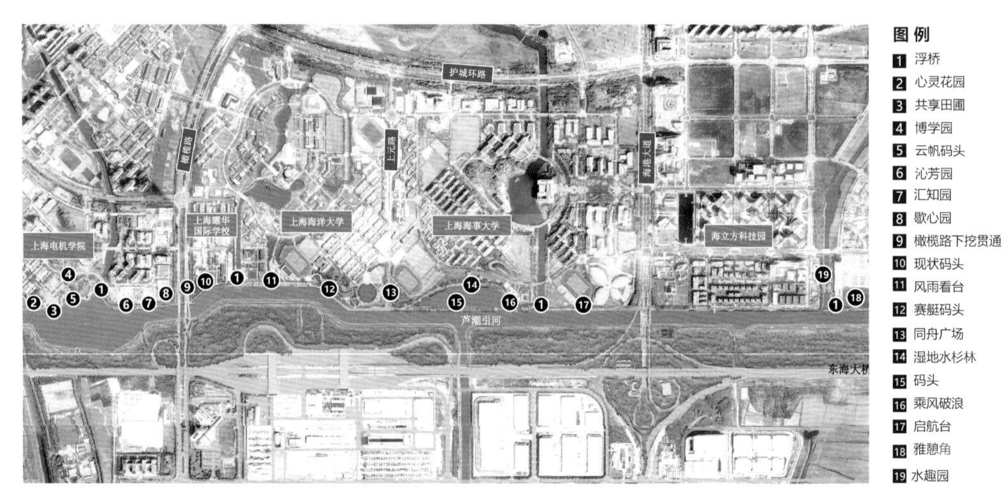

南汇新城绿环芦潮引河节点总平面图

4.5 大师园及云桥驿站设计

大师园及云桥驿站是点亮新城绿环的重要节点，是这条“绿项链”上的明珠。参与本次集成设计的大师团队既有全国工程勘察设计大师或省级大师、风景园林和建筑设计行业领军人才，又有全国知名高校风景园林专业学科带头人、境外知名设计机构的主创设计师，并在国内外都有落地建成的标志性作品。

在基地选址上充分衔接新城绿环专项规划、新城绿环实施方案等相关内容，按照交通区位便捷、景观要素交汇、蓝绿交织、城乡融合等原则，聚焦区域内“田、水、路、林、村、桥、驿”等空间要素，针对新城绿环启动段中的重要空间节点、配套设施等，进行前瞻性、创新性、多元化的创作设计。以期进一步彰显五个新城绿环的地域自然特点、历史人文特色、科普游憩功能，强化嘉定“绿动光环”、青浦“青美水环”、松江“山水云环”、奉贤“贤荟花环”、南汇“海上玉环”的空间意象，为五个新城绿环赋能添彩。

大师园设计范围平均约 5 万平方米，设计结合生态本底和特色资源禀赋，从整田、育林、理水、塑形、配套建筑、韧性安全、公共艺术等方面进行详细方案设计，营造主题鲜明、布局合理、生境多样、畅行漫游、配套完善的经典之作。云桥驿站的选址，邻近服务点、水闸等配套设施，统筹水工设施及周边环境进行建筑方案设计，打造形态灵动、功能复合、使用便利，具有江南水乡特色和地域文化内涵的桥链组合。

4.5.1 白露园

由上海市绿化市容行业领军人才庄伟大师团队设计，项目位于嘉定区北侧，面积约 13.5 万平方米。设计通过“做优生态林、做精小花园、做实服务点”三个策略，打造与“白露”节气有关的秋色叶主题林。白露园内集吸氧气、观秋叶、品茶茗、闻花香、闻鸟鸣、亲子互动、识别农作物等活动于一身，游客在此可感受乡村原真的风貌，回归自然森林的美好。

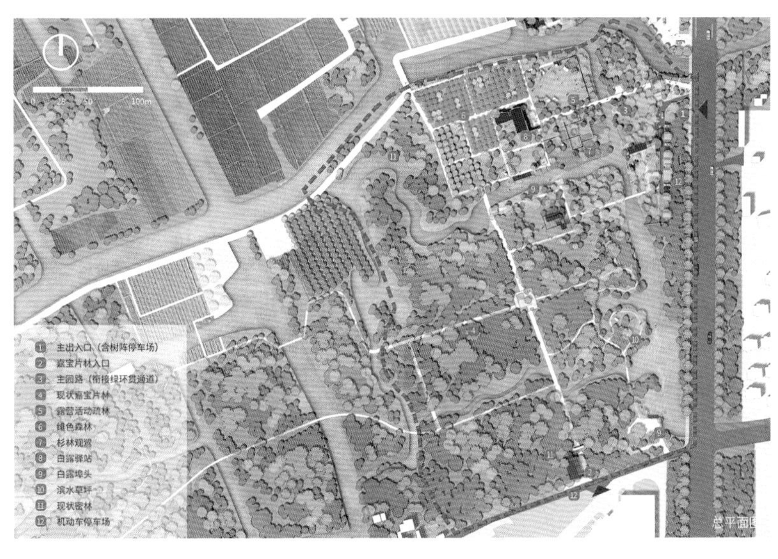

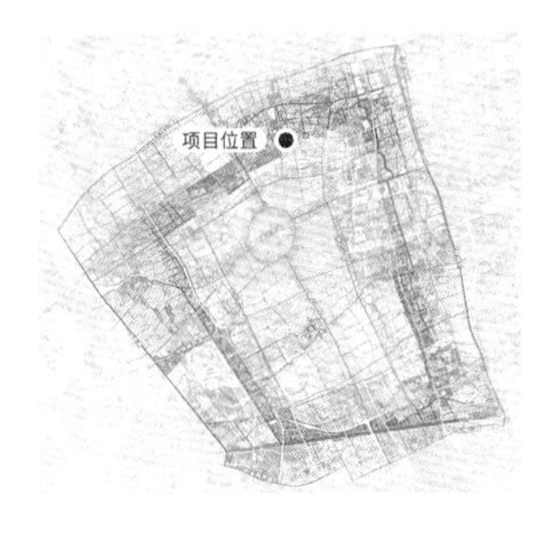

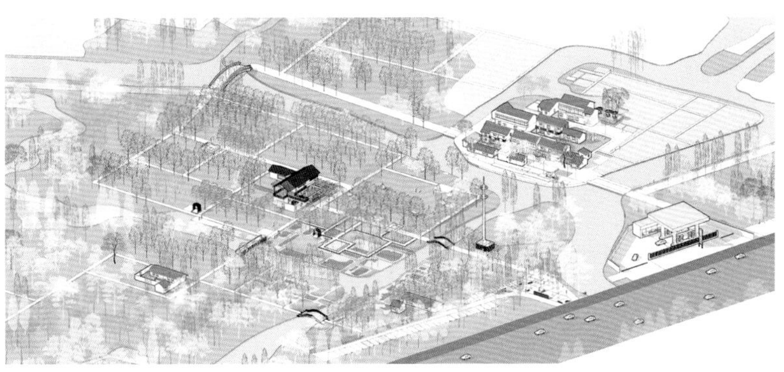

白露园总平面图、效果图

4.5.2 庆丰桥组合

由同济大学董屹大师团队设计，项目位于嘉定绿环西侧的自然科学段，为云桥和驿站的组合，设计理念为“超薄超长的风景”，旨在通过将建筑展开面与桥的视线界面拉长，使景观视野最大化。云桥宛如浮于水面的一粒“禾谷”，驿站则采用地景化的方式将场地与建筑相结合，使建筑融入自然本身。

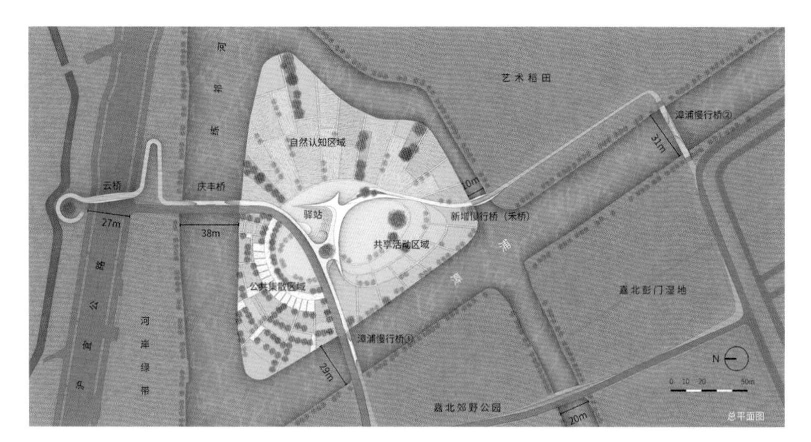

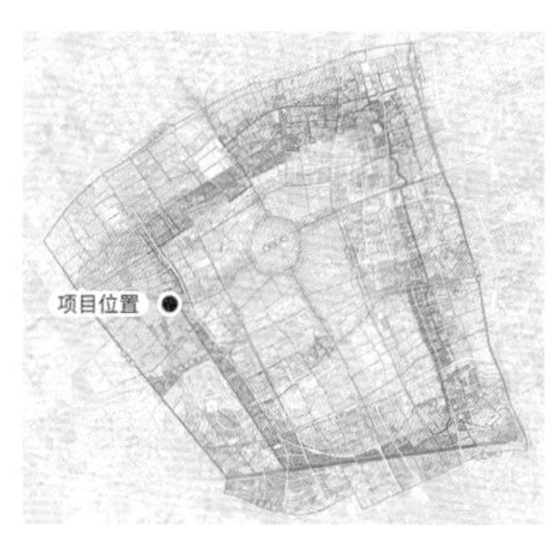

庆丰桥组合总平面图、效果图

4.5.3 漫春园

由北京市园林古建设计研究院张新宇大师团队设计，项目位于青浦新城绿环启动段中部，面积约 5 万平方米。方案提出“绿树芳庭·红墙春色”主题，突出“山、海、桥”的景观特色，融入“树、庭、花”景观元素，并借鉴传统平地造园的手法塑造水林、山林、庭林三重林地空间。通过桃杏、梅花、玉兰等植物特色营造露营野餐、休闲运动、婚礼庆典的网红打卡地。

漫春园总平面图

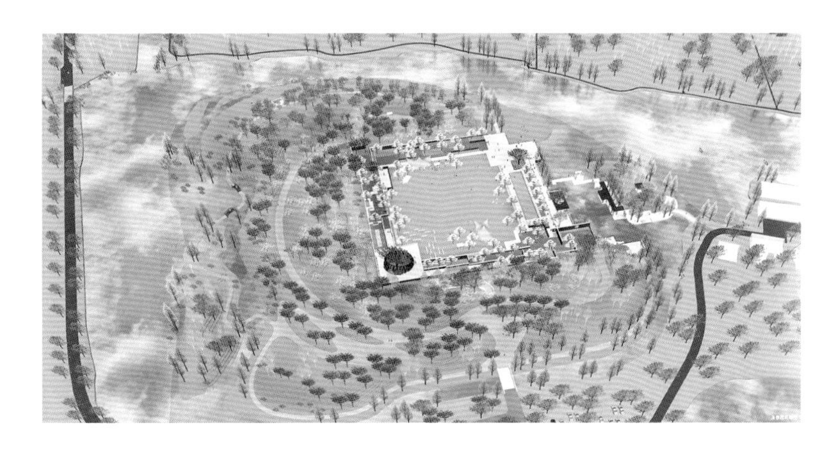

漫春园效果图

4.5.4 天恩园

由江苏省勘察设计大师、苏州园林设计院贺风春大师团队设计，项目位于青浦新城绿环西侧，面积约 4.4 万平方米。旨在营造如画的新江南场景，组织起具有趣味性的游园式耕读体验序列。有感于古人梅林读书、泛舟读书、药圃读书、月下读书、田间读书、竹间读书的惬意，将诗意的情怀以现代轻盈的设计语言，融入青浦水田交织的图卷中。

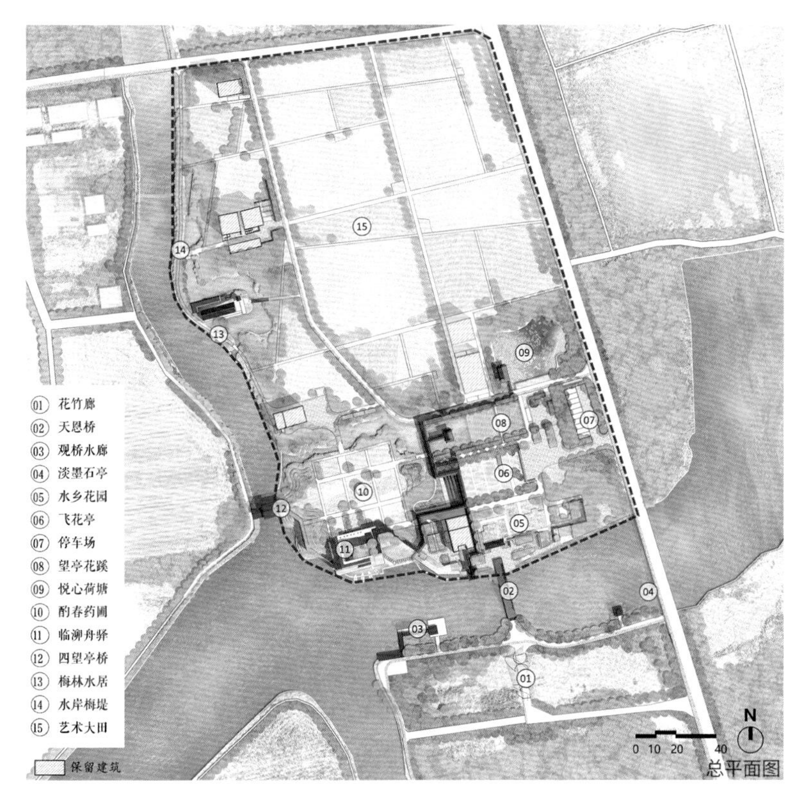

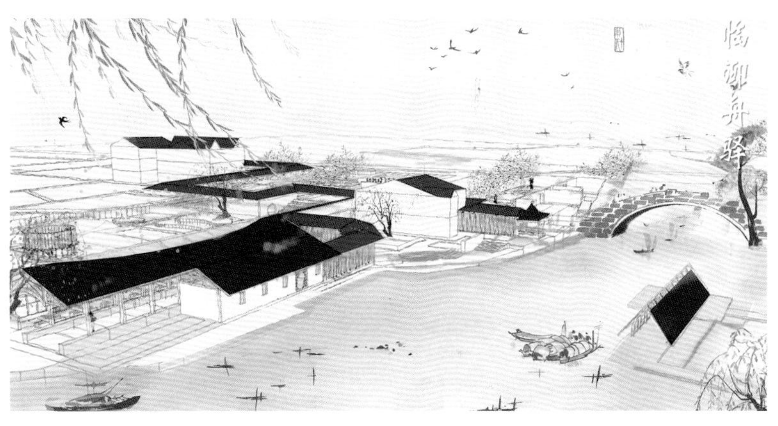

天恩园总平面图及效果图

4.5.5 萱草园

全国工程勘察设计大师、上海市园林设计研究总院朱祥明大师团队设计的萱草园，项目位于松江新城南北轴线“人民轴”与绿环交会处，面积约 10.5 万平方米，设计汲取松江作为“上海之根、海派之源”所承载的“大地母亲”空间意象，选取中国传统名花（中华母亲花）——萱草作为植物主题，构建“五区九景”的空间结构。整体布局呼应周边田、林、水生态格局，营造一处植物特色鲜明、文化寓意深远、空间形式多样的“母亲文化主题园”。

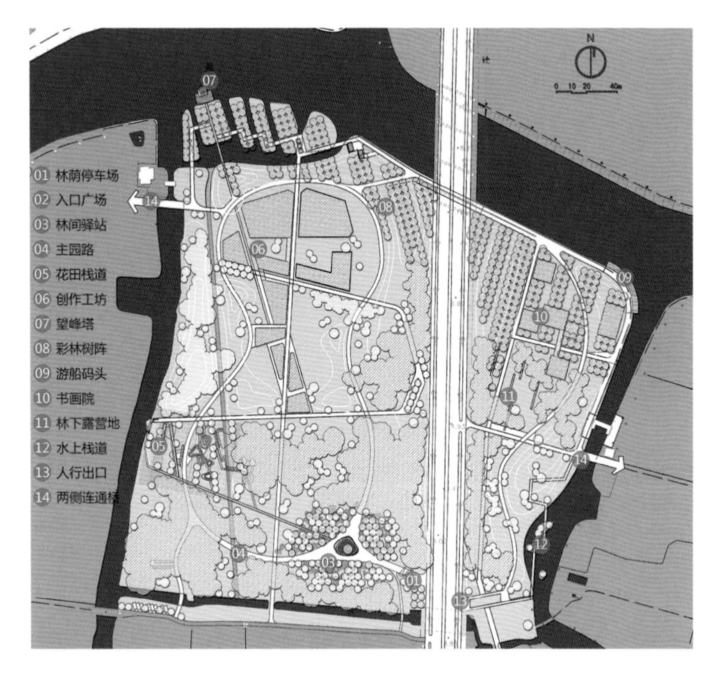

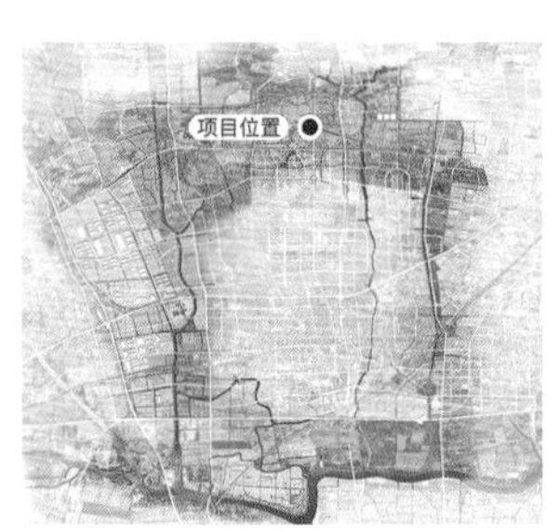

萱草园总平面图及效果图

4.5.6 月季园

Lab D+H SH 工作室李中伟大师团队设计的月季园位于松江绿环东北侧，面积约 10 万平方米。以现状的月季展园为本底进行改造设计，以月季品种的发展历史为线索定义场地空间，形成游览主线。借助花墙、微地形、廊架等元素分区分块展示不同品种的月季，使之成为松江绿环上的一处特色节点。

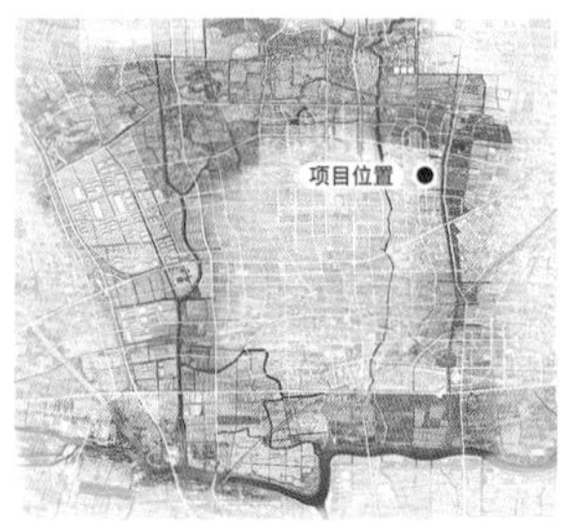

月季园总平面图及效果图

4.5.7 山麓教堂

由同济大学李翔宁大师团队设计，项目位于松江绿环东北侧，处于佘山旅游度假区与新城绿环链接的核心位置，面积约 14 万平方米。设计以“时空之脉”为主题，由始建于 1844 年的教堂开始，将其与临近建筑统筹规划，协同更新，共同编织进山、水、田、林所构成的人文自然基底中，借助新城绿环贯通道的拓展提升，辐射黏连周边城市节点。形成一处可居、可游、可赏的田园艺术综合体。

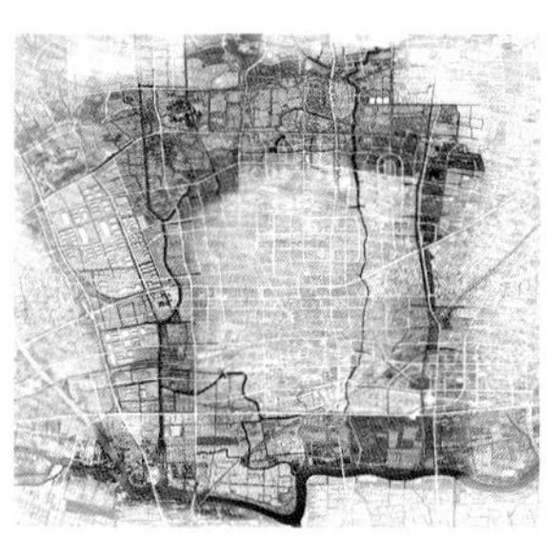

山麓教堂总平面图

山麓教堂效果图

4.5.8 跨通波塘桥组合

由致正建筑工作室张斌大师团队设计，项目位于松江绿环东北侧，以“谷水云间，通波望峰”为概念，以九峰、市区、松江新城的区位关系为线索，用“以山望山”的云桥形象，以高位观景＋立体漫游＋风雨廊桥＋开放剧场的设计策略，在该场地实现横跨通波塘，一览九峰胜景，与东西岸改造修缮的各建筑单体共同串联起一个“多线漫游”“多样功能”“多点景观”的复合性立体贯通网络。

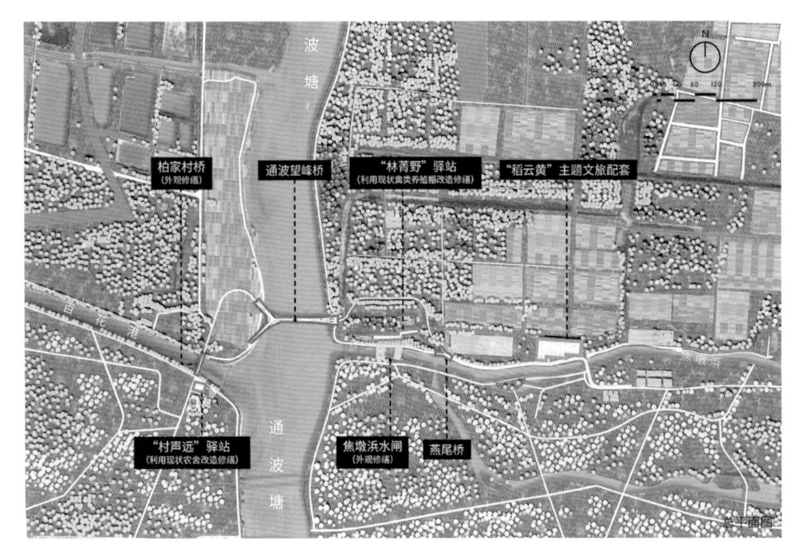

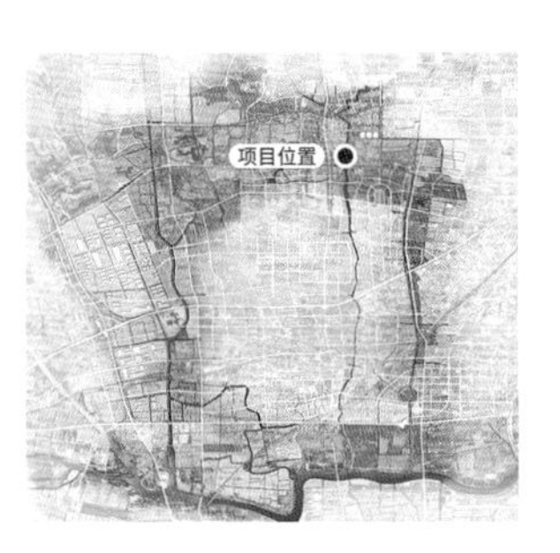

跨通波塘桥组合总平面图及效果图

4.5.9 运河园

浙江省勘察设计大师、杭州园林设计院李永红大师团队设计的运河园，项目位于奉贤新城浦南运河与吴塘港交汇处，面积约 9.5 万平方米。以“运河家园·家的绿环”为设计理念，通过水系联通、慢行贯通、运河人家、运河水岸、江海桥链、檐下江南城乡驿站的设计，构建展示江海变迁、冈身遗迹、海塘建设、运河文化的十字水岸，形成滨水活力和城乡服务的节点。

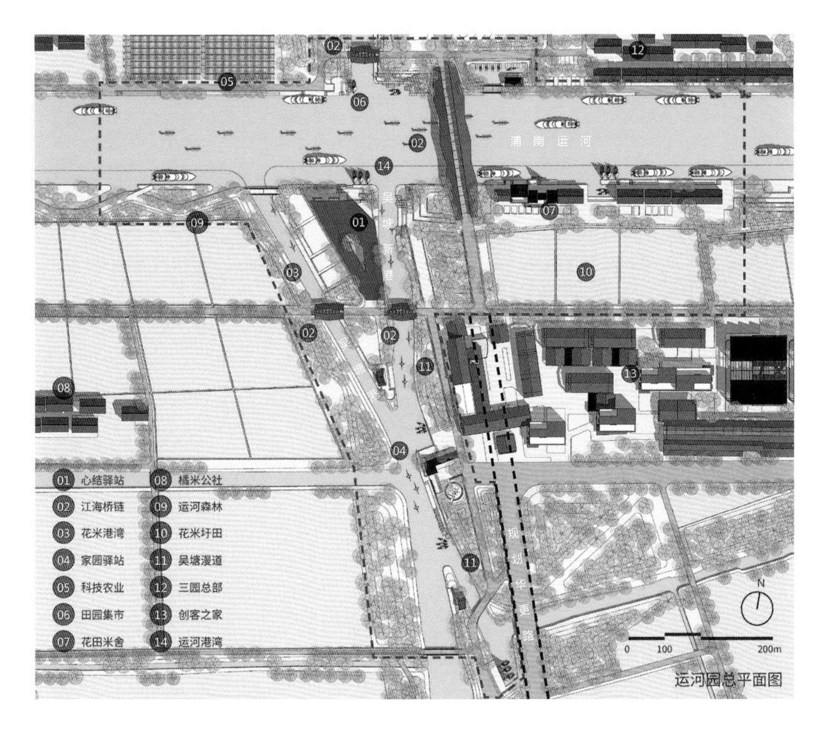

运河园总平面图

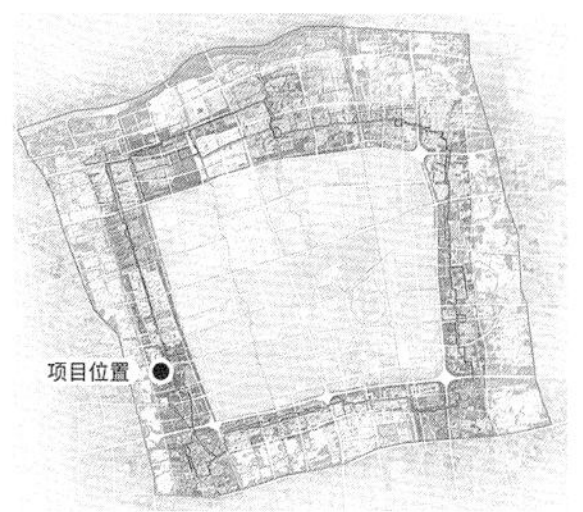

运河园总平面图及效果图

4.5.10 冈身园

由全国工程勘察设计大师、中国建筑标准设计研究院李存东大师团队设计，项目位于奉贤新城绿环西南方向的沈陆村，面积约 13 万平方米。定位为冈身文化沉浸体验地，通过模拟冈身地貌，演绎日月交替的江海场景，形成建筑与环境相互融合的一体化展游空间，赋予冈身新的文化意义和使用场景，使“冈身”这一古老的地质过程重新融入现代生活。

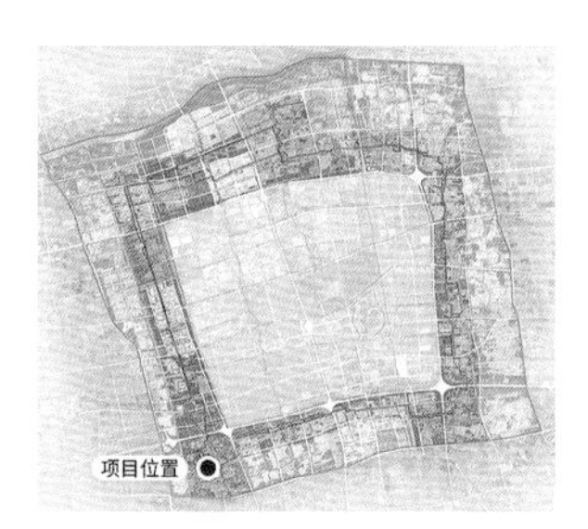

冈身园总平面图及效果图

4.5.11 向阳园

由北京多义景观规划设计事务所王向荣大师团队设计，项目位于奉贤新城绿环西半环的大地美仓单元内，面积约 5.6 万平方米。依托良好的农业基底，通过设置综合服务中心、租赁菜园、葡萄采摘园、林下露营地、林下药圃、亲子动物园及水培大棚等节点，打造乡村气息浓厚、果蔬新鲜美味、田园体验丰富的乡村生活体验园。

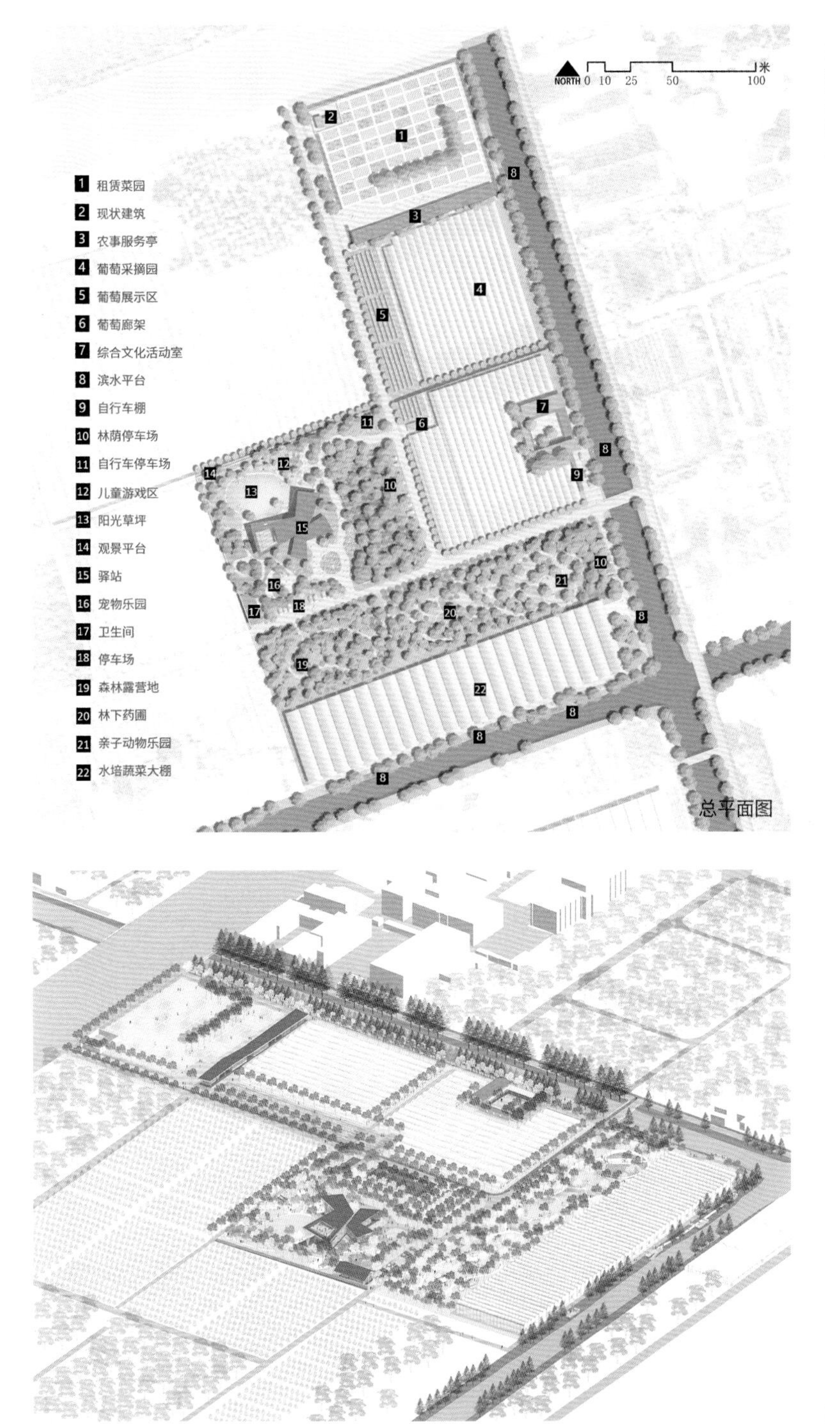

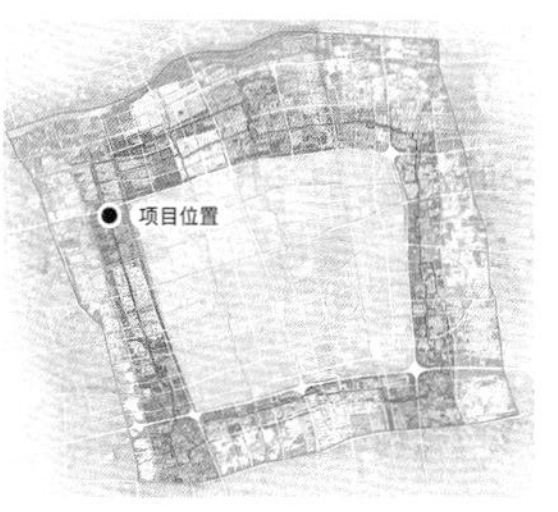

向阳园总平面图及效果图

4.5.12 跨绕城高速桥

同济大学建筑设计研究院曾群大师团队设计的云桥改造项目，位于奉贤新城绿环西南侧，横跨绕城高速，提取“贝壳”为造型元素，尽可能地保留原桥梁结构，重建坡道与绿环路径的衔接，中部形成三角形阶梯景观节点，成为游客、居民停留休憩的场所。

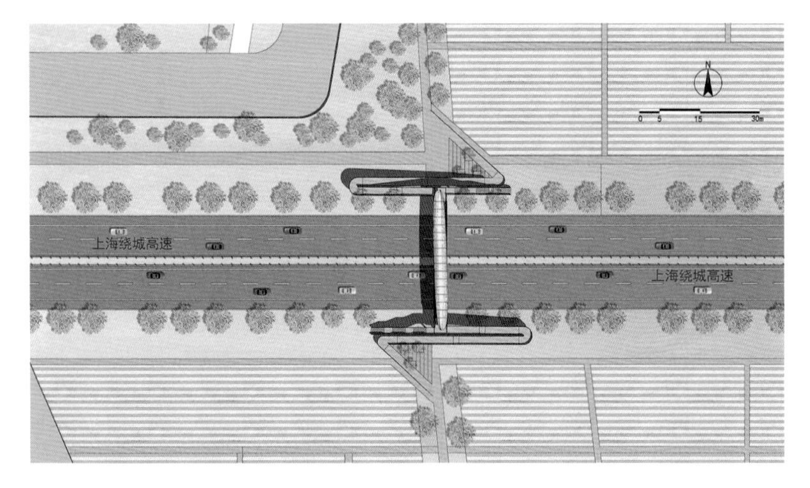

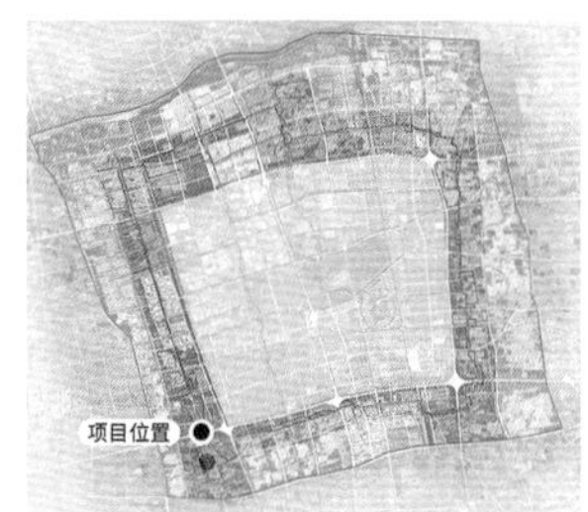

平面图

效果图

4.5.13 申港园

由全国工程勘察设计大师何昉大师团队设计，项目位于南汇新城绿环西部森林漫游段申港彩林节点，面积约 8.5 万平方米。以“申港听潮、彩林迎熏”为主题，以“微筑山、细理水、生万灵、家自然”四大策略，重构场地“林、塘、港、海、鸟、径”等多空间要素，打造新城活力休憩场所，并模仿林相自然演替，营造彩林绿道和驿站等多样生态、公共服务等功能空间。

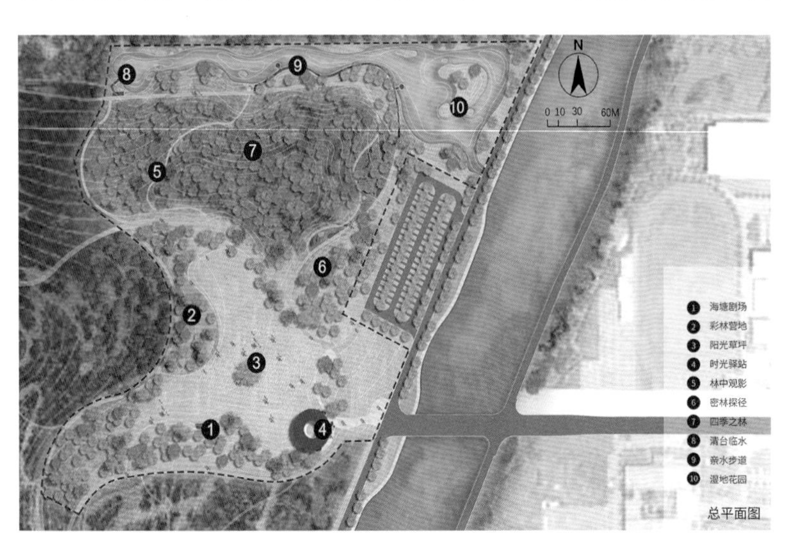

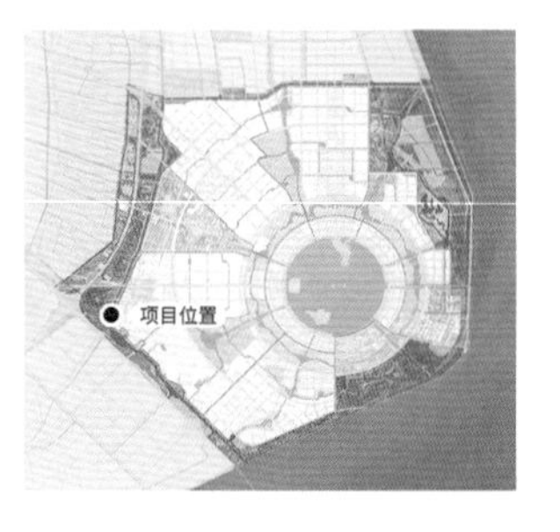

申港园总平面图

申港园效果图

4.5.14 杉影园

上海市政工程设计研究总院钟律大师团队设计的杉影园，项目位于南汇新城绿环西侧水镜杉影节点内，面积约 4.3 万平方米。设计以自然学校“水杉·图谱园”为设计主题，选取水杉这一区域特色植物为主体树种，通过地形塑造、架空栈道、科普驿站与艺术装置的打造，结合场地林湿复合、林水复合的空间特点，打造一处植物可阅读，自然可感知的“感知林地自然学校”。

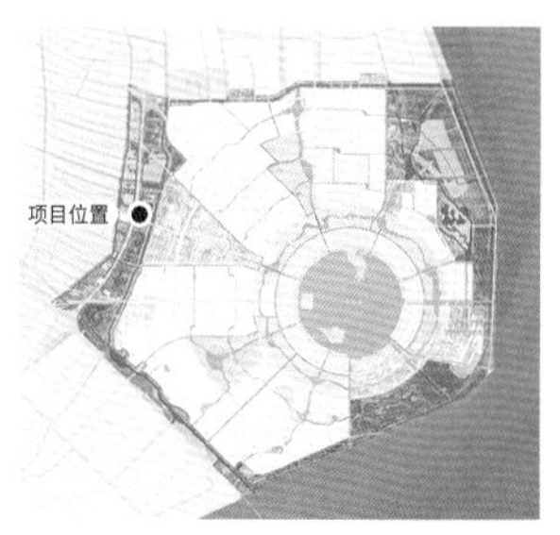

杉影园总平面图及效果图

4.5.15 风舞林

由上海浦东建筑设计研究院李雪松大师团队设计，项目位于南汇新城绿环的西北角风舞林菲节点内，面积约 5.3 万平方米。设计采用中国传统的“一池三山”造园手法，顺应山水脉络，营建自然的山水林田空间，以园路串联“一驿—三园—林田—长堤”的景观结构。着力打造具有烟火气、浦东韵、国际范的“文化 +”自然风景园，使之成为南汇新城绿环重要的城乡融合文化 IP。

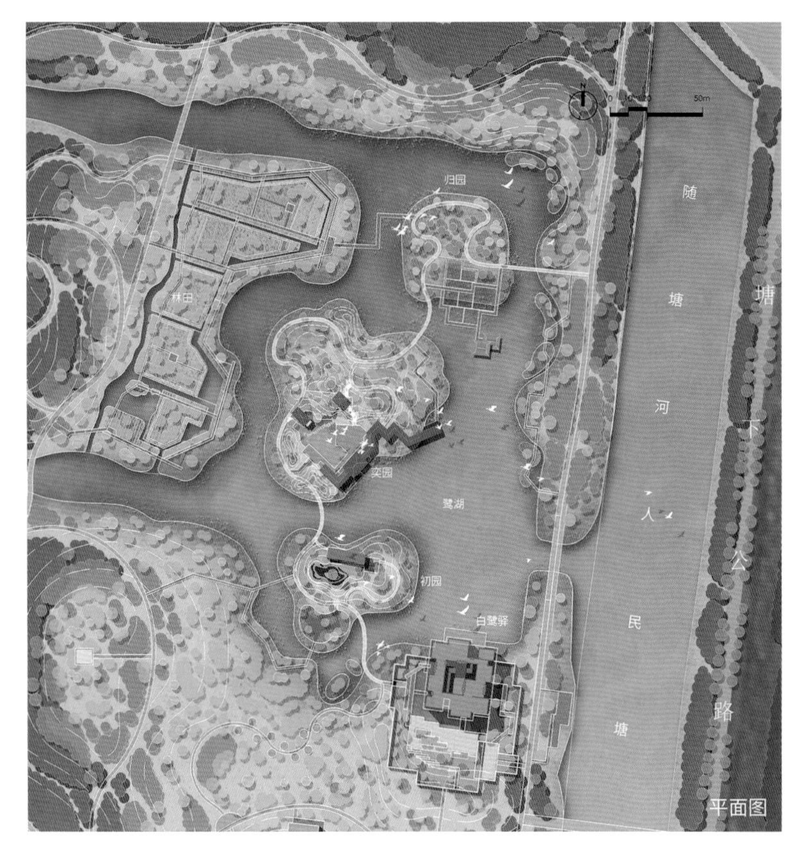

风舞林总平面图及效果图

4.5.16 跨随塘河桥组合

由上海市政工程设计研究总院顾民杰大师团队设计，项目位于南汇新城绿环西侧，电机学院云桥梁整体造型弧线优美，犹如刚刚跃出海面的鲸鱼，桥上空间与桥下空间可巧妙互通的匠心设计，增添了行走趣味。电力大学云桥通过对钻石形态的模拟和对折纸艺术元素的提取，打造起一座如同钻石形状的三角桥梁，有效连接起河流两岸三地。

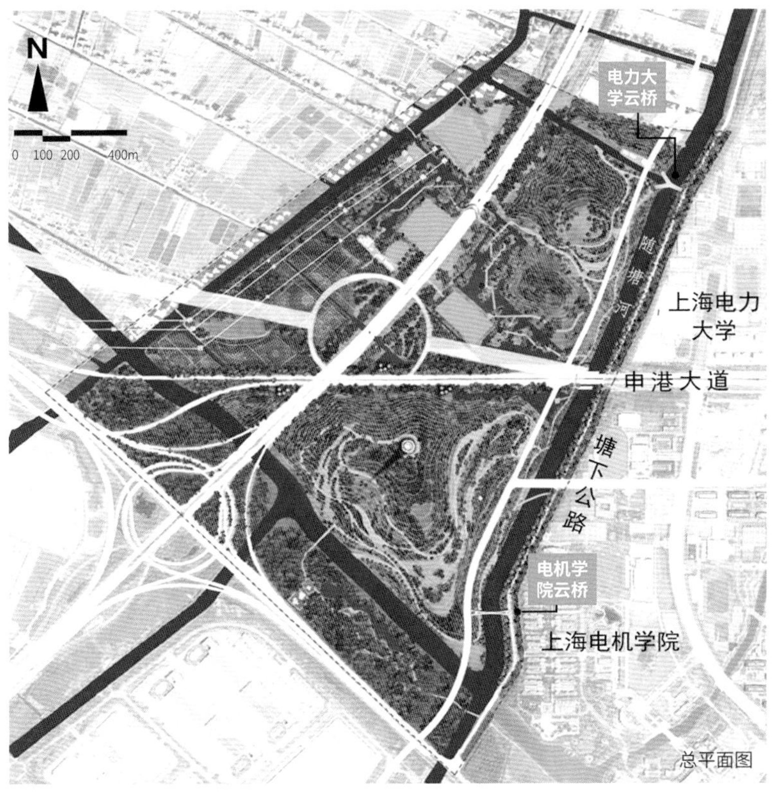

总平面图

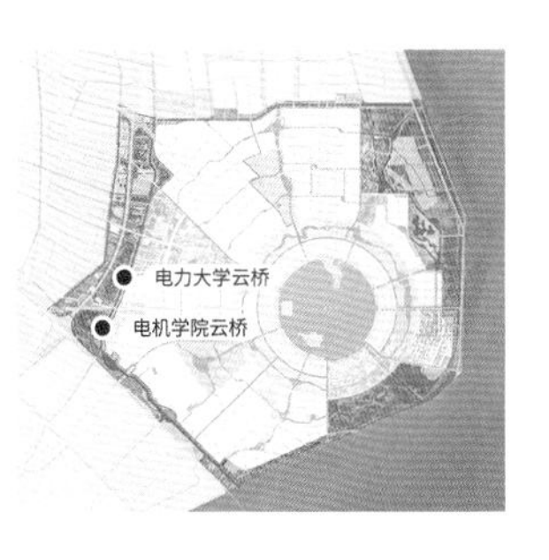

跨随塘河桥组合总平面图
及效果图

新城之新

05

创新之城 提质增效

为体现“新城之新，在于创新”的规划建设导向，五个新城以示范项目为抓手，持续推进各行动领域新理念、新技术、新标准、新模式应用落地，推动新城高质量、高水平发展。为全过程持续跟踪新城规划建设情况，市新城推进办组织六家专业机构连续两年开展专项评估工作。

本章节介绍了各家专业机构对五个新城创新示范规划建设的评估成果。在客观评估五个新城各领域发展现状基础上，梳理挖掘了各新城具有创新示范价值的典型案例，探索了各专项评估的技术方法。

5.1 可持续发展专项评估

2023 年，五个新城发展进入了大规模建设实施阶段，功能导入、产业发力、交通引导、蓝网绿脉等 10 个专项行动各有成效，“五城十区”的示范引领作用也逐渐显现。在功能导入方面持续加大力度，涵盖了总部机构、学校医院、新城绿环、体育公园、文化新空间、文体旅活动等多项功能，以进一步提升新城的发展综合能级。新城可持续发展指数是在“2030 可持续发展议程”基础上构建的，面向全球新城可持续发展水平的诊断型和趋势研判型的国际指数和创新应用场景。新城可持续发展指数综合指标体系分为底线型、方向型和特色型三类。从社会、经济、环境等不同领域，职住平衡、生态宜居、产业能级等多个方面遴选出 50 个核心指标组成。除此之外，也对新城 2023 年重点项目进行追踪性评估，并从中选取各区代表性案例进行剖析，实现定量与定性、数据与案例的有机结合。

5.1.1 指数内涵与特点

新城可持续发展指数的战略定位是诊断型和趋势研判型指数，重点是从纵向系统性科学研判发展轨迹，真实反映取得的发展成果，深度挖掘存在的问题并提出针对性解决方案，不做传统意义上的横向对比和机械排名。按照以人为本、五位一体、国际标准的总体架构，将新城建设的主要目标分类归属到五大维度（社会、经济、环境、文化和治理）。从五大维度、十五方面初步框定约 50 个核心指标（底线型和导向型），今后会根据具体新城研究目标进行指标加减法和适应性调整。除了已经设计的底线型和导向型指标体系外，未来还有一类特色性指标，即每个新城也可额外选择其特色指标融入（每个）维度中。公众认可度、参与意愿、公众满意度等软指标，将按照维度方面的主要指标设计相应的调查问题，通过调查问卷以随机抽样的方式来进行数据收集。

5.1.2 设计原则与标准

新城可持续发展指数的设计将秉持权威性、科学性、客观性和应用性四大原则以及相应标准。权威性主要体现在与联合国人居署国际话语体系的有效对接。“新城指数”的综合框架体系将在联合国 2030 年可持续发展目标和新城市议程的基础上进行设计和拓展。科学性主要体现在研究方法方面。“新城指数”拟采取定量指标与定性指标相结合的方式进行遴选，在主要基于公开数据、大数据等方法对目标新城的可持续发展绩效进行科学监测、采集和评估的基础上，结合调查问卷等方式获得更多的公众意愿和综合评价数据，以确保“新城指数”的科学性。客观性主要体现在国际主流话语体系和“以人为本”的核心要义方面。应用性就是要确保“新城指数”能够接地气，主要体现在三个方面：其一，“新城指数”不搞“一刀切”，不以一套固定模式套用在所有新城评估上；其二，对“新城指数”的具体目标、任务和指标体系给予一定的弹性，每年根据实际情况进行适应性调整和动态优化；其三，“新城指数”不做“机械排名”，根据每个新城实际情况突出亮点特色。

5.1.3 综合指标体系

社会	方面	No.	指标
1	人口基础	1	常住人口增长率
		2	人口密度
		3	人口抚养比
		4	适龄劳动人口受高等（职业）教育比例
2	公共服务	5	普惠性托育点覆盖率
		6	基础教育学生覆盖率
		7	每千人医疗卫生机构床位数
		8	每千名老年人口养老床位数量
		9	新建保障性住房供给率
		10	5G 网络覆盖率
3		11	道路规划实施率
	公共交通	12	公交站点 500 米服务半径覆盖率
		13	新能源交通基础设施覆盖率

经济	方面	No.	指标
1	经济基础	1	GDP 年均增长速度
		2	人均可支配收入年均增长速度
		3	失业率
		4	职住平衡指数
2	产业能级	5	第三产业增加值 GDP 占比
		6	中小微企业 GDP 贡献率
3	投资创新	7	固定资产投资年均增长速度
		8	外商直接投资贡献率
		9	科技研发（R&D）投入强度
		10	每千人授权专利数量

环境	方面	No.	指标
1	绿色宜居	1	森林覆盖率
		2	公园绿地 500 米服务半径覆盖率
		3	水环境功能区水质达标率
		4	城市污水处理率
2	生态惠民	5	生活垃圾无害化处理率
		6	一般工业固体废弃物综合利用率
		7	空气质量优良率
3	低碳节能	8	碳排强度
		9	可再生能源占有率

文化	方面	No.	指标
1	大众文化	1	每千人大众文化设施访问量
		2	大众文化活动丰富度
2	文化遗产	3	每千人非物质文化遗产数量
		4	历史文化风貌保护力度
3	文旅产业	5	旅游产业贡献率
		6	文创产业贡献率

治理	方面	No.	指标
1	财税基础	1	财政自给率
		2	税收贡献率
2	安全韧性	3	每千人刑事犯罪案件数量
		4	每千人交通事故伤亡人数
		5	应急避难场所覆盖率
3	治理效能	6	公众信访及时受理率
		7	社区工作者社工持证率
		8	数字化服务便捷度
		9	自然灾害防范措施公众熟知度
		10	公共突发事件应急响应公众认可度
		11	道路规划实施率
		12	公众对新城治理参与意愿
			公众对新城综合治理满意度

5.1.4 特色案例

1. 党建引领新城产城融合——青浦香花桥社区

香花桥街道位于青浦新城北部，吸引了全区 30% 以上的外商投资，形成全区 40% 左右的 GDP，贡献了全区 20% 以上的税收。香花桥街道结合辖区特点和产业特色，通过党建引领、党建联建完善治理体系，优化服务供给，形成产城融合、城业共生的产业社区治理新模式，具体做法如下：

实践经验

首先，完善产业社区生活服务体系，推动宜业宜居产业社区建设。香花桥街道以“产业社区服务生活化”为主线，对标“15 分钟社区生活圈”要求，逐渐形成“智慧空间、品质生活、活力社群”三大主题，构建了服务社区居民的线上线下平台；其次，完善产业社区社会治理体系，构建多元参与的善治架构。街工委在产业社区构建党建引领多元融合发展的“大党建”模式，广泛吸纳产业园党员、工青妇负责人、产业园经营者、物业公司负责人、落户企业代表、招商服务企业相关负责人等人员参与，形成“区级 + 街工委 + 产业社区 + 楼宇园区 + 微网格”五级治理体系；最后，构建跨区域的党建联建善治联盟，创新产城联动机制。街工委将移动智地产业社区定位为园区与社区功能融合的试验区，把产业社区建设作为变革城市发展方式和市民生活方式的抓手，以期形成生产、生活、生态深度融合的新型城区。

政策建议

针对产业社区存在的诸多问题，上海移动智地产业社区以组织建设为核心，以完善生活服务体系、推动跨域合作、实现功能互补为目标，形成党建引领经济发展、社会和谐、人民幸福的治理格局，为全国新城园区建设提供了经验借鉴。建设产城融合社区，一要健全基层民主参与机制、发扬民众参与积极性，形成群众自治的正反馈机制。与传统生产型产业园相比，产城融合式产业园更强调人的主观能动性，追求实现园区全面协调、可持续发展。建设产城融合社区，二要谋划“两新”党建与企业同步发展，推动企业与党组织形成相辅相成、相得益彰的互促关系。将自身嵌入企业和产业园区发展中，通过自身组织力量助力企业发展，实现党建工作与企业发展相融、企业与社会发展相连的效果，增强党组织的凝聚力和号召力。打造产城融合社区，三要坚持推进产业空间与城镇社会空间一体协调发展的路径设计。不断完善包括产业生态、金融服务、居住商业、文化娱乐、人才交流等的产业社区核心功能，让产业与城市边界逐渐模糊，实现产、城、人共生共享。

花香桥街道移动智地园区党群服务中心

2. 滨水国际区的城市绿心——松江五龙湖滨水休闲公园

实践经验

坚持“规划引领，有序开发”的公共景观空间打造。五龙湖滨水休闲公园建设项目由中山街道商务区主持建设，整个开发过程依据“整体规划、因地制宜、分期实施”的工作思路进行；坚持“绿色发展，金融活水”的产融生态片区建设。五龙湖片区空间总体布局在政府规划引领中优化进行，通过顶层设计充分发挥绿色生态资源优势，实现重点项目按时间节点有序推进；坚持以参与式规划提升公共空间的公众满意度。在公园项目建设和有机更新的过程中，通过提高资源配置、优化公园服务、主导参与式规划的方式满足游客需求，以高品质、差异化、需求导向的功能设计，构建每一位市民都可达、可享的公共景观空间。

政策建议

首先，推进“生态 + 人文”高质量绿色发展。秉持着生态优先的建设理念，五龙湖滨水休闲公园的建设过程中将海绵城市这一水资源管理策略融入景观设计之中，即以湖泊水文景观为载体，结合城市生态建设的实际功能需求进行优化，做到景观空间设计与生态环境优化的巧妙融合。其次，以高品质绿地提升周边地区发展潜力。五龙湖滨水休闲公园高品质的生态景观在给市民群体良好的休闲体验之外，起到了辐射带动片区发展的作用。最后，以新城绿环建设助力公园城市发展。新城绿环承担着城市安全、乡村示范、生态保护等功能，同时也有一定的游憩功能。通过“公园 +”与“+ 公园”建设，推动公园形态与城市空间有机融合，促进生产、生活、生态空间的和谐统一。

五龙湖滨水休闲公园建成后实景图

3. 打造“最美一公里”——嘉定新城“我嘉”系列空间

2021 年起，嘉定区探索建立延伸服务点“我嘉”系列——我嘉秀空间、我嘉阅空间、我嘉艺空间，盘活区内数量丰富的社会文化空间，联合社会主体，共同构建新型文化空间体系，探索推进“阵地共用、品牌共育、活动共享”的合作模式，结合多元需求，扩充丰富内容，追求从打通公共文化服务的“最后一公里”向“最美一公里”转变。

实践经验

一是，丰富服务内容，市民获得感明显提升。2021 年，嘉定区开启由政府供给第一批优质文化资源进入我嘉秀空间，针对不同场地的文化需求，送去各项精彩演出、趣味讲座、传统文化体验等活动。我嘉阅空间打造了一个市民“共建共享共治”的新型文化空间，汇集阅读、亲子、社交等多元功能，同时根据阅空间的属地特色，给予数字资源和纸质资源补充。二是，盘活优质资源，服务网络明显织密。嘉定区自创建第三批国家公共文化服务体系示范区以来，不断探索社会力量参与公共文化建设模式，丰富公共文化服务内容和供给形式，提升公共文化的服务效能和影响力。三是，引入多元主体，构建新型服务模式。嘉定区以公共空间为杠杆，撬动原先局限于各个行业、社区内部的资源，将其转化为公共文化服务资源，实现从系统内小循环向社会化大循环的进阶。

政策建议

突出覆盖多元人群，打破地域限制壁垒。在我嘉秀空间、我嘉阅空间、我嘉艺空间的选址上，拓展服务至校园人群，包括同济大学、徐行小学等。与嘉定新城科创加速器、菊园企业文化交流中心等建立合作，服务科研人才、创业人群。与区内民营美术馆、博物馆等建立合作，定位为年轻人以及亲子服务。突出强化机制建设，探索标准引领服务。在“我嘉书房”社会化运作经验的基础上，我嘉秀空间、我嘉阅空间、我嘉艺空间持续创新机制，成立文化艺术空间联盟，探索标准化管理，形成完整的文化服务、文化资源、文化人才共建共享的模式。突出打造文化品牌，软实力赋能新城建设。城市公共文化空间对城市空间形态和居民习俗、审美、公共活动与生活方式等具有深远影响。我嘉秀空间、我嘉阅空间、我嘉艺空间既为群众文化活动提供场地，也是嘉定文化景观、社区文化的有机组成部分。

入驻 We11 西云楼共享办公空间的“我嘉阅空间”

4. 城市更新与生活圈建设——奉贤南桥源社区

作为奉贤老城区的第一个城市更新项目，“南桥源”承载着奉贤老城的复兴梦想，关系着老城百姓的切身利益。2021 年，奉贤新城将“南桥源”列为重点推进板块之一，推动片区的城市更新，探索城市文化与城市更新相融合的发展。

实践经验

首先，片区的保护更新与美好社区建设齐头并进。城市更新向美而行，既要精心描绘城市“颜值”，也要精心塑造城市“气质”。针对奉贤区独特的历史足迹和丰富的文旅资源，“南桥源”城市更新项目将规划核心从“开发重建”转变为“经营共生”，立足“人民至上”，坚持“文化先行，有机更新”，重现历史风物、讲述老城故事，赋予奉贤人民更美好的生活图景。其次，充分利用空间，“还院于民、还路于民”。老城内的企业园区、公园、住宅区各有围墙，无形中切断了街区间联系，有时候必须绕过围墙才能到达目的地，人为地制造了一些障碍。根据目前的规划方案，“南桥源”充分挖潜，在地下提供近 2000 个车位，最大限度地还路于民。再者，解决历史遗留问题，创造新的公共空间 。

书院地块涉及南桥中学与南侧天主堂数十年的土地争议问题，两家单位均没有土地权属证明。经多方协调，最终确定了“搁置争议、保民生建设”的工作思路，集中精力开发建设学校权属明晰的地块，为学校无争议区域重新办理选址意见书和用地规划许可证。

政策建议

一是，在城市更新中集约利用土地，推进生活圈建设和公共空间社区共享。南桥源社区将历史文化遗产保护、城市更新与 15 分钟社区生活圈结合起来，既传承了历史文化遗产，又提升了空间的风貌特色，还有效地解决了老城区人居环境和公共配套设施不足等问题。二是，城市更新中坚持“文化先行”，带动老城区保护性开发。“南桥源”城市更新项目坚持“文化先行”，保存了江南水乡的城市肌理和街巷的步行系统，发挥了文化凝聚价值、提升生活品质的重要作用，修复重建了沈家花园、鼎丰酱园等重要历史建筑。三是，城市更新中多措并举，改善老城区停车难、交通拥堵等状况。南桥书院地块设计机动车泊位 495 个，改善了学校内部人行环境，保障校内师生出行安全的同时，兼顾学校外来访客的机动车停车需求，设置社会停车位 288 个，并在一层配建家长接送区，含停车位 79 个，将学校车辆和社会车辆分开管理，学校车辆由新建路进入，社会车辆由南桥路进入车库地下层和临时接送区，极大地缓解了家长接送高峰期间区域交通拥堵、秩序混乱等问题。

南桥书院教学楼俯瞰图

5. 构建高质量公共服务体系——南汇新城

南汇新城作为中国（上海）自由贸易试验区临港新片区的主城区，也充当着临港新片区建设具有较强国际市场影响力和竞争力的特殊经济功能区和现代化新城的核心承载区。

实践经验

坚持标准化推进提升型公共服务配置。2020 年，浦东新区获批启动国家基本公共服务标准化试点，该区以推进“15 分钟社区生活圈”建设为打造现代化城区的重要抓手，新增公园绿地、交通设施、托育服务、社区商业 4 个重点领域，在补缺增量基础上向品质提升拓展。坚持创建优质均衡的教育服务体系。在教育资源配置上，南汇新城在科学规划学校布局、加快推进公建配套学校建设的基础上寻求全面推进教育优质均衡发展，率先探索教育综合改革举措，着力深化教育对外开放。坚持完善智慧便捷的医疗卫生服务体系。在健康服务资源配置上，南汇新城也响应居民对高品质健康服务的需求，积极提供优质健康服务。

坚持推进特色社区公共服务建设。南汇新城因地制宜打造具有新城特色的一站式社区综合服务设施，寻求提供集成化、特色化社区公共服务，从而推动社区服务与社会治理的有机结合。按照 15 分钟社区生活圈的建设目标，以服务人口、服务半径为依据，全面完善社区综合服务设施。

政策建议

首先，以人才服务为导向，探索高水平公共服务配置。在公共服务配置上，南汇新城一直坚持以人才为导向、以高水平为标准，为新城内各产业人才提供特色的公共服务。新城积极提升公共服务的国际化、多样化和开放性水平，依托制度开放优势，进一步链接国内外高水平公共服务资源，满足差异化、个性化需求。其次，探寻多元供给方式，实现灵活性公共服务供给。在建设过程中，南汇新城始终坚持以空间、产业、人口规划先行，统筹布局适宜的公共服务设施。并在此基础上综合考虑本地居民、产业人口、国内游客等各类人群需求，完善教育、医疗、文体、养老、社区等公共服务体系。最后，打造自治共享、共建共治的公共服务治理体系。在推进公共服务体系建设过程中，南汇新城积极探索社区和谐共治新模式，形成共建、共治、共享的治理新格局。到 2025 年，形成若干标志性城市治理示范项目，打造多个国际化活力新社区，社区全面实现数字化。

南汇新城俯瞰图

5.2 安全韧性专项评估

5.2.1 面上评估

安全韧性专题评估基于创新示范、彰显新城特色的总体要求，聚焦五个新城水系统、交通系统、地下空间的基础设施韧性。评估工作采用点、面结合的方式进行面上总体评估和重点领域、重点地区、重点项目的安全韧性评估。

1. 水系统

安全韧性评估标准

水系统安全韧性是韧性城市建设的重要方面，《上海市水系统治理“十四五”规划》提出要“着力提高防汛安全保障能力，改善水环境质量，提升饮用水品质，推进海洋高质量发展，提高人民群众的获得感、幸福感和安全感”。同时，对于五个新城水系统建设提出了更高的要求：“按照优于中心城的建设标准和品质要求，加强新城水系统基础设施建设”。对照新时期上海市以及五个新城水系统建设的重点，专项评估聚焦水系统安全韧性的三个重要方面：供水安全与品质、防洪排涝、水环境。

评估结论

根据水系统领域安全韧性发展评估，五个新城水系统安全韧性水平基本呈逐年提升的趋势，水系统安全韧性领域专项行动以及示范样板区的安全韧性建设得到有序推进。供水安全与品质方面，新城增强原水供给系统互联互通，推进水厂内部工艺升级，开展老旧供水管网改造，构建独立计量区域（DMA），打造供水信息化平台等，提高原水、供水水量、供水水质、供水管理的安全韧性。防洪排涝方面，新城推进海绵城市建设，推进雨水泵站提标及初雨调蓄设施建设，统筹蓄排功能布局，提高水面率，初步建立厂站网一体化排水监测监管体系等，提高源头、雨水排水系统、排涝除险、防洪、排水管理安全韧性。水环境方面，推进河道整治工程，开展雨污混接整治，加强污水收集处理，完善污泥处置设施等，提高地表水环境、污水处理、雨水排江安全韧性。

优化建议

在供水方面，注重从源头水到龙头水全过程中供水水量和水质的双重安全与韧性。在防洪排涝方面，从源头、排水管渠、排涝除险和应急管理的系统性思路开展雨水管控。在水环境方面，利用四水分析等方法，从原生污水量、设施运行量、外水渗入量、初期雨水量甄别问题来源，针对性解决污水进厂浓度低、雨天污水厂水量增量大等问题。

2. 交通系统

安全韧性评估标准

交通系统韧性是指交通系统在各类慢性压力和急性冲击下，保持安全、有序、可持续运行的能力；在城市应对重大突发事件中，交通基础设施和运行能力可以有序匹配城市应对各类突发事件的需求，避免风险进一步传导。根据上位规划以及对韧性交通内涵的理解，韧性交通包括交通基础设施韧性、交通运输质量韧性和交通组织韧性三个维度。交通基础设施韧性是指公路、桥梁或城市道路的韧性，反映维持交通正常运转所投入的设施水平；交通运输质量韧性是指区域或城市交通运输网络运行的韧性，反映交通基础设施网络的整体承载能力和可靠性；交通组织韧性是指面对突发状况时交通运输系统组织管理过程的韧性，反映交通运输系统的风险预警和应急管理能力。

评估结论

2022 年、2023 年五个新城在提升交通设施水平、优化交通运行质量方面发布一系列规划与标准，推动了一批项目的实施。评估分别从五个新城综合交通枢纽、轨道交通、中运量公交、道路交通、智慧交通五个方面，总结评估交通韧性安全情况。结果显示，五个新城以新城总体城市设计、单元规划等上位规划为指导，在项目前期研究、项目建设等不同阶段推进项目综合交通枢纽、轨道交通、道路交通、中运量公交等一批项目开展，提高了新城的交通安全韧性，如嘉定、青浦、松江及奉贤

新城水系统安全韧性

供水安全与品质	应急供水能力（天）、供水负荷（%）、公共供水管网损率（%） 供水水质综合合格率（%）、供水深度处理率（%）、 供谁管网事故率（件 /km·年）、供水安全智慧管理水平
防洪排涝	建成区达到海绵城市建设要求面积比例（%）、 雨水排水能力达到 3—5 年一遇面积占比（%）、 排水管道疏通率（%）、新增河湖面积（km^2）、 水利片外围除涝泵站实施率（%）、防洪提防达标率（%）、 应急排水装备能力（m^3/s）、雨水排水安全智慧管理水平
水环境	地表水达到或好于III类水体比例（%)、 旱天污水处理厂进水 BOD5 浓度 (mg/L)、 城镇污水处理率 (%)、农村生活污水处理率 (%)、 排水污泥稳定化和无害化处理率 (%)

交通系统韧性

交通基础设施韧性	路网密度 (km/km²)、公交线网密度 (km/km²)、 轨道线网密度 (km/km²)、中运量公交线路里程 (km) 新城高快速出入口数量 (个)、路面铺装透水材料里程 (km)、 公交站点 500 米覆盖率 (%)、地铁站点 600 米覆盖率 (%)、 公交站台信息化覆盖率 (%)
交通运输质量韧性	绿色交通出行比例 (%)、新城内部出行比例 (%)、 衔接中心城时耗 (min)、衔接相邻新城时耗 (min)、 衔接近沪城市时耗 (min)、95% 通勤出行单程时 (min)、 95% 通勤公交出行单程时耗 (min)、常发拥堵路段里程 (km)、 高峰时间平均机动车速度 (km/h)、 万人公共汽车保有量 (标台 / 万人)、 交通事故万车死亡率 (人 / 万车)
交通组织韧性	交通气象灾害预警时效 (h)、城市主要道路监控覆盖率 (%)、 交通应急预案更新频率 (次 / 年)

新城，路网密度均已超过 4.0 公里 / 平方公里，公共交通站点 500 米覆盖率超过 90%。评估工作聚焦新城的十个示范样板区，结合政策和具体项目，梳理示范样板区交通安全韧性建设的现状，评估规划建设情况及实施推进效果，显示十大示范样本区根据各自定位持续推进交通系统建设与完善的状况。

优化建议

在交通枢纽方面，增强新城在长三角、市域交通网络中的重要节点作用，做强锚固、多层次交通网络的门户枢纽。在快速路网方面，支撑新城快速连接市域交通网络。新城发展需要依托中心城与其他高能级功能区的辐射与带动。在交通管理方面，鼓励使用低碳化、智慧化的手段。

3. 地下空间

安全韧性评估标准

随着地下空间开发与广泛发展，城市公共地下空间已经成为城市生活服务的重要空间载体。上海城市地下空间开发利用规模已经超过了一亿平方米。与此同时，地下空间系统面临越来越多的风险和灾害挑战，地下空间的安全韧性是韧性城市建设的重要方面。对地下空间安全韧性的专项评估，立足于地下空间工程中水灾与火灾的灾害特征，对新城地下空间工程的安全韧性进行定性、定量评估。城市地下空间火灾、水灾的安全韧性评价体系包括评价层、目标层、子目标层、准则层、指标层（指标类型包括鲁棒性、冗余性、资源性、快速性）。

评估结论

在新城建设工作中，各区均已建立地下空间管理联席会议制度，打造了临港新片区 105 金融总部湾、松江南站大型居住社区综合管廊、青浦新城中央商务区等地下空间项目。中国（上海）自由贸易试验区临港新片区管理委员会已编制并发布《关于加强临港新片区地下空间安全使用管理的实施意见》。

优化建议

评估后提出优化建议：加快建设地下空间智慧化管理平台；统筹建设城市地下空间管理信息系统，着力提高地下空间信息化管理水平。将人工智能化、信息可视化、数据互联互通等新智慧技术应用于城市地下空间的灾害预警。智慧化是当前及未来城市地下空间灾害预警、决策发展的必然趋势，将有助于城市地下空间开发、预防灾害隐患、改变运行管理模式，增强城市地下空间灾害综合管理能力。

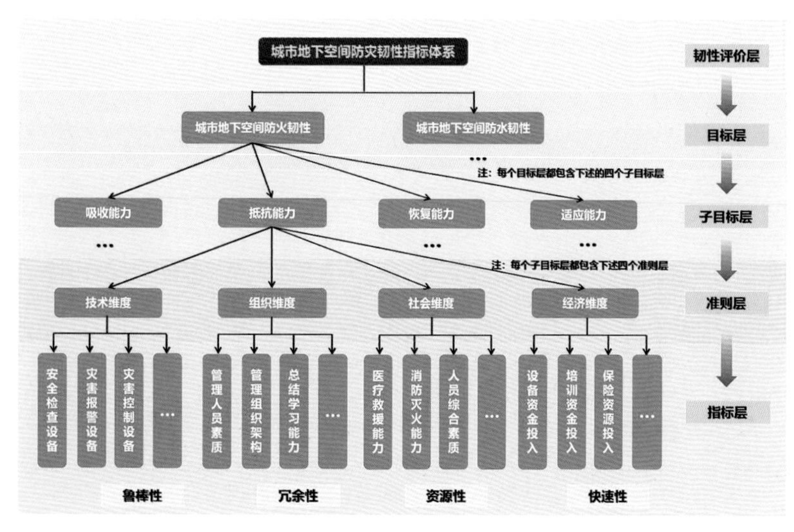

地下空间安全韧性评价指标（部分主要指标示意）

5.2.2 特色案例

1. 保障防汛安全，改善水环境品质——嘉定新城横沥河综合整治及景观提升

横沥河沿线区域重点段的绿道贯通和景观提升工程结合横沥河（嘉定城河—伊宁路段）河道综合治理和横沥河（南水关—伊宁路）段岸上景观提升，形成水、绿、景、文，产城一体的水岸文脉样板。提升工程将优化升级嘉定新城、老城双城联动发展的核心区段，打造生态提升、产城融合、活力汇聚、古今文化交织的先行示范段，同时为横沥河两岸居民提供适合游憩活动的绿地空间。整治段总长 4.05 公里，其中：嘉定城河—伊宁路段，共计 3.62 公里；南大街—博乐路段南岸，共计 0.43 公里。目前，横沥河道综合整治工程西岸结构已完成。

韧性亮点

提高区域防汛除涝能力：嘉定城河、横沥河为嘉宝北片水系的骨干河道，为嘉定区“一环、十四横、十四纵”骨干河网中的一环与一纵主干河道。通过综合整治及景观提升，完善区域水网格局，保证区域引调水通畅，满足防洪除涝安全需要；通过疏拓河道，满足规划规模，提高引排水过流能力，更好地发挥河道在区域防汛除涝和水资源配置中的作用。

提升区域水环境：整修原有硬质护岸，补种水生植物提升生态性，提高水体自净能力，改善水体质量，形成水清、岸绿、景美的自然河道景观，提升区域水环境质量。

践行海绵城市理念：设计防汛通道兼做慢跑步道，路面铺装采用透水材质。

滨水景观平台效果图

2. 打造复合交通枢纽，提高出行品质——青浦新城外青松公路功能提升改造工程

外青松公路提升改造工程为典型的城市基础设施建设项目，通过对青浦区南北向核心干道外青松公路的提升改造，引领启动整个青浦中央商务区的规划建设。项目立足长三角一体化建设，打造新城核心复合交通枢纽及沿线高品质交通出行基础设施，从而推进青浦新城城市建设发展，优化区域交通出行结构与出行方式，加快周边产业转型提升发展，为新城基础交通设施建设奠定良好基础。计划 2027 年完成，目前全线管线迁改已大部分完成，主线地道正在实施中。

韧性亮点

交通复合廊道建设：外青松公路提升改造项目全线与铁路上海示范区线共廊道建设，标准段主线地道位于示范区线盾构区间上方，铁路青浦新城站采用合建形式。在铁路青浦新城车站段，外青松地道利用车站的一层空腔空间通行，与铁路车站合建，充分利用了铁路车站为减少顶部覆土而设置的空腔结构，体现了复合廊道的集约化统筹设计理念，节省了公共空间，降低了工程建设费用。

上达河桥景观提升：上达河桥景观桥型设计充分考虑了绿色生态理念、周边规划建筑的高度、河道通航桥梁高度要求、沿岸步道的景观效果等因素，选择了体现江南元素的彩虹桥形式的钢结构拱桥，避免采用高耸突兀的结构形式，使其与周围景观相融合，通过特殊造型的空间 V 构桥墩设置，使桥上桥下都能有较好的视觉景观效果。

生态宜居的地面道路环境建设：本项目地面道路的建设考虑与两侧地块的环境开发融为一体，充分考虑沿线周边出行的品质提升，结合换乘枢纽站、建筑退界等，根据老城区、TOD 区、上达创芯岛区、总部基地对应的城市设计方案布置道路横断面。在道路沿线设置完善的公交转换系统，优化行人过街设施，人行道设施带综合布置等。沿线的基础设施设计均预留了智慧城市相关埋管，为后续打造数字化系统、布置信息采集设备预留了空间。

青浦新城外青松公路效果图

3. 复合集约，打造城市立体发展格局
——松江南站大型居住社区综合管廊一期工程

松江南站大型居住社区综合管廊一期工程项目是上海市委、市政府确定的三个管廊试点区之一，也是松江新型城镇化建设的 30 项试点任务之一，更是“十三五”上海市级重大工程。松江管廊一期工程位于松江新建城区，由旗亭路、白粮路以及玉阳大道综合管廊组成，工程规模总长约为 7.43 公里，总投资约 11 亿元。2022 年年底建成，各类市政管线正加快入廊。

韧性亮点

全管线入廊：松江南站大型居住社区综合管廊工程因地制宜地将电力、通信、给水、雨水、污水、天然气等管线全部纳入管廊，有效实现了“全管线入廊”。

践行海绵城市理念：结合海绵城市的理念，在管廊建设中将污染雨水截留、防洪排涝考虑其中。在长度约 2.77 公里的玉阳大道示范段，项目因地制宜设立六舱管廊，除了正常的雨水排水舱室，创新性布置了初期雨水舱室。冲刷街道污染物较多的初期 5 毫米降雨，可以暂时被截留并排入初期雨水舱储存，然后错峰排入市政污水管网，从而提升片区水环境。当城市遭遇强降雨时，初期雨水舱室也可对积水削峰调蓄，有效应对内涝风险，大大提升了城市的排水防涝韧性能级。

松江南站大型居住社区综合管廊一期工程效果图

4. 设计结合自然，落实“三生融合”理念——奉贤新城东方美谷公园

东方美谷大道位于上海市奉贤区，是奉贤“田字绿廊”规划中重要的东西向道路，并通过“十字水街”规划中南北向的河道金汇港。美谷公园位于东方美谷大道北侧，西起贤浦路，东至万顺路，呈三角地块，总面积约为 3 公顷。建设前地块为荒地，场地内有低洼水塘，小土坡较多，最高可达 3 米，河岸侧自然缓坡入水目前已建成开放。

韧性亮点

运用多种海绵城市理念：结合场地内水塘和场地外河道，将水景风貌、亲水活动和水系利用相融合，落实“三生融合”理念。公园内采用透水沥青路面、嵌草铺装、植草沟、旱溪、雨水花园等低影响设施践行海绵城市建设目标。雨水经透水路面及绿地下渗，多余雨水经植草沟传输汇集至雨水花园，滞留、净化后自然溢流至沿港河（城市河道），具有减缓径流、滞留雨水、净化水体等功效。

东方美谷公园实景图

打造特色景观：通过种植特色植物，如落羽杉、枇杷、紫薇、金叶水杉、金枝国槐、鸡爪槭、海棠等，营造多彩变化的植物景观。顺应土壤及气候特点，种植耐水湿植物旱伞草、菖蒲、再力花、千屈菜、花叶美人蕉、鸢尾、水葱等。根据场地特性突显自然之美的设计特色，运用自然式种植方式，打造云霞花境、九曲花溪、雨水花园、烟雨步道等特色景观。

5. 南汇新城两港大道（新四平公路 -S2）快速化工程——智慧赋能，高效出行

2019 年 8 月，中国（上海）自由贸易试验区临港新片区成立，随着大批人口导入和产业项目落地，区域内对外交通需求日益增长。两港大道作为临港地区、洋山港重要的对外快速通道，现状尚未实现快速化，本工程建设能够为两港大道全线快速化提供条件，改善临港新片区交通环境，分担 S2 交通压力，为新片区建成面向亚太的国际枢纽城市、独立的综合性节点城市提供交通保障。本工程 2021 年 7 月已建成通车。

韧性亮点

规模合理，充分发挥路网整体功能：两港大道是临港新片区重要的内、外连快速路，是区域高快路网的重要组成部分。本工程统筹考虑区域乃至市域骨架路网，在符合新片区路网布局、交通和经济协调发展的前提下，重点研究路网衔接、交通适应性、出入口布置，通过多方案比选形成总体布置方案。方案整体交通功能完善，定位清晰，充分发挥路网整体联动效益，促进新片区规划的开发和协调。

以人为本，精细化工程设计：坚持以人为本、品质先行的设计理念，结合区域交通出行需求，合理布置匝道位置，精细化设计相交道路节点，充分利用现状老路，优化施工期间交通组织。推广预制拼装及绿色桩基施工技术，采用免共振液压高频振动锤施工的钢管桩，并结合道路集卡较多的特性，采用SS级防撞护栏，提高道路安全保障。

建设智慧道路，打造品质工程：除了道路、桥梁、排水等传统专业精心设计，积极引入海绵设计、动态不停车称重系统、智能管理平台等新兴技术，将生态道路、智慧道路、景观道路的建设理念贯穿始终，全方位提升工程的建设质量，打造品质工程。

两港大道效果图

5.3 生态景观专项评估

5.3.1 面上评估

锚定上海“十四五”规划新城发展的战略目标，对标国内外最高标准和最好水平，聚焦五个新城在生态景观建设专项领域的新动态、新做法，尊重特色化生态资源基底，通过跟踪评估推动五个新城重点片区和重点项目建设的高质量发展，展现“新城之新，在于创新”的规划建设导向，探索超大城市高密度人居环境生态可持续发展的创新路径，进而形成一套可复制、可推广的城市生态景观建设模板和经验。

1. 生态本底

生态本底评估标准

结合五个新城生态环境现状本底，进行基础性分析，总结归纳嘉定、青浦、松江、奉贤、南汇五个新城各自本底特色，突出生态环境本底区位优势和特色。科学合理筛选生态因子，主要包括五个新城的林地、公园绿地、湿地水体、农田、生物多样性、土壤等自然和半自然生态要素评价及土地利用现状描述和数据比对等，注重分析导致新城生态环境本底差异的原因，如先天自然环境的差异、发展阶段不同、产业定位不同等。梳理五个新城出台的政策措施和具体项目，并结合项目案例，对生态环境本底的尊重和呼应、政策的适应性、具体项目的落实情况予以分析。

同时，利用碳汇系数法对五个新城的生态空间进行科学合理的评估，筛选不同土地利用类型的碳清除 / 排放因子或系数，计算得到绿色空间不同土地利用类型的碳汇总量，并从规划和实施层面提出新城绿色空间碳汇提升策略。此外，现状的新城生态空间比中心城区存在更多的原生或次生的“城市荒野”区域，在促进城市生物多样性方面拥有巨大的潜力，本项评估针对林地、水域、湿地、草地等多种生境类型，确定目标物种，通过生态修复与营造设计手法提升城市蓝绿体系的自然度与生境质量。

评估结论

绝大多数在建项目积极保留优化现状自然资源基底，贯穿绿色发展、生态优先的理念，统筹“山水林田湖草沙”生命共同体，构建“生态 +”的新城城市意向，实现新城建设与地方特色生态本底的有机渗透，形成独具新城特色的、功能与形象并存的生态景观建设项目，发挥生态本底资源优势，锚固生态网络空间，稳步提高生态系统质量和稳定性。例如在青浦新城等以水为核心特色的新城，尊重本底资源，擦亮生态底色，构建蓝绿交织、层次丰富的生态网络，打造“水清岸绿、鱼翔浅底、城景交融”的新城风貌。

评估建议

在生态景观营建中融入生物多样性保护、海绵系统建设、生态系统固碳增汇等方面的探索，加强相关领域新理念、新技术、新工艺、新材料的应用。

2. 重点片区

重点片区评估标准

聚焦新城重点示范样板区的公共绿地系统、城市公园建设及蓝绿空间规划建设，进行系统性评估研究，具体包括：嘉定远香文化源、青浦老城厢和艺术岛、松江云间站城核、奉贤望园生态芯、南汇顶尖科学家社区（西片区）五大重点项目，包括规划结构、功能定位及分区、空间界面、设计亮点、推进实施情况等，结合上海市区相似区域或者案例，进行横向比较，纵向以嘉定、青浦、松江、奉贤、南汇五个新城进行对比，突出优点及亮点。

评估结论

评估的五个重点片区包括空间规划、城市设计、绿地系统专项设计、景观设计、蓝线规划、河道整治等多种空间尺度。在规划总目标的指引下，各重点片区生态景观建设体系完整、层次清晰、分布合理，形成新城建设样板区，并且在建设推进和城市运营机制等方面作出了新探索，例如强调生态与城市的融合、历史文化的保护与活化、交通枢纽的便捷性、智慧交通的应用以及科创产业的集聚。这些探索不仅提升了城市的功能性和吸引力，也为新城建设提供了可借鉴的经验，具有较高的推广价值。

评估建议

建议各重点片区生态景观建设应注重五个新城景观风貌的塑造，结合新城自然生态本底特色和地域文脉因城施策，一城一策，因地制宜推进各项工程的特色化营建，着力避免千城一面与设计风格、手法的雷同。此外，要提高规划实施的有效性，助力上海生态空间系统性、均衡性和功能性持续提升，促进五个新城高质量发展。

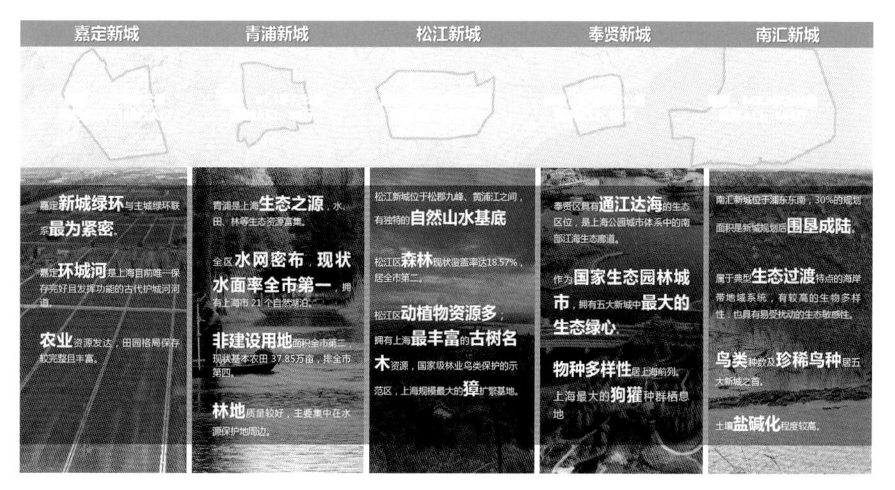

五个新城生态资源对比分析

3. 重点项目

重点项目评估标准

聚焦已建成项目，从点、线、面角度剖析具体项目，主要从新城绿环、公园城市建设、滨水空间、林荫路网等类别进行重点项目评估。结合各种政策和项目建成情况、产生效益，横向对比五个新城蓝网绿脉专项行动计划，纵向对比国内外优秀案例和新理念，突出建设优点及亮点，形成评估指标和评估体系，用于指导后续项目建设，并总结具体评估指标和建议实施项目清单。

新城绿环

提炼各新城绿环规划设计特色亮点，包括绿环专项规划、启动段总体设计和实施方案等，注重各新城绿环间的比对分析，涉及指标包括绿环公园面积、定位、总体格局等方面，并突出绿环建设和环城公园带体系建设之间的比对关系，为后续各新城绿环实施建设提供差异化、针对性的指导建议。

公园城市

从近期建设规划和建设推进实施情况入手，以国内外经典案例作为理论依据和指导，横向在嘉定、青浦、松江、奉贤、南汇五个新城之间进行对比，重点比较各自公园体系构成、公园城市风貌、公园城市行动、公园城市目标等，同时注重与上海市域其他公园城市规划建设项目的对比，突出各新城公园城市建设的优点和亮点。

滨水空间

以新城区域重点工程项目为抓手，重点与上海市域其他滨水沿路空间项目对比，如一江一河、青浦环城水系等，包括项目愿景、目标定位、分区划分等，并对标国内外经典案例，突出各新城滨水沿路空间建设的特色。

林荫路网

利用层次分析法，通过构建各新城林荫道评估指标和评估体系，涉及绿化景观、硬质景观、历史人文、生态健康度、空间结构、游憩度、安全度等准则层，具体包括胸径、树冠投影面积、绿量、生长势、游憩设施适宜度、建筑美景度等因子层，概述评价各新城林荫道建设情况，总结提炼经验，提取可复制、可推广的推进建议，用于指导后续项目建设。

评估结论

五个新城重点项目多响应新政策、汲取新思路、应用新做法，对标最高标准和最好水平，展现“新城之新，在于创新”的规划建设导向。如在滨水空间建设中，关注生物多样性，注重滨水生境的营造，打造集防洪、滨水休闲、自然生态于一体的滨水空间；在林荫道建设中，系统化、高标准引导新城行道树规划和种植，促进街区空间优化，打造高品质的新城生态环境。共同为推进新城绿色低碳、韧性安全等方面建设形成规划建设导向。

评估建议

针对新城生态景观建设，进一步加大政策供给，优化顶层设计，完善法规体系和技术标准体系，为上位规划的顺利落地实施提供具体的技术指引和法制保障；落实科学绿化理念，坚持保护优先，适度设计，绿化树种增加乡土树种、珍贵树种比例，强化生态空间提质增效和功能复合研究，提升各类绿色生态空间的综合效益；加强城市更新和绿地功能复合利用研究，满足人民群众对于公共服务要求的不断增长，诸如停车矛盾、文化体育需求与场地不足的矛盾日益显现，公园绿地良好的环境也越来越成为大众共同的追求；充分利用现有土地空间资源，有效释放土地的功效，重点针对公园绿地地下空间的建设和地上空间功能复合进行探索。

松江新城油墩港航道滨水空间

奉贤新城林荫道建设

5.3.2 特色案例

1. 新城绿色环带的生态智慧升级——奉贤新城绿环建设实践

奉贤新城绿环的建设实践，以“贤荟花环”为设计理念，不仅延续了奉贤新城独特的“十字水街、九宫方城”城市意象，更是在城市生态建设中注入了新的活力。通过精心规划和设计，将奉贤新城的环城公园带与十字水街田字绿廊相结合，共同构筑城市的生态骨架，推动自然与城市的和谐共生。

在设计过程中，设计团队首先着眼于生态空间的连续性和多样性。奉贤绿环通过启动示范段与上海成陆古冈身带的空间区位相结合，涵盖了农艺公园、大地美仓、花米港湾、梦泽冈身等四大核心单元。这些区域不仅展现了三水纵贯、水乡圩田、海陆变迁等自然景观特色，还通过实地考察和文献研究，深入挖掘了奉贤地区的人文历史和风物遗存，将这些元素融入景观设计之中，展现了独特的贤文化，打造出一幅流动的江南水乡画卷。

特色亮点

强化本土物种保护：在黄浦江生态廊道、庄柘生态廊道、金汇港生态廊道以及 G1503 高速防护绿地等郊野森林空间的景观营造中，始终将保护本土物种和生物多样性作为核心目标。通过合理规划和分区，实施适地适树的原则，注重创建多样化的生态环境，优化设计方案，从而强化生态廊道的功能和属性。

探索林水功能复合：结合生境营造和植物景观特色研究，探索林水复合设计的新路径，旨在实现绿色空间与水体的有机结合。这不仅提升了郊野生态空间的防洪排涝能力，还有助于提高绿环的森林覆盖率，为奉贤区建设“国家森林城市”作出了积极贡献。

挖掘与利用文化资源：在规划冈身文化绿带的林地建设中，充分挖掘当地的名贤古物等文化资源，并将其融入文旅活动的策划与实施中，从而丰富了绿环的文化内涵和教育价值。

突显示范引领作用：奉贤绿环的启动示范段建设，包括环城森林公园带的建设，不仅在技术和方法上展现了创新，还在不同层面和对象上积极探索生态空间的建设提升，致力于打造一个具有示范效应的生态之环、生态之城，引领区域乃至城市的绿色发展。

综上，奉贤新城绿环规划设计实践不仅提升了城市的生态环境质量，还促进了地区文化的传承与发展，为城市可持续发展提供了新的范例。通过这些综合性的措施，奉贤新城绿环建设实践成为了新城生态智慧升级的典范，展现了新城绿色环带建设的无限潜力和美好前景。

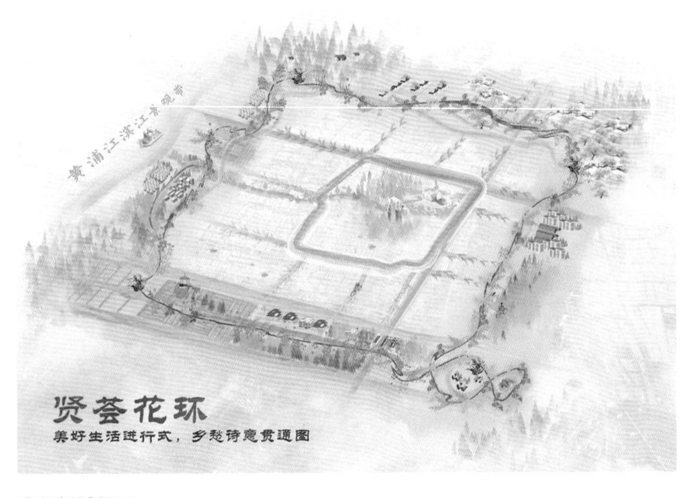

奉贤新城绿环

2. 新城生态公园的多功能复合转型——松江新城昆秀湖公园改造

松江新城昆秀湖公园改造项目，位于松江经济技术开发区的西部科技园区核心地带，是松江新城绿环中 12 个关键空间节点之一，占地面积约 56.4 公顷。借助松江区得天独厚的自然资源“九峰三泖”以及佘山旅游度假区的文旅品牌优势，昆秀湖公园的改造以“开放共享、城绿相融、强化特色、激发活力”为发展目标，提出了“与水同乐、与林共舞，蓝绿交织、行舟逐梦”的设计理念。通过精心的地形营造和水系梳理，优化公园的整体蓝绿空间结构，创造出丰富多彩的活动空间和多样化的动植物栖息地，将昆秀湖公园打造成一座集生态涵养、森林游憩、体育运动等多功能于一体的综合性森林湿地型生态公园。

松江昆秀湖公园

特色亮点

开放共享与边界活化：改造项目重新审视了街道与公园边界的空间关系，通过将东升港路沿线的绿化空间充分开放，利用花坛绿岛、林荫广场等空间组织方式，实现市政人行道与公园步道体系的无缝对接。这样的设计不仅增加了公园的出入通道，提高了市民游园的便捷性和舒适度，还使得园内的自然风光与周边的城市景观相得益彰。

主题鲜明与品牌突显：项目与区域周边天马体育小镇的活力运动主题相衔接，强化了“水上运动”的品牌特色。通过设置集专业运动赛道和大众休闲体验于一体的多功能场所，灵活满足赛时和日常的不同使用需求，充分考虑人在不同时空背景下对场地的多样化交互体验，与绿环陆域活动项目形成互补互动的紧密联系。

慢行贯通与连续体验：项目强化了空间的连续性，结合地形特点，设置了跑步道、漫步道、探索道等，为不同运动活动的参与者提供了专属空间，让人们在不同速度的活动中体验乐趣。同时，在水上规划了单人皮划艇游线，形成一道独特的水上运动风景线。

生境修复与景观重塑：针对公园东侧的大型乔木和灌木，由于堤岸绿化覆盖率高导致光照条件不足，影响了草坪的生长，项目通过林下光照情况的细致分析，因地制宜地设置了“阴生花园”，打造出一片静谧的探幽之地。此外，根据水深的不同，项目还精心设计了水湿生花园，并利用驳岸改造营造了动植物栖息的孔隙空间，进一步丰富了公园的生态多样性。

服务设施完善与活力赋能：项目统筹了绿环配套设施建设和开放林地建设的要求，完善了公共配套服务场所，为游客提供了游览问询、便民服务、售卖休憩、应急医疗、公厕等服务，极大地提升了公园的可达性、可观性、可游性和可憩性。

文化传承与艺术点亮：项目以现有的古桥、古树、古木为展示对象，通过公共艺术的手法，营造了一系列能够唤起场地记忆、可供参与体验的特色场景，使得历史与文化在公园中得以生动地展现和传承。

综上，松江新城昆秀湖公园的改造项目不仅提升了公园的生态价值和游憩功能，还通过多功能的复合转型，为市民提供了一个充满活力、富有文化内涵的生态公园，成为新城绿环中一道亮丽的风景线。

3. 新城科研社区的生态创新模式——南汇新城世界顶尖科学家社区生态景观规划

南汇新城世界顶尖科学家社区的地理形态由十字交叉的水系划分为四个独特的陆地板块，其中水系交汇处形成的半岛状地形为社区提供了得天独厚的景观基础。在这样的地理优势下，社区的规划模型将科研中心以低密度开发的方式布局于两大半岛之上，形成既面向自然又与城市系统相连的实验室组团。这一设计理念旨在为科学家们提供一个既独立又便于公共交流的工作空间，因此得名“科学方舟”，象征着科学探索作为开拓未知世界的领航者。

特色亮点

生态建设理念：社区周边拥有丰富的自然要素，如海洋、河流和湿地，内部水系纵横交错，形成独特的生态景观资源。社区紧邻城市公园和近海滩涂，依托这些自然资源，提出了生态优先的建设理念，包括建立多维度的绿色生态网络、强化空间的开放共享、综合治理水域和岸线、建设具有生态韧性的海绵城市等，旨在提升社区的生态环境质量和居住者的生活品质。

景观结构控制：社区的景观空间结构以两条水系为核心轴线，形成十字形的绿地布局。在河湾区域设置低密度和开阔的开放空间，并使绿色空间向地块内部渗透，增强绿地的可达性。科学公园作为社区内最大的绿地，通过沿科学大道的景观设计，与世界青年中心的景观广场相连，形成一条绿色生态走廊。

空间系统分类：在遵循景观结构的基础上，项目根据三个科学主题，将绿地分为科学绿谷、科学公园和科学开放绿地三类。以科学公园和科学绿谷为核心景观空间，向周边地块渗透，形成每个场地内沿景观空间布局的科学开放绿地，既丰富了社区的生态景观，也满足了科研人员对于开放交流空间的需求。

综上，南汇新城世界顶尖科学家社区的生态景观规划充分考虑了科研与生态的和谐共生，通过创新的设计理念和精细的空间规划，为科学家们打造了一个兼具私密性与开放性、自然与城市相结合的理想科研社区。

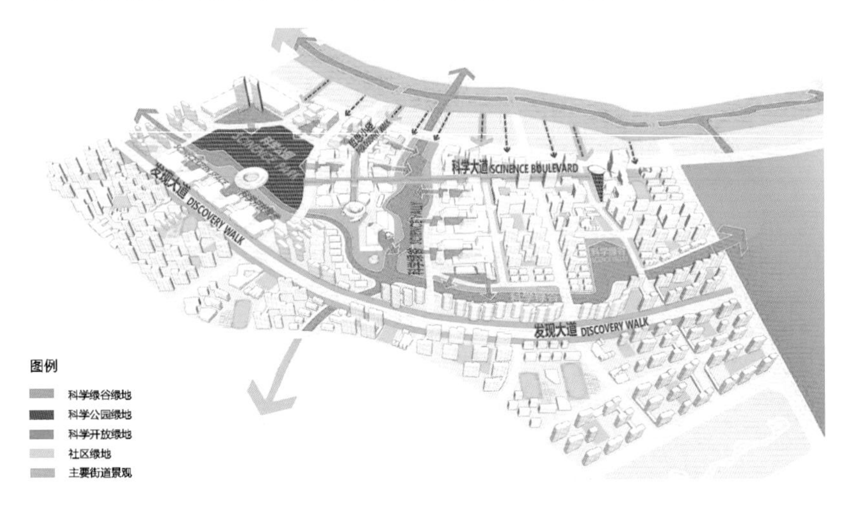

景观规划示意图

4. 新城滨水地带的亲水活力营造——青浦新城滨水空间设计

青浦新城滨水沿路空间建设突出“水乡”特色，提升公共空间品质，承载市民健身、休闲等功能，形成连续畅通、功能复合的公共活动空间，打造可到达、可感知的亲水空间。在已建成的或将建成的沿岸贯通绿道周边布局公共活动功能和绿化网络，包括滨水文化区、主题公园等。强化新城内部蓝绿空间与周边山水、河湖、林地、耕地等的融合，以嘉青松、油墩港、新谊河、西大盈港等结构性蓝绿走廊为骨架，突出棋盘式水网的沟通作用，链接青西郊野公园等大型生态空间，锚固河湖交错、林带交织的新城生态格局，实现新城建设与地方特色生态本底的有机渗透。

青浦新城滨水地带的规划设计，深刻把握“水乡”这一核心特色，致力于提升公共空间的品质，同时满足市民对于健身、休闲等多功能活动的需求。通过精心设计，形成一个连续、开放、功能丰富的公共活动空间体系，打造了一个既易于到达又富有感知性的亲水环境。建设策略继续以水为纽带，构建一个以水为核心的空间发展轴线。在已建成或将建成的滨水绿道周边，规划布局一系列公共活动功能区和绿化网络，涵盖滨水文化区、主题公园等多样化设施。

此外，青浦新城的规划设计还特别强调新城内部的蓝绿空间与周边自然环境的融合，将青西郊野公园等大型生态空间有机地链接起来。这样的设计不仅锚定了河湖交错、林带交织的新城生态格局，而且实现了新城建设与地方特色生态本底的有机融合。

特色亮点

新城水系改造：重点对老城厢护城河及环城水系进行改造，同时对盈港路—上达河走廊、外青松—东大盈港复合发展走廊、淀浦河蓝色珠链城区段等骨干河道及岸线进行保护与利用，提升水系的功能性和景观价值。

蓝绿系统建设：环城水系的全线贯通使得江南水乡的特色日益明显。通过复原老城厢环城河和市河的历史风貌，突显青浦的历史文化特色。公共岸线的贯通率达到 80%，极大地增加居民接触水域的机会。

景观风貌塑造：以“江南风、水乡情、宜居城”为指导方针，将亲水生态和环境改善作为设计主轴，融入水绿交融、江南风韵的特色，体现了“公园城市”的建设理念。青浦新城致力于打造一个核心功能突出、文化特色明显、蓝网绿道成带成网、道路交通体系完善、生活品质全面提升的宜业宜居宜游的新城典范。

综上，青浦新城滨水空间的设计不仅体现了对水乡特色的深刻理解和尊重，而且通过创新的规划和设计手法，为市民提供一个充满活力、富有文化底蕴的亲水生活环境。

江南会客厅

5. 新城街道绿网体系的品质提升——嘉定新城林荫道建设项目

嘉定新城在街道绿网体系的建设中，致力于提升林荫道的品质，通过精心规划和设计，构建 11 条骨干林荫道，总长度达 9.76 公里。香樟树以其高覆盖率成为新城林荫道的主要树种，为城市带来丰富的生态效益和美学价值。嘉定新城的行道树专项规划不仅体现了林荫路网的特色，而且以问题和实施为导向，发挥行动规划的作用，形成一套完整的行道树品质提升策略、布局和建设指引。这些规划和指引为新城的高标准、高品质公共环境建设提供了科学指导，并通过示范段的打造，强调彩化、珍贵化和效益化，显著提升新城的形象和魅力。

特色亮点

系统规划：项目根据道路系统的特点、街道空间的要求以及生态建设的标准，进行全面的整体规划。通过分区、分类、分级的方法，对行道树的规划设计进行系统的引导，确保规划的科学性和实施的有效性。

空间统筹：项目充分考虑街道空间的尺度和功能划分的需求，明确行道树在街道断面中的位置、空间和数量。通过采取必要措施，保障人性化空间的顺畅和充裕。同时，行道树的种植与街道其他绿化元素及街道空间环境相得益彰，满足了街道的使用功能和景观需求。此外，项目还综合考虑行道树与市政设施、街道家具的关系，统筹各类设施的空间分布，充分利用行道树下的街道空间，避免行道树对其他市政设施的遮挡。

风貌协调：林荫道的建设严格遵循嘉定新城总体城市设计的景观风貌要求，形成具有嘉定新城特色的行道树景观风貌特征，并与新城的整体景观风貌实现了和谐统一。

示范引领：项目通过打造多个具有代表性的典型路段，进行行道树及街道空间的设计示范。这些示范段不仅突出了新城的生态环境特色，还践行了空间的统筹利用，并探索了新兴技术的应用，为后续的行道树种植提供了宝贵的经验借鉴。同时，通过示范段的建设和提升，项目显著提升了空间环境的品质，与周边地块的开发相融合，为新城的发展建设注入新的活力。

综上，嘉定新城林荫道建设项目通过专业的规划和设计，不仅提升了街道绿网体系的品质，还为市民提供了更加美丽、舒适、生态的城市环境，为新城的可持续发展做出了重要贡献。

嘉定新城林荫道景观

5.4 数字化转型专项评估

5.4.1 面上评估

数字化转型专项评估基于《数字中国建设整体布局规划》及《上海市新一代信息基础设施发展“十四五”规划》要求，对接国内外先进城市数字化转型经验，以数字要素、数字空间、数字生活、数字经济、数字治理五个维度作为上海市新城数字化转型评估方向，并结合五个新城实际建设诉求和发展特色对评估体系进行创新搭建。

新城数字化转型评估体系

维度	内容
数字要素	数字基建、数字开放体系
数字空间	韧性安全、生态景观、绿色低碳 地下空间、可持续发展
数字生活	医疗教育、社会福利 文化体育、社会包容
数字经济	新商业、新工业、新农业
数字治理	政府治理、社会治理、市场管理

1. 数字要素

数字化转型评估标准

数字要素是新城全面打造“物联、数联、智联”的城市数字底座，将充分挖掘和沉淀数据价值，评估从数字基建和数字开发体系关键维度出发，评价数字要素的投入和成效。

数字化转型成效

嘉定新城：在道路交叉口以及相应路段设置传感和监测装置，构建车路协同典型应用场景，帮助车辆提高出行效率及安全性。

青浦新城：建设联合河湖长制数字化平台，接入卫星遥感与无人机遥感数据、视频监控数据，采集并接入联防联控管理数据，实现跨区域河湖整治。

松江新城：加快推进长三角人工智能先进计算枢纽的建设，稳步发展行业数据中枢，加速数据互联，赋能松江企业。

奉贤新城：应用数字技术赋能民生高质量发展，江海花园智慧社区通过大数据、互联网 + 的运营方式，让基层治理更加科学、智能、精细。

南汇新城：“临港数字孪生城”赋能城市建设的“规建管运”一体化，汽车工业、装备制造、芯片工厂的工业孪生应用也在探索实践中。

数字化转型评估结论

五个新城加速推进建设、部分设施超时序完成，建设领先的数字基础设施，形成特色鲜明的发展格局，有力支撑五个新城的数据、场景、运行与可监测性等全方位的数字化赋能。

2. 数字空间

数字化转型评估标准

数字空间是新城空间数字化应用提升的重要基盘，与其他几个评估专题进行联动评估，包括韧性安全空间、生态景观空间、绿色低碳空间、地下空间以及可持续发展五大内容，用以评价新城空间资源数字资产化转化的效率。

数字化转型成效

韧性安全：青浦新城搭建针对数字化的防灾减灾综合一体化平台，该平台是国内首个构建“人—事—物”交互协作的防灾减灾数字化平台，平台对接社区监测预警感知数据，形成小尺度灾害影响分析。

生态景观：松江新城聚焦无人农场与智慧农业基地建设，以数字农业为抓手，把握乡村数字经济发展新机遇，探索现代农业与农村建设融合发展。

绿色低碳：奉贤新城建设一套基于信息技术和大数据分析的海绵城市数字化管理平台 ，用于协调和管理海绵城市中各项工程和措施的实施，提高城市水资源管理和应对气候变化的能力。

地下空间：临港新片区建设数字孪生综合管廊平台，利用 GIS+BIM 技术，结合地上、地下三维模型数据成果，构建城市基础要素可视化数字孪生底板，打造地上地下一体化底座。

可持续发展: 嘉定新城自“双智”试点以来，以“智慧城市”“智能交通”“智能汽车”多维度深度一体化融合赋能为目标，实现自动驾驶车辆智能网联、智驾仿真，全方位提升城市精细化管理水平。

数字化转型评估结论

五个新城结合自身特色形成典型示范。韧性安全方面，松江新城在城市安全风险综合监测预警平台建设已取得阶段性成果；生态景观方面，嘉定新城锚定远香湖和紫气东来景观轴等重要生态景区进行数字化改造；绿色低碳方面，奉贤新城建设海绵城市智慧监测系统；地下空间方面，南汇新城建设数字孪生综合管廊平台；可持续发展方面，青浦新城建设可持续的数字化工业园区。

3. 数字生活

数字化转型评估标准

数字生活是利用数字化技术来提升市民生活体验与幸福感，根据教育医疗、社会福利、文化体育等关键场景的数字化程度，评价数字生活的满意度。

数字化转型成效

嘉定新城：校园网基本实现万兆互联，多个智慧教育场景已投入使用；“便捷就医服务 3.0”正在推进中，基本实现线上诊疗全流程服务；综合为老服务平台主要功能基本建设完成，“e 嘉乐”热线实现 80 岁以上独居老人全覆盖；文旅常规数字化建设成果也投入使用，极大提高了公众体验感和管理效率；体育场馆完成标杆场馆建设。

青浦新城：智慧教学建设已初现雏形；长三角互联网医院逐步形成三个平台 + 三大中心，基本实现全流程闭环分级诊疗体系，“便捷就医服务”在积极推进新七大应用场景建设；“幸福云”智慧社区“1+5”功能体系架构建设已基本完成，提高为民服务效率；养老数字化平台实现 80 岁及以上老人紧急救援服务覆盖率达 95%；重点文旅场馆和体育场馆数字化建设基本完成，增加了场馆的互动性、趣味性、智慧行。

松江新城：数字孪生校园和实验教考开放创新平台建设进行中，拟探索更多智慧场景服务；G60 数字健康城区诊疗全流程数字化管理及多数字化平台均正在建设中，以提升就医患者体验为主要目标；“为老服务一键通”基本实现试点区域社区全覆盖；文旅数字化建设极大推进了公共文化服务的数字化和智能化；体育场馆接入公众号，为市民提供更便捷服务。

奉贤新城：已有三所学校入选市级信息化标杆培育校；“便捷就医 2.0”实现多功能应用；高龄独居老人通过“智能腕表”实现一键呼救、定位监测等多智慧养老服务；示范性数字家园的“1+1+1+N”的智慧平台建设架构基本完成；通过“线上”+“线下”融合互动新技术，实现公共文化旅游资源的共享和服务，提升旅游新品质。

南汇新城：试点智慧校园建设已基本完成；“互联网 + 老年大学”建设有效解决了老年人面临的“数字鸿沟”问题；上海天文馆作为文旅重点建设场景，已实现多方面有效赋能，成为竞相参观的标杆项目之一。

数字化转型评估结论

五个新城以数字技术赋能医疗教育、社区生活服务、文化体育，共同建设便捷都市生活、安全幸福环境，数字化赋能“医教养”已初见成效，有效提升新城范围人民生活的幸福度和体验感，更高水平地满足人民群众对美好生活的向往。

4. 数字经济

数字化转型评估标准

数字经济是以数字化技术作为产业生产运营效率提升和经济结构优化的重要推动力，聚焦工业互联网、人工智能等数字经济产业，大力推动新城产业数字化和数字产业化。数字经济以新商业、新工业、新农业三大关键指标评价新城数字产业的创新力度。

数字化转型成效

嘉定新城：2 个重点数字商圈正在建设中，数字酒店服务建设已达 80%，互联网标杆园区获 1 个市级认定，智能工厂 35 个，工程 BIM 应用基本实现规模以上 100% 应用，数字化无人农场预计 2023 年扩大至 3890 亩（259.3 公顷）。

青浦新城：1 个重点数字商圈正在建设中，数字酒店服务建设已达 100%，互联网标杆园区 1 个，智能工厂 16 个，工程 BIM 应用基本实现规模以上 100% 应用。

松江新城：2 个重点数字商圈正在建设中，数字酒店服务建设已达 40%，互联网标杆园区 1 个，智能工厂 11 个，工程 BIM 应用基本实现规模以上 67% 应用，数字化无人农场和智慧农业生产基地正在建设中。

奉贤新城：1 个重点数字商圈正在建设中，数字酒店服务建设已达 60%，互联网标杆园区 1 个，智能工厂已完成 3 个，工程 BIM 应用基本实现规模以上 100% 应用，奉贤“三农”数字综合管理平台正在建设中。

南汇新城：1 个重点数字商圈正在建设中，数字酒店服务建设已达 80%，互联网标杆园区 1 个，智能工厂 34 个，工程 BIM 应用基本实现规模以上 100% 应用。

数字化转型评估结论

五个新城数字经济建设已基本实现新商业、新工业、新农业的全覆盖，数字经济已逐渐成为新城经济领域不可或缺的重要组成部分。

5. 数字治理

数字化转型评估标准

数字治理是在数字化技术的支撑下，针对政府治理、社区管理、企业管理等事务在电子平台上进行的管理形式，评估从多场景运用的角度评价数字治理的发展成效。

数字化转型成效

五个新城的城市治理由人力密集型向人机交互型转变、经验判断型向数据分析型转变、被动处置型向主动发现型转变，政务服务高效、智慧便捷。城市管理风险降到最低，自动感应、自动推送、及时处置，第一时间发现、解决可能出现的安全隐患，实现从预警到处置的闭环管理。政务服务从“能用”向“好用”转变、实现群众高效办事、“数据多跑路，市民少跑腿”。

数字化转型评估结论

五个新城推进治理现代化、精准化，城市治理由人力密集型向人机交互型转变、经验判断型向数据分析型转变、被动处置型向主动发现型转变，政务服务高效、智慧便捷。

6. 转型发展阶段性特征

五个新城各自有不同的定位和特色。嘉定新城主打“未来出行城市”，青浦新城以“长三角数字新干线”为特色，松江新城重点打造“数智 G60”，奉贤新城和南汇新城分别定位为“数字江海”和“数字孪生城”。这种定位和特色使得各个新城的数字化转型具有独特性和创新性。

聚焦关键领域。五个新城的数字化转型都聚焦在数字底座建设、数据开发利用、数字技术创新和行业转型赋能四个方面。这些领域是数字化转型的核心和关键，对于推动新城的经济社会发展具有重要意义。

强化基础设施建设。五个新城都注重 5G 网络、感知终端、充电设施等基础设施的建设。这些设施是数字化转型的重要支撑，能够提高新城的数字化水平和智能化程度。

鼓励创新应用。五个新城都通过发布场景、引导社会资本参与等方式，鼓励社会各界创新主体积极参与数字化转型。这种创新应用不仅能够推动新城的经济社会发展，还能够为数字化转型提供新的思路和方法。

还存在短板及不足。支撑城市经济发展、生活服务、精细化管理场景应用需求的数字基础设施部署仍需完善、服务体验仍有提升空间，部分数字新场景的应用水平不够理想，需优化应用体验、克服“重建设轻应用”现象。

5.4.2 特色案例

1. 新城老街的运维管理数字化赋能——西门历史文化街区数字化发展

在嘉定千年发展史中，嘉定镇历来是区域经济政治中心，积淀了深厚的文化底蕴。目前，西门街区是嘉定西门历史风貌区的核心主体，于 2021 年被列入嘉定新城三大示范样板区。区域内包含护国寺、西门文化公园、C2 街坊地下停车库、印象西大街旧改四个建设项目。

数字化亮点

采用点云模型、BIM 技术协助街区数字化设计

对现状信息采集形成点云模型：采用三维点云扫描技术测绘保护建筑，获得 1:1 还原的建筑数字化模型，辅助形成建筑平面图、立面图、剖面图等信息。后续修缮、改造、新建建筑可在点云模型基础上进行设计。形成的西大街完整的街区级数字底板，便于今后空间效果模拟和对各专业基础信息进行汇总。

新建建筑利用 BIM 技术局部应用：采用 BIM 验证技术对西大街地下开挖空间进行三维模拟，对管线排布、车库净高等进行验证，确保空间合理。

通过数字技术智慧赋能

数字监控技术的运用：安装监控探头等设备，用于协调建筑风格，如颜色、材质是否协调等方面，避免破坏区域整体的风貌。在建筑周边实现监控全覆盖，由监控中心统一管理，构建全局感知的防控体系。监控探头数字化，接入全域标准化的物联网平台，构建一体化感知网络。系统监测到违章搭建、店外经营等可疑情况，可尽快派网格员现场确认、及时处理。

实时进行数字监测：安装支持温度、火警等多种报警信号采集和记录的监测设备，借助传感器等技术手段，针对历史保护建筑实施实时监测。定期组织人员定期巡查，一旦发展历史建筑未经审批擅自装修、改建的情况，及时上报街道网格中心，并进行跟踪巡查。

智慧门禁系统的使用：智能门禁系统设置在门洞侧边等隐蔽位置，其颜色、材质、尺寸与所属建筑风格相协调，将使用模拟和半模拟信号的传统门禁系统优化升级为采用全数字信号的智慧门禁系统。智能门禁系统，还能实现出入管理、档案管理、特殊人员监控，及警示、报警取证功能。

智能遥控的操作：在不影响建筑风貌的位置安装智能遥控设施，其颜色、材质、尺寸也应与所属建筑相协调。结合智能环境监测系统与物联网设备，实现历史建筑内部自动控温等智能化生活场景。将建筑内的变配电、照明、电梯、门禁等众多分散设备进行集中管理、统一控制，并通过网络与管理人员的便携设备连接，实现远程操控。

印象西大街启动区效果示意图

2. 新城生态的低碳、韧性安全和文旅数字化建设——上达创芯岛数字化发展

上达创芯岛总建筑面积 312 万平方米，其中商业商务、研发建筑面积 200 万平方米，住宅建筑面积65万平方米，蓝绿空间占比40%。项目建设以水脉为脊、以水营城，以“青浦之芯”岛为中心，打造兼具活力与魅力的城市创新核。定位特色上，聚焦城市中心功能，彰显青浦水绿特色和水乡基因，突出生态绿色、共享智慧新理念，发挥创新驱动和新经济引领作用，目标打造“创新型中央活动区、新江南共享智慧岛”。

数字化亮点

搭建智慧低碳管理平台

智慧能耗管理与碳排放监测：基于区级能耗检测平台，将大型公共建筑用能分项计量并计入平台，开展多维的物联网基础设施建设和基于 CIM 的精细化管理升级。打造碳排放智能监测系统，鼓励碳核算、碳盘查，实现区域碳排放统筹管理。

数字化赋能文旅产业新发展

上达河属青浦新城环城水系公园的一部分。搭建环城水系公园云平台，包括环城水系公园城运平台、青浦文旅管理事务中心微信公众号。“十四五”期间，环城水系公园城运平台将纳入“一网统管”平台，自动采集、分析各类数据信息，实现全天候、全覆盖、全过程的智能化管理，为水系公园管理应用提供支撑。

上达创芯岛重点推进数字景区建设，综合运用物联网、大数据、云计算、人工智能等现代信息技术，建立有效统一的管理、服务、营销等信息系统，实现旅游要素数字化、运营管理智慧化、旅游服务个性化需求。在游客们看不见的景区“后台”，系统可以将多元数据进行集成，与其他景区构建文化和旅游数字服务矩阵，数字化赋能青浦文旅产业新发展。

数字化赋能韧性生态水网建设

通过可视化手段，打造环城水系感知监测系统，实现数据的融合展示，利于日常的监测巡查管控。此外，通过在水文监测站、灌溉渠道闸门等水利基础设施布置终端感知设备，通过感知设备收集数据，构筑智能感知网，实现全面互联，为应急事故管理和抗灾指挥提供决策依据。

上达创芯岛效果图

3. 新城枢纽的规划建设全过程数字化应用——云间站城核数字化发展

云间站城核是松江新城四大重点区域之一，规划范围 2.47 平方公里，未来将具备年客流超 2000 万人次的吞吐能力，实现直达 80% 以上长三角主要城市。松江枢纽是上海重点规划建设的市级综合交通枢纽，以打造具备上海城市副中心能级的新城南部中心为目标，以混合开发、高密度建设、宜人尺度为空间导向，建设站城一体的魅力立体城区，打造特色鲜明的门户场景体验，构建“枢纽门户，中心舞台，一轴五片”的空间框架，实现新老站房、地块与站体、枢纽片区和松江新城的融合。

数字化亮点

打造片区数字底座，进行数字规划

松江枢纽数字底座按照统一的城市空间数字底座成果数据标准，对地上建筑、地下管线、地下空间对象进行采集、质检、汇交等，基于 GIS、BIM、3D 建模技术，形成片区数字孪生城市平台，并基于该平台进行数字化规划研究。数字化规划结合片区城市规划，通过 GIS、云计算等数字化技术，实现项目周边环境及空间数据资源集成，并结合规划过程中重点关注指标，进行“智慧枢纽”数字规划研究。

试点全过程 BIM 技术应用

松江枢纽项目在建设过程中，充分利用 BIM 技术，是松江区首个实现 BIM 技术全过程应用的建设项目，打破传统业务中设计、施工、运维各阶段数据割裂的状况，实现数据流动及项目各阶段“所见即所得”。项目建设单位基于 BIM 三维模型，以“智能规划、智享建设、智慧管理”为建设目标，结合 GIS、IoT、三维引擎等技术，进行数字孪生平台建设及功能应用打造，核心应用包括人员管理、质量管理、进度管理、创新版块等内容，实现数字化技术赋能工程建设。

松江枢纽服务中心新建项目将 BIM 技术应用到设计、施工、运维各个阶段，在施工过程中或施工前对设计方案进行定量模拟“预演”，提前发现问题，及时优化技术方案，提高了施工质量和经济效益。通过数字化信息控制系统辅助监管，从质量、安全、绿色施工、进度等方面对项目进行动态监管，业主及项目部可通过小程序及网页端实时看到施工现场人员数、扬尘噪音、项目进度，及进场机械设备、物资物料数据，实现项目全过程可视化、精细化管理，保障项目有序推进。

松江南站枢纽效果图

4. 新城产业的多场景数字化构建——数字江海数字化发展

数字江海产业社区位于奉贤新城核心区域，规划总用地面积 1.79 平方公里，拟打造成为城市力全渗透的数字化国际产业城区，是奉贤新城的一号工程、两个示范样板区之一。基于数字江海“上海首个城市力全渗透的数字化国际产业城区”的总体目标，以及打造“三生（数字孪生、数字原生、虚实共生）三世（数据前世、数字今生、数智来世）三座城（地上之城、地下之城、云端之城）”的建设目标，数字江海主要进行数字基础设施、数字底座平台、数字生活、数字经济等方面的建设。

数字化亮点

数字孪生平台搭建

基于城区企业和员工需求，通过建设云网边端的数字基础设施、汇聚园区数字资源、打造数字底座，实现实体城市和数字城市的精准映射、城市数字治理的分析洞察、城市数字生活的虚实融合、数字城市对物理城市的智能干预，为数字江海的规划设计、开发建设、运营管理、企业服务的“规建管服用”全流程、全生命周期发展提供数字化支撑，创新城市空间规划、功能布局等场景，实现管理数字化、产业数字化、数字产业化以及服务数字化。

生活数字化场景

围绕示范性数字家园建设，以金海街道为依托，基于 AI、区块链、大数据等技术，通过系统集成的方法进行智能街道社区建设。以社区服务和管理为主要建设方向，一方面通过居民高频使用的社区服务事项为重点，实现社区公告、共享空间预约、常住人口登记、群租管理、为老服务、物业报修、邻里互助等功能，建设“金海掌上家园”移动服务端，打造“15 分钟社区生活圈”，形成街面商铺综合管理、业态优化、服务引导平台；另一方面，依托人脸识别摄像头、智能门禁、智能水表等多种智能设备的数据，建立人员分析模型，及时发现安全隐患和重点人群异常情况，主动发现其他不安全因素，根据街道“两长制”治理体系，下发至基层管理人员进行及时处置。

产业数字化场景

产业数字化场景主要有无人工程、工业互联网、线上产业孵化器等；智慧招商方面则主要是充分利用 BIM 管控等数字化技术，从控规阶段开始便开展以“1+*X*”（“1”指以元宇宙为核心的数字经济产业，“*X*”指以生命健康为主要赛道的战略性新兴产业）为产业方向的招商工作。

数字江海产业社区效果图

5. 新城科创的生态圈数字化营造——南汇顶尖科学家社区数字化发展

南汇顶尖科学家社区位于临港新片区国际创新协同区，占地面积 2.37 平方公里，其西片区（面积约 1.1 平方公里）是南汇新城两大示范样板区之一。南汇顶尖科学家社区依托世界顶尖科学家论坛平台，利用临港新片区制度创新优势，立足以“推动基础科学、倡导国际合作、扶持青年成长”为使命，打造科学思想自由、科研生态完善的全球极具特色的新时代重大前沿科学策源地。未来将入驻各领域 26 位世界顶尖科学家，意向入驻顶尖科学家的 20 个实验室。为全方位满足顶尖科学家工作与生活需求，聚焦国际科研创新协同，南汇顶尖科学家社区围绕三个方面打造创新示范亮点：一是为科学家量身定制的理想社区，突出科学特色，构建具备科学家社区认同感的社区，探索面向未来的社区组织模式，打造科创驱动的产城融合示范区；二是建设开放社区、高品质公共空间、精准化配套设施，打造工作与生活高度融合的新一代社区；三是绿色低碳的先行实践区，全面贯彻绿色低碳理念，推进绿色建筑、超低能耗建筑、零能耗建筑、集中式能源站的实施落地。

数字化亮点

搭建数字开放体系

南汇顶尖科学家社区数字底板以 BIM 作为核心技术，深度融合 GIS 数据以及 IoT 万物互联数据，利用 5G 技术实时传输，向下兼容各类 BIM 模型与智能化系统数据接入，向上支持各类应用系统，如数字建筑、数字安防、数字能源、数字交通等，支持上百平方公里城市级别、园区、楼宇和住户级别的各形态的规、建、管全流程全要素的各类数字应用。通过 1:1 复原规划区空间信息，提供可视化大数据管理的数字底板平台。基于南汇顶尖科学家社区数字孪生平台的数据汇集与分析处理功能，实现对片区各类建设、运营情况的整体把握。

执行高质量通信信号覆盖标准

对 5G 信号覆盖率、公共区域 Wi-Fi 覆盖率等指数进行动态跟踪，通过可视化数字底板，结合区域建设进度，从需求侧出发，科学评估社区内各场景对通信业务的需求，超前布局适应新生产生活方式的基础设施，提升公共区域 Wi-Fi 覆盖率，为高能级 5G 网络服务要求做好基础，保证向社区提供优质通信服务能力。

南汇顶尖科学家社区公园效果图

前置谋划智慧基础设施建设

目前实现基于5G物联网，结合智慧城市家具产品设计的城市信息采集系统，通过感知终端设备的高密度、高覆盖率部署，实现各类可搭载设备的数据采集、传输与远程操控，方便管理人员及时掌握与远程处理前端情况。未来可进一步基于感知终端部署规模现状，结合区域道路建设、市政设施、景观构筑物等建设现状，前置谋划布局。

营造智慧安全的生态景观环境

借助智能化系统，提高顶科公园的管理效率和应急响应能力，实现对顶科公园更加高效、智能的管理，提供更加安全的公园环境，助力新片区智慧公园建设，为数字景区、数字文旅建设提供有效实践经验。

数字经济赋能科研创新生态圈

立足核心科学家资源和重大科学计划项目需求，构建完善的科学生态，依托数字化手段实现创新源头“最先一公里”和产业化“最后一公里”的高效对接，有效促进科学家、大学和企业之间的合作。

智慧化运营管理统筹

南汇顶尖科学家社区工作重心将由规划建设统筹转向运营管理统筹，推进大物业管理，将根据区域内建筑功能、类型和区域分布，集中形成统一的物业管理区域。以数字化赋能智慧运维，积极探索“绿色低碳、数字智慧、安全韧性”的区域化智慧运维新模式，引领高效能运维新标杆。

5.5 地下空间综合开发利用评估

5.5.1 面上评估

1. 评估体系

践行“新城之新，在于创新”的规划建设理念，深度挖掘新城地下空间的资源禀赋和潜力价值，聚焦“新城层面 + 重点领域 + 特色案例”三个体系，采用现状实地调研、空间模型构建、数据统计对比、政策规划解读等定性定量相结合的方式，多维度、全方位开展本次地下空间专项评估，为后续新城地下空间高质量发展提供探索路径。

新城地下空间专项评估：思维路径框架示意图

2. 新城层面发展特征

整体评估标准

新城地下空间整体评估，从“发展历程、总体特征、政策规划”等维度开展，在追溯新城成长的建设时序中，提高对新城地下空间的路径解读与发展认知。盘摸地下空间建设现状，围绕“总体布局、总量规模、功能配比、竖向布局”等关键性因子，开展评估地下空间建设集约度和利用效率。同步系统梳理市区、新城等层面地下空间开发利用的相关政策、规划等文件，结合项目落地实施效果，评估地下空间建设与政策规划管控的契合度。

整体发展特征

新城地下空间发展趋势从“基础配置”向“品质发展”：纵观新城整体发展脉络，地下空间早期以停车配建为主。伴随绿色低碳、智慧赋能等新技术新理念的广泛应用，各专业领域在地下的系统集成，地下空间呈现多元化、品质化的发展态势。

新城地下空间建设特征从“散点建设”向“重点区域聚集”：梳理“空间布局、功能配比、竖向布局”等现状建设情况，地下空间从早期的以商业中心和居住停车配建的“散点建设”，转变为围绕轨道交通、综合管廊、重要活动中心等“重点区域集聚”，并逐步向地下深层探索，整体建设特征和发展框架趋向清晰。

新城地下空间建设模式从“单项利用”到“多领域系统融合”：伴随新城轨道交通、综合管廊等线性设施网络化发展，新城地下空间的建设开始走向多元融合，表现在轨道与城市空间协同、地下公服设施高效复合、交通枢纽统筹增效、地下市政设施韧性安全等方面。

新城地下空间“政策引导、规划衔接”的管理体系初步形成：为保障地下空间项目高效落地，市区政府相继出台相关政策保障实施；同时加强不同类型、不同层级规划间的协同和衔接，来推动地下空间的有序建设和精细化发展。

伴随智慧化的发展，“数字孪生”等技术手段广泛应用：新城智慧应用的普及，数字孪生等新技术的探索路径已经悄然创立，初展光彩。青浦区在建“数字孪生综合管线监管平台”；松江区建立“数字孪生城市”；奉贤新城数字江海搭建“数字孪生城市系统”空间数据库；南汇新城搭建“临港数字孪生城市基础平台”。

3. 重点领域建设成效

地下轨道交通设施

评估标准

地下轨道交通设施是构建新城地下空间的主要框架，也是激发周边地块活力、促进交通设施配套升级的重要支撑。对已运营轨道交通车站，通过“开发成效、交通衔接、场景营造”等维度，细分“功能匹配度、空间集约度、开发强度、交通便捷度、空间合理度”等关键性因子，共同构建度量评估标准，系统性地评估轨道交通车站对促进城市空间协同的作用与成效。

建设成效

嘉定新城：轨道交通 11 号线设计以高架区间和高架车站为主，与新城地下空间的联动较弱，如上海赛车场站局部站点通过下沉广场，实现与周边地块的联动。

青浦新城：地下空间规划设计与轨道交通 17 号线的建设同步开展，车站与周边物业结建程度高，地上地下交通设施完善，采用面域联结、下沉广场、立体开发等方式实现互联互通。

松江新城：轨道交通 9 号线建设较早，轨道预留结建条件有限，以交通设施的配套、衔接为主。松江体育中心站、醉白池站结合连通道的开发建设，形成跨地块的地下空间; 松江南站结合松江枢纽规划连通道，与枢纽发展形成合力，提升交通可达性。

奉贤新城：轨道交通 5 号线与周边用地衔接度较高，环城东路站、奉贤新城站通过结建通道拓展车站及周边地下空间; 望园路站、金海湖站规划预留通道，创造与周边地块互联互通的条件。

南汇新城：南汇新城轨道交通与城市发展都处于动态规划调整的阶段，轨道交通 16 号线与周边地下空间处于探索实践中。

评估结论

已运营轨道交通站点与新城基本实现空间协同。

开发成效：轨道交通与地块地下空间实现了相互联通、应结尽结。

交通衔接：轨道交通与常规交通实现无缝衔接、多维换乘。

场景营造：地下空间塑造以人为本，场景体验性佳。

结合轨道交通专项研究，沿线地下空间要提前谋划并同步预留结建条件。

地下公共服务设施

评估标准

地下公共服务设施在新城示范样板区、公共活动中心、公共开放空间等重要功能区集中布局，囊括商业文娱、社区服务、停车配套、公共通道等多元地下功能。从“商业服务设施地下集成、社会服务设施地下拓展”两大维度，围绕“业态丰富度、空间集约度、场所活力度、地上地下适配度”等多个关键性因子，评估地下空间对地面城市功能协调补充的支撑程度。

建设成效

五个新城规划结合示范样板区、新城中心等重点区域来构建未来地下公共服务设施蓝图。目前围绕商业综合体，新城公共建筑如博物馆、图书馆等开展地下公共服务设施的建设，特色化项目如下：

松江新城：世茂深坑洲际酒店，依托自然地形特征，设计建成地下 16 层的综合性酒店；广富林文化遗址为了保护和展示历史遗迹，在水下配置展览、停车等特色服务功能，与地上功能形成联动。

奉贤新城：南方国际联动周边行政服务中心、中央绿地等设施形成跨街区地下空间的建设，成为新城地下空间的建设样板。

南汇新城：围绕公共建筑如上海天文馆、上海海昌海洋公园、中国航海博物馆等在地下融入展示展览、文娱商业、停车配套等特色功能，拓展和延续地面的特色化体验。

评估结论

新城地下公共服务设施以地下商业和停车功能为主，地上地下功能耦合；未来围绕新城中心等示范样板区重点区域，向功能多元、特色突显等方面转化。

地下市政设施

评估标准

地下市政设施通过地下市政场站、地下市政管廊及其他地下市政设施实现协同规划与统筹建设，是城市“生命线”的韧性建设及安全保障的基础底盘。从“安全韧性建设、智慧技术融合”等方面，围绕“建设指标实施度、地下设施集约度、新技术赋能、智慧运用管理”等关键性因子，科学评估地下空间市政设施的建设韧性和智慧管理水准。

建设成效

嘉定新城：南翔污水处理厂通过分层利用，将污水处理设施集中置于地下，打造节地型城镇污水处理工艺典范。

青浦新城：青浦中央商务区结合地下道路统筹建设管廊，形成输配环。青浦区运用数字孪生技术搭建“数字孪生综合管线监管平台”，助力可视化场景监管。

松江新城：松江南部新城实现了地下综合管廊的建设，管廊自动化程度较高，配备了可视化监测、感知预警、远程监控等智能化设备，保障管廊安全平稳运行。

奉贤新城：统筹整合市政基础设施，局部地区布局综合管廊系统；结合数字江海搭建数字孪生城市系统，建设“三维地下城市”空间数据库。

南汇新城：沿滴水湖整合交通和基础设施，布局综合管廊，并搭建“临港数字孪生城市基础平台”。

评估结论

从安全韧性、新技术理念应用等角度来看，新城地下市政设施已有一定基础，新理念、新技术探索等方面已形成一定突破，需加强应用推广。

地下交通设施

评估标准

地下交通设施通过整合地下交通枢纽、地下道路及隧道、地下公共停车等多元板块，增强地下交通设施的可达性与资源的联动共享。从“地下交通枢纽综合效能、地下道路及隧道系统通畅、地下停车设施完善性”等维度，围绕“规模合理度、人本服务完善度、交通出行便捷度、智慧应用程度”等关键性因子，评估地下交通设施的运行现状及发展水平，研判地下交通对区域资源的统筹增效程度。

建设成效

地下交通枢纽：按新城“一城一枢纽”的规划建设要求，嘉定安亭枢纽主要通过缝合现状安亭北站和安亭西站，构建站城融合的综合枢纽；松江枢纽整合沪昆高铁、沪苏湖铁路等轨线，结合站点进行地下两层开发，目前正在建设中；南汇新城四团枢纽、青浦新城的新城枢纽、奉贤新城望园路枢纽等均在规划研究中。

地下停车设施：地下停车设施按标准配建完善，局部探索空间更新和功能置换，并推广应用大数据、物联网、人工智能、智慧交通等新技术新理念。嘉定新城白银路市政道路、紫气东来体育公园等地下停车库均采用智慧化技术管理。青浦区体育中心地下公共停车场完成功能扩建，缓解了周边停车压力。奉贤新城南源书院利用旧改契机结合运动场增设地下停车库，实现地下资源的有效盘活。奉贤新城结合地下空间开展自动驾驶测试示范区的建设，构建包括城市道路、地下车库、园区道路、乡村道路等道路场景，是长三角首家全封闭式地下无人驾驶测试场。

评估结论

新城积极推进“一城一枢纽”的建设，地下停车设施已有较好基础，局部探索智慧化管理和应用，地下道路系统在研究推进中。

5.5.2. 特色案例

1. 高效复合的地下公共服务设施——嘉定新城中心远香文化源

嘉定新城中心远香文化源位于新城东南部，东至横沥河，西至阿克苏路，南至双单路，北至白银路，总规划面积约为 2.82 平方公里，是嘉定综合服务中心、城市形象集中展示区。未来远香文化源规划三大地标：文化环、未来塔和创意活力谷。地下空间集中在活力谷区域，通过地下功能业态与地面功能一一对应，形成地上地下、高效复合的立体空间系统。

设计亮点

提升地下空间的公共服务属性：围绕地面规划的商业办公、文化展览、创意研发、居住等混合功能，地下公共空间形成集商业娱乐、智慧物流、共享停车、

嘉定新城中央活动区智慧都市地下空间效果图

低碳数据中心、交通驿站、步行通道等于一体的地下综合体。规划设计在地下一层公共区域预留衔接口，连通每个地块，并设置垂直交通核，与地面大型公共建筑空间实现立体转化，塑造连续的公共活动空间。结合地上、地下公共空间，提供夜间配套服务，丰富夜市场、夜商铺、夜景点等各类夜间消费业态，打造公共活动活力区。

搭建地下智慧共生系统：活力谷区域结合地下空间的规划，搭建地下智慧能源系统、地下智慧物流系统、地下智慧交通体系等智慧共生系统。智慧能源系统主要为整个区域提供绿色能源系统和智慧能源；地下智慧物流系统结合物流集散中心和智慧物流楼宇终端，形成地下智慧物流网络，并畅想规划 AGV 机器人、无人巴士等提供无人配送服务。地下智慧交通体系通过建设地下智慧交通节点，来实现对整个区域地下交通的引导和可视化管理。

采用单元式联动开发：为确保地下空间的高品质打造，规划采用单元式引导保障地下空间的整体联动开发。将 4~8 公顷划定为一个规划单元，单元内部通过建立地块间地下公共连通道，形成跨地块资源共享、可达性强的地下空间；单元间规划从伊宁路到双单河约 1.2 公里的地下车行主通道，串联各单元。

2. 站城融合的轨道交通设施——青浦新城轨道交通 17 号线沿线地下空间

轨道交通 17 号线横向穿越青浦新城，设置淀山湖大道站、漕盈路站、青浦新城站、汇金路站等车站。在车站建设之初，由轨道交通设计单位提前统筹谋划、预留接口，同步优化沿线用地属性，设计地下空间、下沉广场和地下公共通道，形成轨道与城市融合共生、双向互馈的典型示范，亦是新城轨道交通车站开发利用的首次整体探索。

设计亮点

淀山湖大道站：探索轨道交通与地下空间的面域衔接。淀山湖大道站位于青浦新城淀山湖大道下方，车站南北两侧分别是以商业、办公为主的城市综合体。项目以车站为核心，设计地铁外挂及连通道空间，共计建筑规模约 1.20 万平方米。该设计扩大了地铁出入口公共区与开发地块的衔接面，布置商业、文化、娱乐等业态，打造灵活多变的体验空间和步行洄游路线，探索车站与地块资源互通共享的创新模式。

青浦新城站：整合交通、市政等多个系统，共建区域枢纽。青浦新城站位于新城中央商务区范围内，沿外青松公路南北向敷设。青浦新城站融示范区线、

徐泾“天空之城”实景鸟瞰图

嘉青松金线、轨道交通 17 号线等多线，规划构建区域性交通枢纽。该节点统筹规划地下三层空间开发，融合公共服务、地下人行通道、地下停车配套等设施，推进外青松公路的下沉设计，整合地下综合管廊体系，预留嘉青松金线的衔接空间，共同构建“地下立体城”，助力“青浦之芯”的建设。

漕盈路站、汇金路站：结合商业、公共交通空间整合立体开发。漕盈路、汇金路两站，均实现两侧地块地下空间与轨道交通车站的互通结建。汇金路站通过下沉广场、裙房结合建设，实现室内外空间的相互渗透，整体改善了地下空间环境品质。漕盈路站统筹交通一体化研究，将公交车枢纽停靠场设置于商业综合体顶楼，将高收益的地面空间留作开发，形成轨道与常规交通零换乘的立体交通模式。

徐泾车辆段“天空之城”：提供停车配套设施，探索立体开发模式。依托轨道交通徐盈路站及徐泾车辆段开展盖上综合开发，建设“天空之城”项目。车辆基地分层布局、立体开发：盖上层布局商业、商墅、住宅等功能；地面为车辆基地场址；地下空间设置停车库，与轨道交通车辆基地运用库同步建设，创新性地诠释了“盖上商住办、地面车辆段、地下停车配套、全体系融合”的立体开发模式。

3. 韧性安全的地下市政设施——松江南部新城地下综合管廊

松江区编制《上海市松江区地下综合管廊专项规划（2018—2035）》，在全区范围内开展地下综合管廊的规划建设。新城在松江南部新城大型居住社区内，开展“成片区、整体性”的地下综合管廊项目，共计约 22 公里，一期工程全长约 7.42 公里，覆盖白粮路、旗亭路以及玉阳大道等区域。松江南部新城地下综合管廊项目是市委、市政府确定的地下综合管廊试点项目之一。

设计亮点

使用新技术赋能，设置独立舱室和综合舱室：南部新城地下综合管廊运用电气及监控系统设计、节能环保型通风设备等，整体提升使用效率，形成形式多样、兼具独立舱室和综合舱的综合性管廊。较典型的如设置在玉阳大道路北侧的管廊主体，设有三舱、六舱等截面构造，妥善安置电力缆线、给水管道、雨污管道、燃气管道、电信电缆等多类城市基础设施管线。项目管线类型多样、建设集成度高，管廊技术先进性强，在目前国内已运营管廊项目中颇具示范性。

践行海绵城市理念，构建雨水分流和调蓄系统：综合管廊建设过程中充分践行海绵城市理念，有效利用了道路下的空间，将污染雨水截留、防洪排涝考虑其中，构建雨水分流和调蓄系统。如玉阳大道段综合管廊设置雨污分离舱室进行分流。雨水进入分离系统后，杂质含量较高的雨水引入污水管道，输送至污水厂净化；相对洁净的雨水则被储存起来，用于绿化灌溉。同时采用雨水管理技术，对降雨进行削峰调节，发挥调蓄作用，实现降低城市排洪防涝风险发生概率。

全过程智慧技术管理，促进管廊安全运维：地下综合管廊设置临控中心，

松江南部新城地下综合管廊实景图

实现全过程智慧运维管理。通过配备可视化监测、远程监控等智能监控手段，实行 24 小时全覆盖的安防、技防综合管理。配备感知预警设备收集海量监控数据，制定突发事件应急预案、防汛防台等专项应急预案。

4. 增效统筹的地下交通枢纽——奉贤新城望园路枢纽

响应新城“一城一枢纽”的规划要求，奉贤新城以轨道交通 5 号线“望园路站”为核心，引入南枫线、轨道交通 15 号线南延伸等，共同构建多条轨线汇合的城市级综合交通枢纽。望园路枢纽通过轨道换乘集聚城市功能，规划在周边 0.7 平方公里范围内开发约 50 万平方米建筑量，融合商务研发、公共服务等功能，衔接常规交通设施，打造地上地下、互联互通的立体城。

设计亮点

跨地块、跨街区的整体设计：采用“分层立体、横向互联”设计理念，望园路枢纽一方面通过嵌入地下道路及隧道、地下轨道交通等设施，构建垂直立体交通核；另一方面开展周边地下公共通道的整体设计，形成连续贯通的地下步行网络，构建互联互通、跨地块、跨街区的地下布局结构，实现地下空间连贯性、交通可达性。

轨道附属设施与地块的精细化设计：发挥轨道交通对客流的集散作用，利用地下轨道交通的出入口和预留接口，增设垂直交通核、下沉广场、公共通道等设施，扩大车站附属与周边的接触空间，打造多样化、趣味性地下空间，增强地下空间的服务品质。

奉贤新城望园路枢纽城市设计效果图

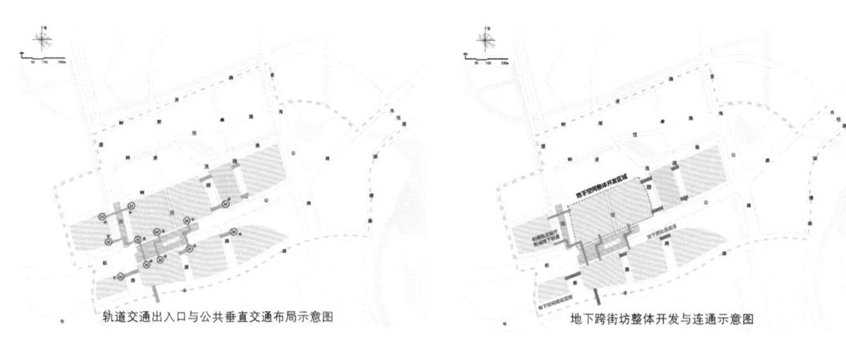

奉贤新城枢纽整体地下空间规划平面布局图

建设过程中智慧应用场景利用：结合新城数字平台的建设，现状梳理、科学预留，提前谋划望园路枢纽及周边地下建构筑物、地下管线等预留条件，促进规划建设过程中的可视化及智慧应用，提高建设可实施性。

5. 创新运用的专项设计导则——南汇新城《临港新片区地下空间规划设计导则》

为体现“人民城市”建设理念，临港新片区管委会立足区域特色，规划先行，组织编制了《临港新片区地下空间规划设计导则》（试行）。旨在科学预留、合理地利用地下空间资源，规范地下空间的规划方案，引导地下空间的管理工作，协调与之相关的开发建设活动，实现从城市的“地下空间”向地下的“城市空间”转变。

规划亮点

创新发展理念，全方位规划设计引导：导则探索理论研究与实践项目并存的管控引导机制，关注从车行优先到步行优先、从分区平面设计到整体立体管控、从单一条线管理到多部门协作等转变，倡导地下空间分区分强度开发设计策略，助力实现地下空间资源的科学引导。

统筹发展特征，构建地下空间的整体网络：导则统筹重要功能区的地下空间发展特征，从总体规划指引、系统分类引导、规划管控实施等方面，形成以轨道交通线网为基本骨架，以交通枢纽和重要功能地区为重要节点，“一核三轴多节点”的网络化地下空间。

结合城市功能结构，实行系统分区分类引导：导则通过地下空间分区管控、竖向分层规划指引开展综合开发利用。在地下空间分区管控方面，将开发边界内的地下空间分为“核心功能区、重要功能区、一般功能区”等多个类别进行分类管控。保障轨道交通设施、交通设施、市政设施等合理规划建设的前提下，鼓励深层开发。

“刚”和“弹”相结合，开展规划管控实施：导则从强制性、引导性和实施运营等方面对地下空间提出管控要求，并纳入土地出让的附加条件中，确保实践工程的落地。将地下空间开发规模、轨道交通安全控制线、综合管廊控制线等相关指标，界定为强制性管控要素。将下沉广场与垂直联系节点位置、景观环境设计等界定为引导性管控要素。将轨道交通安全保护要求、地下停车管理运营要求等界定为实施运营管控要素。

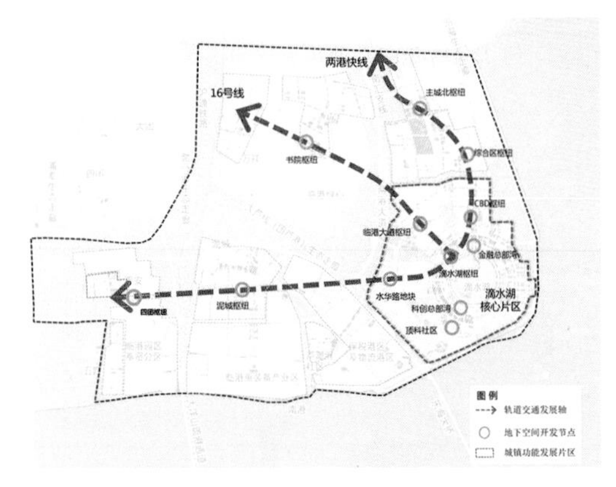

地下空间总体结构示意图

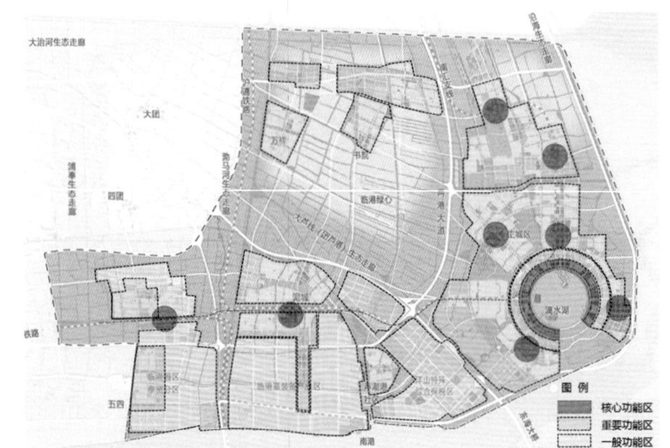

地下空间分区管控示意图

5.6 绿色低碳专项评估

城乡建设领域绿色低碳发展是上海市落实党中央、国务院“双碳”战略部署的重要举措。“十四五”以来，新一轮的上海新城绿色低碳建设要求，坚持综合施策、整体规划、系统实施，建立覆盖建设领域全生命期的推进机制，促进城乡建设领域节能降碳，提升城市绿色生态宜居水平。

自2021年《关于本市“十四五”加快推进新城规划建设工作的实施意见》发布实施以来，五个新城聚焦绿色低碳城区、绿色低碳建筑、低碳能源建设、绿色低碳更新等多维度，因地制宜开展绿色低碳实践，探索绿色低碳转型发展新范式，并形成各具特色的低碳发展格局，为上海市新一轮高品质绿色低碳建设提供样板。

本次绿色低碳专项评估采用面上评估和新城特色案例展示的点面结合的方式。其中面上评估从多个版块视角对五个新城的绿色建筑建设进展成效进行呈现，特色案例立足五个新城的特色、特点，选取各有侧重的典型代表的样本进行绿色低碳建设展示。

5.6.1 面上评估

本次绿色低碳专项评估从绿色低碳城区、绿色低碳建筑、低碳能源建设、绿色低碳更新四个领域呈现。

新城绿色低碳专项评估体系

1. 绿色低碳城区

五个新城以全局系统谋划推进绿色低碳区域化发展，立足各新城的绿色低碳建设基础，结合五个新城的重点片区规划建设定位，统筹协同条线绿色低碳建设任务与机制，积极推进系列绿色低碳城区建设，取得了一定的成效。

嘉定新城已推进2个绿色生态城区、1个低碳试点区、1个低碳发展实践区、2个低碳社区。远香湖中央活动区于2023年已获批三星级“上海市绿色生态城区（试点）”，嘉宝智慧湾2024年正在创建上海市绿色生态城区。2023年远香湖中央活动区同步推进部市合作低碳试点区和上海市低碳发展实践区。菊园新区嘉悦社区和马陆镇众芳社区德富二坊已成功入选2022年和2023年上海市低碳社区创建名单，有序推进年度低碳示范建设任务。

青浦新城已推进1个绿色生态城区、1个低碳试点区、1个低碳社区、1个氢能产业园。市西产业园2021年被评为三星级“上海市绿色生态城区（试点）”。青浦中央商务区2022年推进部市合作绿色低碳试点区建设。龙联社区已纳入2022年低碳社区创建名单。“十四五”期间同步重点打造1个氢能产业园为载体的氢能经济生态圈。

松江新城已推进 2 个绿色生态城区、1 个低碳试点区、2 个低碳发展实践区、2 个低碳社区。松江新城国际生态商务区（核心区）2020 年已被评为二星级“上海市绿色生态城区（试点）”。上海科技影都（华阳湖地区中心城区）2023 年同步推进绿色生态城区和部市合作低碳试点区。临港松江科技城、天马无废低碳环保产业园和泰晤士小镇社区、郭家娄社区分别入选 2022 年和 2023 年上海市低碳发展实践区和低碳社区。

奉贤新城已推进 2 个绿色生态城区、1 个绿色低碳试点区、1 个低碳发展实践区和 1 个低碳社区。上海之鱼 2021 年已被评为三星级“上海市绿色生态城区（试点）”，数字江海 2024 年正在创建上海市绿色生态城区。数字江海 2023 年同步实施部市合作绿色低碳试点区建设。奉贤区工业综合开发区核心区和金海街道金水苑分别入选 2023 年度低碳发展实践区和低碳社区。

南汇新城已推进 3 个绿色生态城区、2 个绿色低碳试点区、1 个低碳发展实践区和 2 个低碳社区。临港新片区绿色生态先行示范区、顶尖科学家社区和滴水湖金融湾分别于 2021 年、2023 年和 2024 年被评为三星级“上海市绿色生态城区（试点）”。临港新片区绿色生态先行示范区、顶尖科学家社区 2023 年同步推进部市合作绿色低碳试点区建设。国际创新协同区入选 2022 年上海市低碳发展实践区。宜浩欧景社区和书院镇新舒苑居民区分别入选 2022 年和 2023 年低碳社区。

2. 绿色低碳建筑

在产业结构不断优化的新时代，建筑是绿色低碳建设的重要抓手，也是新城高质量绿色规划建设的重中之重，五个新城以高标准推进绿色建筑建设，新建超高层建筑和大型公共建筑全面执行绿色建筑三星级标准，规模化推进低碳建筑，探索建设零碳建筑。

嘉定新城有效推进绿色建筑、超低能耗建筑、近零能耗建筑等落地实施。2021 年 1 月至 2023 年 5 月在土地出让阶段累计落实绿色建筑用地面积 81.23 万平方米，正在推进 2 个超低能耗建筑集中示范区建设，包括远香湖中央活动区内建筑面积约 61 万平方米和嘉宝智慧湾未来城市实践区内建筑面积约 36 万平方米。正在推进 1 个近零能耗建筑示范，嘉宝智慧湾 26-04 地块建筑面积约 5 万平方米，2023 年已开工建设。

青浦新城积极推进绿色建筑、超低能耗建筑等规模化。2021 年以来，青浦区获得绿色建筑标识项目共 48 个，绿色建筑施工图审图规模达到 557.26 万平方米，其中 2 个项目已获得绿色建筑运行标识。正在推进 1 个超低能耗集中示范区建设，总建筑面积约 48 万平方米，位于盈浦街道竹盈路南侧，2023 年 8 个地块已完成出让，100% 落实三星级绿色建筑和超低能耗建筑建设要求。

松江新城持续推进绿色建筑、装配式建筑、超低能耗建筑建设。2021 年以来，共落实 83 个绿色建筑新建项目，总建筑面积 841.95 万平方米；按照装配式建筑要求实施项目 160 个，总建筑面积为 1287.81 万平方米。正在推进 1 个超低能耗建筑集中示范区建设，总建筑面积约 24 万平方米，位于上海科技影都（华阳湖地区中心城区）。

奉贤新城自 2021 年以来取得绿色建筑星级设计标识项目 25 个，其中，三星级绿色建筑项目 8 个，二星级绿色建筑项目 17 个，总建筑面积达到 288 万平方米。正在推进“数字江海”区域内 1 栋超低能耗公共建筑建设，建筑面积约 5 万平方米。

南汇新城以高于上海市标准要求推进绿色低碳建筑建设。2021 和 2022 年出让土地内建筑全部执行绿色建筑二星级及以上标准，近三成土地内建筑要求达到绿色建筑三星级标准。建筑工程完成施工图审图建筑规模 17 000 万平方米。其中二星级建筑面积 10 000 万平方米，占 57%；三星级建筑面积 3900 万平方米，占 23%，高星级（二、三星级）绿色建筑合计占比 80%，远高于市级及其他区水平。截止到 2022 年年底，通过市住建委超低能耗评审认定项目 48 个，落实超低能耗建筑约 445 万平方米，落实面积占全市超低能耗建筑的 43%，成为上海市超低能耗建筑建设的引领者。

3. 低碳能源建设

新城深化能源低碳发展模式，从城区系统建设中合理优化新城能源结构，构建绿色低碳能源结构体系，探索绿氢能源工程示范。提高清洁能源综合利用效率。大力推进可再生能源规模化利用，改善能源供应结构。强化可再生能源建筑一体化应用，推广太阳能光热建筑一体化技术，积极开展光伏建筑一体化建设，充分利用工业建筑、公共建筑屋顶等资源实施分布式光伏发电工程，推进天然气分布式供能模式，构建低碳清洁能源体系。

嘉定新城积极推进新建建筑可再生能源应用、加氢站建设等工作。可再生能源推进方面，2021 年 1 月至 2023 年 5 月，在土地出让阶段累计落实屋顶光伏设施安装项目 34 个。加氢站建设方面，截至 2022 年年底，建成并投入运行加氢站 4 座，1 座正在建设，嘉北郊野公园纯氢站于 2023 年 2 月开工建设。

青浦新城按照《关于推进本市新建建筑可再生能源应用的实施意见》（沪建建材联〔2022〕679 号）推进，落实屋顶光伏安装项目。截至 2023 年 7 月底，青浦区可再生能源光伏项目累计已并网 65.678 兆瓦。2022 年度可再生能源光伏项目累计已并网 32.755 兆瓦。新城范围内打造 1 个氢能产业园、3 个加氢站，其中已建成加氢站 2 座，1 座待建。

松江新城推进 3 个分布式能源站建设，重点推进长三角 G60 科创之眼及周边片区天然气分布式供能系统项目、新浜建华管桩能源站项目。临港松江科技城云廊项目能源中心管理平台 2022 年正式运行，采用地源热泵系统和“冰蓄冷”系统替代常规空调系统。2021 年以来，松江落实可再生能源建筑一体化应用工程建筑面积为 19.84 万平方米。

奉贤新城截止到 2022 年年底已累计落实屋顶光伏安装项目 141 个。2022 年度共建成投产 59 个分布式光伏发电项目，装机容量达 2.87 万千瓦，2023 年度 1~4 月建成并网光伏发电项目 58 个，总装机容量 3.56 万千瓦。2022 年建成 1 座加氢站，奉贤氢燃料电池公交车加氢站，也是上海首座公交场站内的加氢站。规划建设 2 座加氢站——大叶公路站和平贤站。

南汇新城重点推动“多能互补”分布式能源系统建设，“十四五”期间计划建成 103 科创总部湾、105 金融总部湾等 13 座综合能源站及先进智造片区集中供热项目，覆盖不少于 750 万平方米供能面积。港城广场 A1-16-1 地块下方的能源中心已持续高效运行，与常规系统相比综合能耗降低了 15%~20%。大力推进分布式光伏建设，积极落实整区屋顶分布式光伏开发试点，截止到 2022 年年底光伏项目累计并网 200 兆瓦。加氢站建设方面，2021 年鸿音路临时撬装加氢站、平霄路油氢合建和同汇路纯氢加氢站 3 个已建成投运，正在推进广祥路和万水路一期加氢站、正茂路油氢站 3 个加氢站的建设。

4. 绿色低碳更新

新城结合区域城市更新，积极推进绿色低碳有机更新。在实施“城中村”改造、老旧社区微更新、旧住房更新改造中落实以人为本、改善人居环境的老城区绿色低碳改造，结合旧城改造推动既有公共建筑和住宅节能改造，大力提升既有建筑能效水平，完善新城区域及建筑的绿色性能。

嘉定新城积极推进“两旧一村”、美丽家园、绿色建筑节能改造等。2022 年至 2023 年正在推进 2 项旧城区改造，包括西门历史文化街区、州桥老街功能提升；2021 年以来积极推进 4 个“城中村”改造项目，包括菊园东门地块、徐行镇徐南地块、嘉定工业区朱桥地块及新成路街道新成村“城中村”改造；推进 6 个片区的美丽街区建设，涉及马陆镇（白银路街区、众芳街区）、徐行镇新建一路街区、嘉定镇城南片区、新成路街道第二期美丽街区、工业区福海路周边区域、菊园新区平城路街区；完成 3 个“美丽家园”特色示范创建。2022 年推动旧住房综合改造 30 万平方米。

青浦新城正在推进 1 个旧区改造、1 个“城中村”改造、2 个美丽街区建设。旧区改造方面，2022 年至 2023 年推进老城厢和艺术岛城市更新实践区公共空间策划。“城中村”改造方面，2023 年重点推进盈浦街道“城中村”改造，包括俞家、城西、南横村等共 5 个地块，总改造面积 312.2 亩（20.8 公顷）。美丽街区方面，2021 年以来推进夏阳街道、盈浦街道等美丽街区整治工程，共涉及 15 个道路。

松江新城正在推进 1 个旧区改造，5 个“城中村”改造，10 个美丽街区建设。旧区改造层面，2021 年启动仓城历史文化风貌区内建筑修缮保留及活化利用。城中村改造层面，截止到 2023 年年底新城范围内 5 个存量城中村改造项目累计完成动迁签约。美丽街区建设层面，2021 年至 2023 年，松江新城范围内共有 10 个美丽街区任务，已完成 4 个街区任务。既有建筑改造层面，截至 2023 年 5 月，完成住宅修缮总建筑面积约 32.67 万平方米，完成既有公共建筑节能改造面积 10.11 万平方米。

奉贤新城正在推进 1 个旧区改造、1 个“城中村”改造，启动 1 个美丽街区建设。2022 年奉贤新城重点推进“南桥源”城市更新、奉浦街道的肖塘“城中村”改造重点项目建设。2022 年奉贤区实施旧房改造 117 万平方米，完成既有建筑节能改造 12.02 万平方米。2023 年完成 93 万平方米老旧小区综合改造。

南汇新城持续推动既有建筑绿色节能改造，截止到 2022 年年底落实既有公共建筑节能改造 4.9 万平方米，包括推进百联临港生活中心项目地库照明更换改造、临港新城主城区 WNW-A1-21-2 地块项目供暖设备升级改造。2023 年完成既有公共建筑能源审计 30 栋，推进皇冠酒店品牌提升改造项目、上海市第六人民医院临港院区项目、临港公安处与港城大厦项目节能改造。老旧小区综合改造方面，重点推进滴水湖馨苑悦湾西侧地块景观改造，申港社区进行智慧电梯改造，芦潮港社区开展道路景观、无障碍、消防等改造提升。

5. 绿色低碳总体发展特征

五个新城基于各新城资源禀赋与自然条件，结合新城发展阶段及绿色建设基础，积极打造类型侧重和各具典型的绿色低碳长板，构建五个新城绿色低碳发展最新格局和特色。

嘉定新城总体定位为绿色人文生态新城，围绕智慧交通、低碳建筑建设，率先打造新城先行低碳示范区。以“低碳城区率先引领”为特色，以绿色生态城区、绿色低碳试点区、低碳社区为推进重点，探索新城绿色低碳宜居建设。

青浦新城总体定位为现代湖滨绿色生态新城，聚焦氢能产业建设，探索新城低碳能源建设示范引领。以“氢能产业落地应用”为特色，结合氢能产业园开发，构建氢能汽车全产业链，探索新城氢能应用示范。

松江新城总体定位为便捷宜居绿色生态新城，聚焦站城一体、职住平衡，探索新城绿色建筑低碳宜居发展。以“绿色建筑规模推广”为特色，积极推进绿色建筑、超低能耗建筑、装配式建筑建设，探索新城绿色建筑集群建设。

奉贤新城总体定位为范式创新的绿色生态新城，聚焦分布式光伏，探索新城绿色能源综合利用。以“分布光伏大力推进”为特色，利用工业、机关办公、公共建筑屋顶发展分布式光伏，探索新城低碳转型能源发展。

南汇新城总体定位为高能级、高标准的海滨低碳新城，打造智慧韧性、宜业宜居的滨海未来城。以“高标准低碳建筑引领”为特色，全面推进高星级绿色建筑、近零能耗建筑、零碳建筑试点示范，探索新城高品质建筑创新示范。

5.6.2 特色案例

基于新城绿色低碳规划建设的特色与成效，五个新城各自选取了具有典型代表的标杆案例展示新城的绿色低碳建设成效。

1. 高品质绿色低碳城区——嘉定远香湖中央活动区

远香湖中央活动区位于嘉定新城核心区，规划面积 4.56 平方公里。其绿色低碳发展目标为上海市三星级绿色生态城区、部市合作绿色低碳试点区、上海市低碳发展实践区。项目作为嘉定新城首个绿色低碳城区，通过编制绿色生态专业规划方案，指导全过程低碳规划、建设、运营管理，最终建设成拥有高品质绿色建筑集群、全龄友好健康街区、生态韧性海绵城市、活力共享文化底蕴、智慧高效交通体验的上海市三星级绿色生态城区样板，以点带面带动新城低碳绿色发展。

亮点技术：项目整体提出“湖畔远香，疁城新邑”的理念，嵌入绿色“DNA”，融入低碳、健康、韧性、活力和智慧“DNA”链因子，打造绿色基因激活的中央活动区、未来生活体验的绿色低碳生态城区典范。

打造绿色节约“低碳链”

聚焦未来新城低碳生活办公场景，打造高水准建筑空间，布局可再生能源利用，打造绿色节约“低碳链”。方案提出全面布局高星级绿色建筑，新建政府投资及大型公建 100% 执行三星级绿色建筑标准，民用建筑实现二星级及以上绿色建筑 100% 全覆盖，伊宁路以南建设 1 处超低能耗建筑集中示范区。已出让的地块将建设要求纳入出让合同，未出让的地块后续按此标准执行。新建公共建筑、住宅建筑屋顶安装光伏面积比例不低于 30%，学校建筑不低于 50%，实现能源供应多元化。

打造人本宜居“健康链”

通过健康友好街区规划，营造舒适慢行绿色街区，实现城区尺度的产城融合、宜居宜业，打造人本宜居“健康链”。方案提出利用“导向型混合用地”对用地布局和结构进行系统性优化，混合街坊比例达到 75%。围绕“一湖二轴”的特色城市空间，营造生物多样性滨湖生态空间，建设滨水绿道长度 18 公里。关注“以人为本”需求，打造 3 个湖畔远香的疗愈花园、2 个多元趣味的儿童友好街区，推动全龄友好的品质街区建设。

打造安全生态“韧性链”

以提升生态水环境安全、提高资源化利用效率为抓手，打造安全生态的“韧性链”。方案提出打造多重功能性复合滨水空间，河湖水面率不低于 12%，生态生活岸线占比 90%，构建市民漫步体验廊道、线性步道公园，形成自然野趣的“绿林仙踪”。因地制宜打造海绵化示范区、构建远香湖海绵核心区、高品质海绵空间示范区、雨水街坊示范区等四型海绵城市示范区，形成“三轴七点，水网交织”的海绵生态空间格局。

打造人文共享“活力链”

以横沥文化水脉为载体促进低碳创新产业集聚，升级公共文化服务体验，打造人文共享的“活力链”。方案提出围绕区域经济的新赋能中心、科创人群的新生活基地、都市服务的新体验核心“三新”引擎板块，建设 7×24 小时远香湖中央活力区。串联绿色生态低碳示范点，以远香湖为核心，构建 1 条远香轴带心动体验路线，将绿色生态低碳示范点通过智慧道路、景观步道、湖滨岸线串联起来，构建完善的绿色生态低碳体验空间。

打造高效便利“智慧链”

基于现代化网络基础设施，全面布局 5G 智慧设施，构建多样化智慧场景，打造高效便利的“智慧链”。方案提出实施远香湖智慧交通应用场景建设，2021 年和 2022 年已完成白银路和裕民南路智慧道路升级改造，为智能网联汽车及高级别自动驾驶车辆提供协同式感知及信息交互，打造国家智慧交通先导试验区。构建远香湖城市数字底板和智慧平台，实现城区精细化智慧管理，建设嘉定新城“智核中心”。

2. 产业协同的低碳能源示范——青浦氢能产业园

青浦氢能产业园位于青浦工业园，总用地面积 2.4 平方公里。其绿色低碳发展目标是打造全国领先的高性能氢燃料电池和核心部件研发生产基地，形成完整协同的氢能全产业链，建设成为具有国家级影响力的特色产业园区。项目作为青浦区“氢青”绿色新动能，截止到 2023 年 9 月已引进氢能产业相关企业 21 家，初步形成“加氢站—核心零部件—氢能车载设备—整车”绿色生态链。

亮点技术：氢能产业园聚焦发展生产制造和研发，以氢燃料电池汽车示范应用带动氢燃料电池商用车、系统及零部件、加氢站等氢能主体产业发展，促进长三角区域氢能产业互动平衡，实现多元化、全链条发展。结合《青浦区氢能及燃料电池产业发展规划》，氢能产业园重点布局氢 + 制造、氢 + 应用等场景，并按此目标分步实施。

远香湖中央活动区效果图

青浦氢能产业园效果图

氢 + 制造

推进燃料电池系统生产：布局建设燃料电池及动力系统规模化生产基地；加大关键零部件技术研发力度，进一步完善关键零部件技术链。

支持核心新材料研发生产：攻克核心材料、关键零部件技术；培育与孵化氢能及燃料电池汽车领域的高科技企业。

聚焦氢燃料电池重卡整车集成：做优做强燃料电池客车、物流车，积极研发重型卡车的整车组装，前瞻布局乘用车领域；重点突破 40 吨以上燃料电池重型卡车关键技术，优化燃料电池电堆、发动机及动力总成集成与控制技术。

氢 + 应用

推广物流车示范应用：与“三通一达”等物流公司开展合作，在重载长距离运输上实现应用；鼓励物流公司短期和长期租赁，发展汽车金融。

探索特种车辆示范运营：优先在城市公交、环卫等领域示范应用；搭建氢能车辆运营示范路线。

实施氢能医学、农学领域应用：采用氢医学技术在氢气盐水治疗疾病、肿瘤和创伤修复等方面先行先试；实行氢水对农作物的灌溉。

3. 规模化的超低能耗建筑集中示范区——松江上海科技影都（华阳湖地区中心城区）

松江上海科技影都（华阳湖地区中心城区）位于松江新城南部，规划面积约 1.37 平方公里。该项目是上海科技影都双核驱动的主引擎之一，未来将依托上海影视发展良好基础，借力 G60 科创走廊联动发展，打造全球影视创制中心的主要承载地、长三角影视工业带的龙头、上海文化大都市的影视特色功能区、松江双轮驱动及产城融合的示范区。其绿色低碳发展目标为部市合作绿色低碳试点区、超低能耗建筑集中示范区。

亮点技术：依托华阳湖本身较好的生态本底条件，水绿资源丰富，打造立体复合的影视产业体验环，构成一个国际化的影视中央服务区，形成影视特色功能区。通过承接上位产业规划、提升绿色低碳要求，提出“全球影视窗·智慧低碳城”的绿色生态定位。项目规划建设松江新城首个超低能耗建筑集群示范项目，预计建成后相比传统建设模式，城区全生命周期碳排放降低比例可达 40%。

低碳能源结构

项目方案落实屋顶太阳能光伏、地源热泵等减碳措施，从源头调整城区的能源结构，降低城区对电网的依赖，提高可再生能源利用率。区域内所有公共建筑屋顶安装光伏的面积比例不低于 50%，同时推进居住建筑屋顶光伏建设，居住建筑屋顶安装光伏面积比例不低于 30%。规划打造一批以地源热泵为空调冷热源的高品质宜居科技住宅。

高品质绿色建筑

城区新建建筑总建筑面积为 91.66 万平方米，方案提出新建建筑全部执行绿色建筑二星级及以上标准，行政办公、文化活动项目执行三星级绿色建筑标准，三星级绿色建筑面积约 8.25 万平方米。同时，规划新建 24.9 万平方米的超低能耗建筑，打造成为超低能耗建筑集中示范区，其建筑能耗比现在实行的节能设计标准降低 50% 以上。

绿色出行

方案提出构建连续舒适的慢行系统，道路绿化种植高大乔木，形成完整的林荫道，且完整林荫道比例达到 90%。主要沿河岸和绿廊设置休闲慢行通道，布局分离的漫步道和跑步道，并设置跑步道专用铺面，总长约 4.83 公里。同时

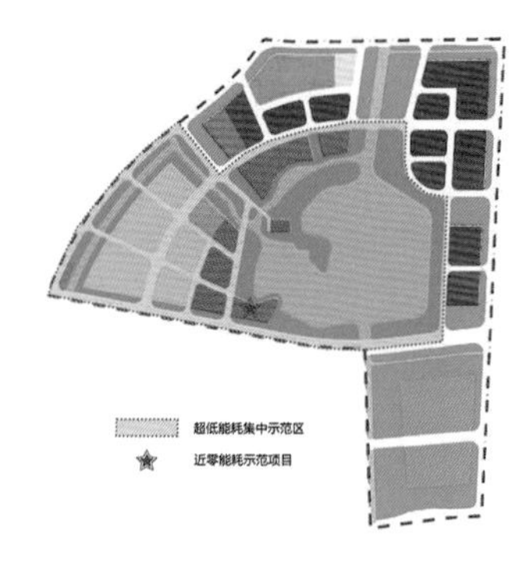

上海科技影都（华阳湖地区中心城区）
超低能耗集中示范区范围图

上海科技影都（华阳湖地区中心城区）
效果图

区域内新建公共建筑配建停车场（库）和公共停车场（库）中建设安装充电设施比例达到 15%，其中 50% 停车位采用直流快充。

零废循环

方案提出建设高效健康的水循环系统，建设蓄排结合的海绵型街区，西部片区和东部片区两个分区的年径流总量控制率分别实现 86% 和 82%。建立可利用的水循环系统，雨水资源利用率不低于 2%。建设高资源化的低废街区，生活垃圾分类收集，并设置示范型可回收物回收服务点至少 1 个；规范管理建设和运管过程中产生的建筑废弃物，建筑垃圾资源化利用率达到 50%。

绿化碳汇

方案提出建设高效碳汇的绿地系统，通过道路绿廊、滨河绿带、结构绿地等多种绿化空间，打造一个共享开放的生态绿心。项目总绿地面积达 55.31 公顷，绿地率达到 49.43%，重点提升绿地中乔木比例，实现地面绿化覆盖面积中乔灌木占比达到 70%。公共绿地增加高碳汇乔灌木比例后，预计年绿化碳汇约为 0.72 万 tCO_2/a，碳汇年增加量约 83%。

4. 奉贤区首批教育系统分布式光伏项目——上海市奉贤中等专业学校

上海市奉贤中等专业学校位于奉贤区综合开发区八字桥路 626 号，为践行节约型公共机构建设，率先贯彻落实上海市碳达峰、碳中和工作部署，奉贤区教育局牵头启动屋顶光伏加装工程，项目总装机容量 800kWp，并于 2021 年建成并网运行。作为奉贤区首批教育系统分布式光伏发电项目代表之一，项目将光伏发电作为绿色能源，实现能源消耗减量和碳排放降低，为后续 39 所学校推进光伏行动提供经验。

亮点技术：项目利用学校教学楼屋顶铺设光伏发电板，使用发电效率更高的多晶硅光伏组件（相比单晶硅光伏组件）。同时项目采用合同能源管理模式，由奉贤区教育局提供光伏安装设备场地，委托专业公司建设，并承担光伏发电

奉贤中等专业学校
光伏发电实景图

站的所有投资及运维，双方节能效益共享。投产后年发电量约 80 万 kWh。项目每年可减少温室气体 CO_2 约 150 吨，促进清洁能源利用。

5. 临港首个零碳建筑——滴水湖金融湾文化楼

滴水湖金融湾文化楼位于临港金融湾 105 社区 23-01 地块，建筑面积 7810 平方米，主要功能为办公和展览等。作为金融总部湾的组成部分，其发展定位为现代服务业金融总部湾的标志性办公展示建筑。该文化建筑积极贯彻绿色低碳理念，集聚应用系列先进绿色低碳技术体系，设定绿色低碳发展目标为中国绿色建筑评价标准三星级、超低能耗建筑、零碳建筑，美国 LEED 铂金奖、美国 WELL 铂金奖等，项目通过智慧规划、建设、运营手段，打造临港新片区首座零碳建筑示范楼，创建可视、可感知、可参与的健康范例，助力营造健康、舒适环境，精细化、高效管理的样板间。项目预计 2024 年年底竣工。

亮点技术：项目设计方案通过因地制宜采用被动式节能设计和可再生能源利用，实现零碳建筑建设目标。

被动式设计铸就低能耗的建筑本体：项目通过建筑进深优化、窗墙比控制、玻璃选材优化、导光管采光等被动式设计措施。玻璃幕墙选用高性能超白玻璃，可以同时满足传热系数小于 1.6W/(m^2·K)、遮阳系数小于 0.3、可见光透射比大于 0.6 的高要求，可以提升办公区内的建筑热环境和光环境。玻璃幕墙设置可开启扇，保障自然通风，提升室内舒适度。建筑围护结构采用外墙岩棉板保温材料，屋面用泡沫玻璃板保温材料，透明玻璃幕墙采用三玻两腔中空玻璃，系统提升围护结构热工性能，并从建筑形体优化和可调遮阳方面进行遮阳设计，实现夏季遮阴、冬季朝阳的效果。通过以上设计，建筑本体具备更节能的性能，降低能耗需求。

高效机电系统奠定建筑运行节能性能：项目由片区能源中心提供冷热源。能源站初步考虑采用冷水机组 + 水冷热泵机组 + 风冷热泵 + 水蓄冷 / 热 + 电锅炉的组合形式，配置蓄冷 / 热水箱，提高建筑负荷调节能力，夜间用电低谷蓄能，白天用电高峰释能，起到移峰填谷作用。末端采用全空气系统，过渡季节可加大新风量运行，最大新风比为 50%。二层和三层展厅采用高效率的热管式热回收装置，通过空调排风和新风的交叉换热，大幅度减少新风能耗。风机、水泵均要求达到 1 级能效要求。采用高效 LED 灯具和高效 VVVF 电梯。通过采用高效的设备系统，在保障建筑功能需求的基础上，最大化降低设备能耗水平，提高能效。

清洁的可再生能源支撑建筑零碳排放：设计方案落实屋面设置 1597.02 平方米光伏板，其光伏发电量供应 C1 楼用电。装机容量 352.8kW，年发电总量为 35.28 万 kWh。采用光伏太阳能发电用于建筑本体的能耗需求，实现源头减碳，助力建筑可持续零碳运营。

本项目预计建成后全年累计耗冷热量降低幅度为 100%，全年可减少能耗排放 41.5kWh/m^2，减少碳排放量 17.43kgCO_2/m^2，全年可减排一次能源 1086822 kWh。项目预计每平方米用电 44 度，发电 45 度（同类型传统建筑每平方米发电约 61 度），每年可减少碳排放约 187 吨。

滴水湖金融湾文化楼
项目效果图

绿色低碳
上海市新城绿色低碳建设专项评估成果
研究单位：上海市建筑科学研究院有限公司
地下空间
创新之城
示范引领
CITIES OF INNOVATIONS
EXEMPLARY LEADERSHIP
VI

新城之新

06 公众参与共建共享

新城规划设计工作始终坚持“以人民为中心”的宗旨，通过问卷调查、座谈会、新城漫步等丰富多样的活动，线上线下相结合，吸引公众全过程广泛参与。自 2021 年以来，市新城推进办（上海市规划资源局）会同相关部门、五个新城所在区的区政府和管委会，围绕新城规划设计行动方案制订、新城绿环和公共建筑方案征集等多项工作，先后开展了多项人民建议征集、高校参与课程设计和竞赛征集以及新城设计展等活动。每份人民建议都饱含了人民对新城建设的美好期许，每张设计图纸都描绘出学子心向往之的新城模样，每次设计展都是新城与公众沟通的重要窗口。通过公众广泛参与，实现新城“汇民智开门做规划，集民意共同谋发展”，构建了人人可参与的新城共建、共治、共享、共创工作新格局。

6.1 总体概况

6.1.1 工作历程

新城规划设计工作始终坚持与公众参与紧密结合。自 2021 年以来，围绕新城规划设计行动方案制订、新城绿环和公共建筑方案征集等多项工作，先后开展了“我为五个新城规划设计加油添彩”“新城绿环，由您绘就”“新城公共建筑，倾听您的建议”等多项人民建议征集，问需于民，问计于民。

上海新城规划设计工作也受到了全国相关高校的高度重视。通过高校联合设计课程、学生设计竞赛等一系列工作组织，五个新城的建筑和景观方案征集收到了来自同济大学、天津大学、重庆大学、清华大学、中央美术学院、上海交通大学、上海大学等十余所高校师生的高质量提案。这些未来的建筑师们提出了各具特色的解决方案，描绘出青年心中未来之城的美好轮廓。

市新城推进办每年会同相关部门、五个新城所在区的区政府和管委会，举办新城设计展，搭建和公众交流互动的平台，向公众展示新城规划设计的阶段性成果，提高新城影响力和公众参与度。

公共建筑和景观项目方案人民建议征集线上发布平台

高校联合课程设计

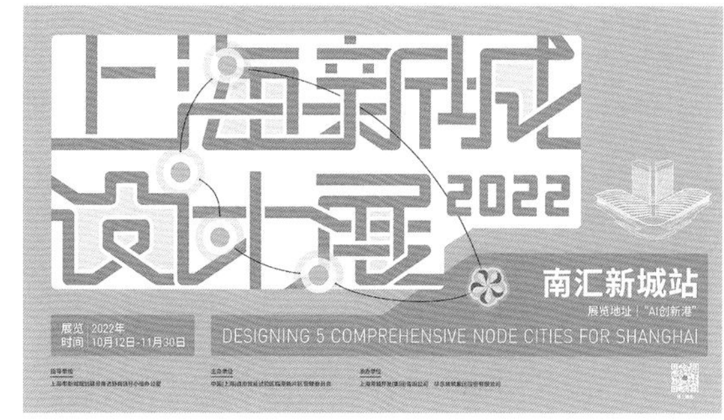

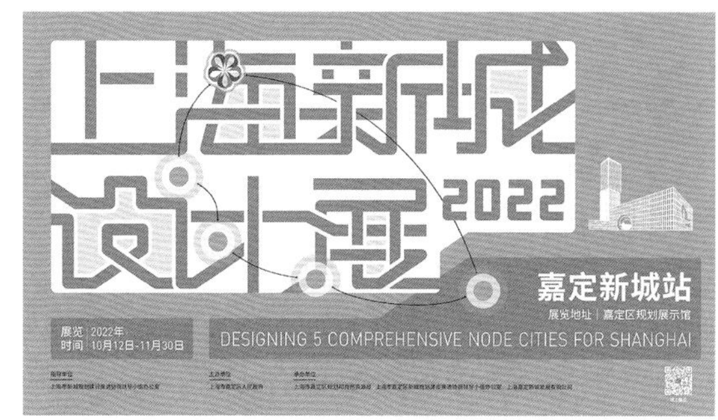

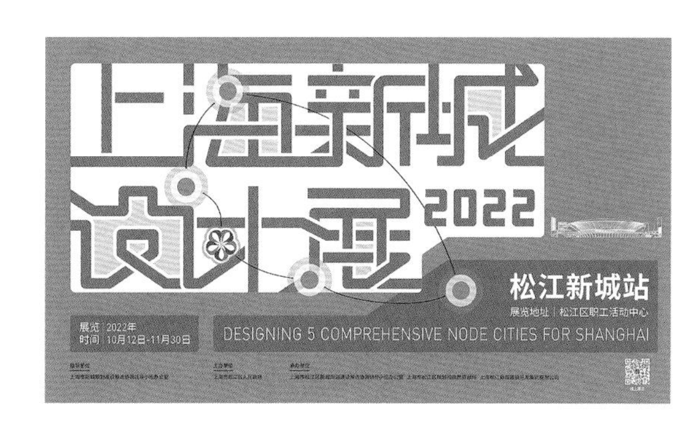

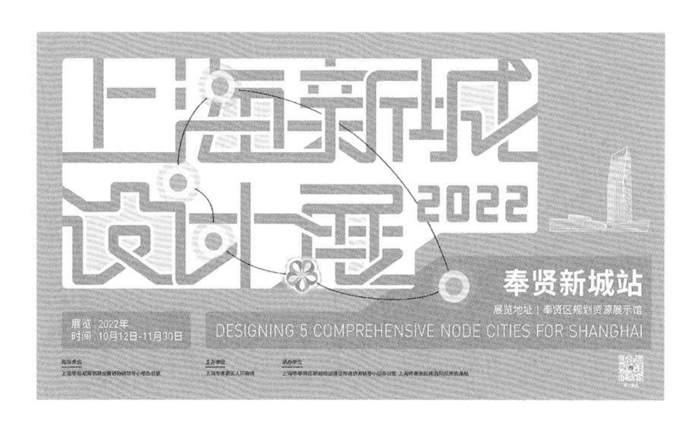

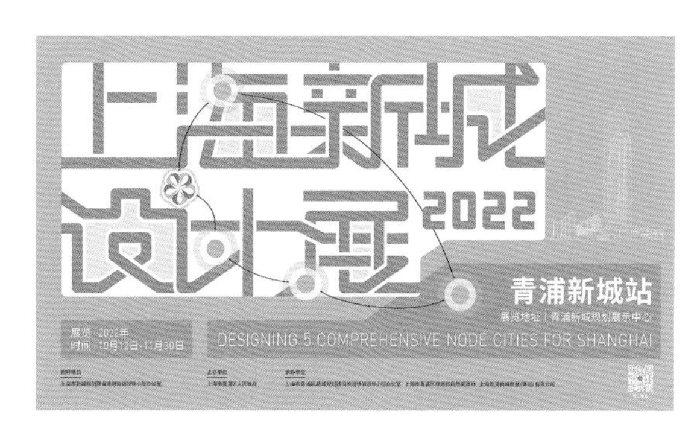

2023 年新城设计展主展览海报

2022 年新城设计展主展览海报

6.1.2 特色亮点

1. 围绕民生关切事项设置征集议题

开展主动征集重在吸引公众参与，因此设置好征集议题，让公众有话想说、有建议可提，让职能部门“征有所得”十分关键。五个新城规划设计与市民生活息息相关，议题立足面向实际、摸清需求，问计于民、解决具体问题，把握民生关切，实现对症下药、共商共治、精准服务。

2. 拓展多种渠道，提升公众参与能力

围绕工作目标，根据议题特点，选择群众喜闻乐见、征集更有所获的征集形式，打好组合拳，最大限度方便和吸引群众有序、有效参与，达到收集民情民意、汲取民智民慧的效果。例如新城的人民建议征集和公众展览采用线上线下同步开展的方式，联合市、区两级力量，引入专家团队和专业部门、大学院校的积极参与，达到了理想的效果。

线上征：在网站专栏、微信、微博、随申办 APP、《新民晚报·上海人民建议征集专刊》等渠道发布征集公告，传播速度快、范围广、无时空限制；同时在新城设计展中同步设置线上展，让公众足不出户即可了解新城年度重点工作，并在线上便捷提出需求和建议。

线下征：将“屏对屏”的线上征集延伸到“面对面”的线下交流，体验更真切，沟通更直接，效果更直观。根据规划设计工作需要，启动问卷调查的征集形式，围绕工作目标，精心设计议题、广泛发动渠道，将分散的群众意见分门别类引导到工作意图上来；同时收集到的意见也易于归集整理，便于分析研判。

联合征：针对涉及多条线、跨区域的大型项目，如新城绿环国际方案征集，采取部门协作、市区联手征集的方式，产生的社会综合影响力和对市民需求的响应度远远超过单一部门。这种做法也增进了各部门间的理解和协同，形成多方共赢的局面。

重点征：一方面，要形成“开门做规划，人人可参与”的社会氛围；另一方面要善于挖掘和培养重点人群，形成参与规划制定全过程的团体，如挖掘有热情、有能力、有影响力的热心市民、基层干部、人大政协代表、行业协会组建的公众咨询团，选择行业中有威望、专业素养高的专业人士组建专家顾问团等。

3. 推动成果转化形成闭环

开展主动征集活动，贵在成果转化利用。认真梳理征集到的各类建议，综合研判，分类处理，合理的积极推动采纳，不合理的加强疏导解释。把人民建议征集的过程变成精准对接需求、开展政策宣传的过程，在过程中寻求最大公约数，让群众更有获得感、幸福感。在“建设品质新城，倾听您的建议”人民建议征集中，设计任务书要求各设计单位对方案征集同步开展的人民建议征集成果做专题梳理和设计回应，并对集中度较高的诉求在方案中予以落实。在新城办牵头指导方案评选时，也将市民建议纳入评选条件，筛选出既在专业上有突出优势，又能反映市民需求的优秀作品，切实将人民建议转化为人民受益的实体项目，从而将人民建议成果转化为实际落地内容，形成闭环。

4. 加强宣传展示，扩大新城影响力

拓宽公众参与主体覆盖面，以开放包容的姿态吸引各界人士参与规划工作，主动搭建公众参与建议平台，扩大新城规划设计在公众中的影响力。连续两年于上海城市规划展示馆举办“上海新城设计展”，展示新城规划设计的理念和重要工作，用宣传片的方式将公众参与和人民建议征集工作情况向公众展示，对规划设计过程中的人民建议征集情况进行回顾和诠释，并在展示区域设置人民建议征集板块，让市民在观展过程中随时可以提出所思所谏。

6.2 人民建议征集

新城规划设计工作坚持全过程的人民民主，充分运用人民建议征集渠道，创新规划理念，将人民建议征集融入规划设计全过程。2021 年 7 月《上海市人民建议征集若干规定》出台，明确了人民建议征集工作的原则、主体、机制、要求，将“主动征集”放到更重要的位置。这是上海的机制创新，也是未来的发展方向。上海市新城规划设计工作将人民建议主动征集与规划公众参与工作相结合，努力做到“汇民智开门做规划，集民意共同谋发展”，构建了人人可参与的新城共建、共治、共享、共创工作新格局，形成具有上海规划资源特色的人民建议征集工作模式。

6.2.1 征集内容

新城绿环国际方案征集、新城公共建筑和景观项目设计方案征集等重点工作中，在市人民建议征集办支持下，市新城办会同五个新城所在区的区政府和管委会在随申办 APP、人民建议征集平台及“上海发布”、各区官方网站、融媒体平台以及线下等渠道，持续开展了人民建议主题征集活动。为了更有针对性地获取来自市民的意见，主题征集创新采用问卷形式，通过随申办、市人民建议征集网站进行线上征集，线下渠道由新城所在区政府部门同步发放，向公众征集上海新城的各类建筑和景观项目设计的建议意见，引发公众广泛参与，累计收到问卷反馈7000余份。市民反馈的问卷成果围绕交通设施、生态环境、公共服务、室外公共空间等方面提出多项优化建议，反映出广大市民对公共服务设施使用的多样需求。

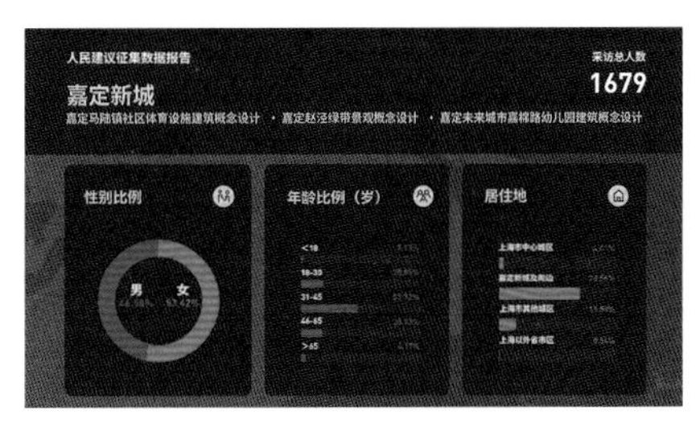

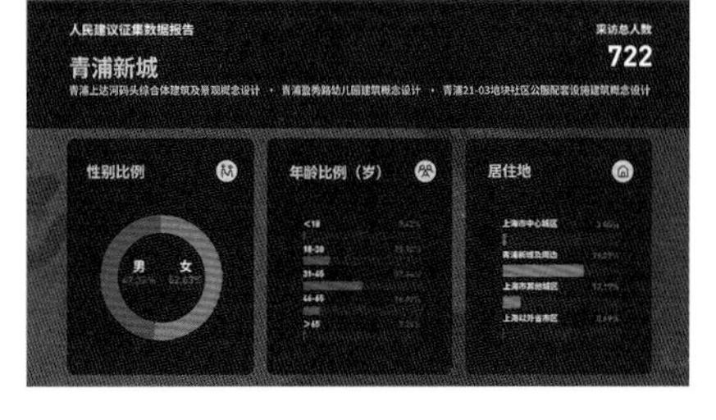

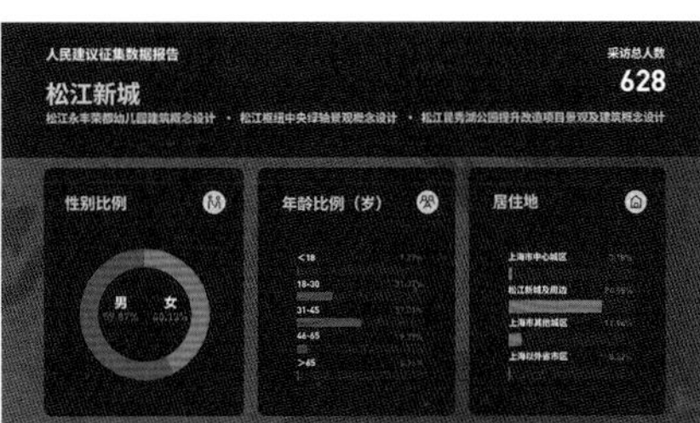

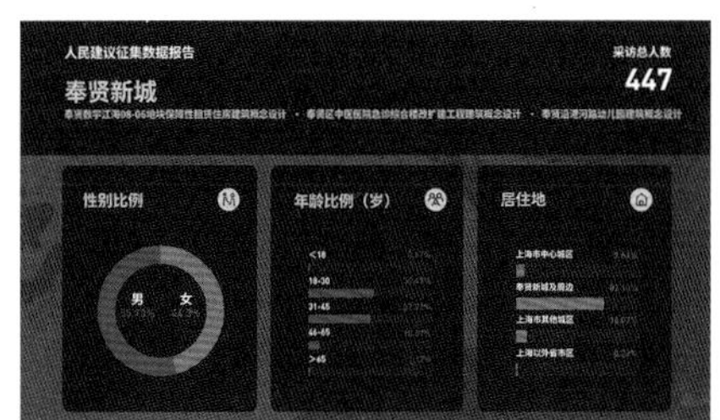

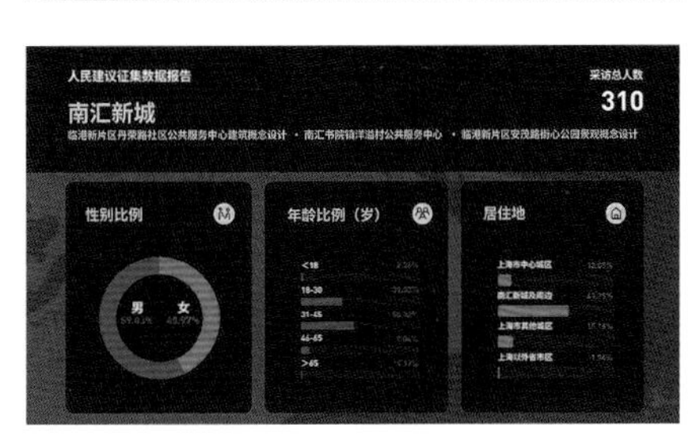

2023 年公共建筑和景观项目方案人民建议征集调查问卷汇总

6.2.2 征集特色

所有收集的人民建议成果在设计前期提供给设计单位，并成为评价设计单位方案的重要参考依据，各家设计成果从不同方面吸纳了人民建议并形成专篇内容予以反馈。人民建议征集工作特点体现在以下 4 个方面：

重视对城市功能和公共空间需求的回应

在嘉定新城远香湖会客厅项目中，设计团队将“远香客厅”定位为人民与城市的交融之地，围绕项目整体打造环远香湖 2.3 公里的人民文化长廊，并将人民建议征集中市民广泛期待的“大面积户外活动与亲水空间、滨水生态体验、多功能文化展示、有观湖体验的咖啡餐饮等休闲设施及充足的智慧停车”等需求充分融入设计。

在松江新城广富林文体活动中心项目和临港丹荣路社区级公共服务中心项目中，设计团队分别以“共享生境之家”和“洋流交汇、未来之家”为主题，充分吸收人民建议中的功能建议，对复杂的社区公共服务功能进行归纳梳理，满足不同年龄人群的多样化需求并实现弹性运营，为社区创造一个复合交会、活力共享的美好未来生活之家。

通过征集正向优化任务书的设计要求

在嘉定复华完全中学项目和奉贤沿港河幼儿园项目等教育建筑中，充分考虑人民建议征集中市民重点关注的“停车接送问题、校园环境问题及多样化学习空间”等诉求，切实关注儿童、学生、教师、家长的现实需求，任务书要求设置充裕的主入口广场空间，合理布局动线，营造多样的学习空间、教学单元和类型丰富的运动场地，同时打开校园功能边界，形成与社区共享的多元化校园。

在奉贤区中医医院急诊综合楼改扩建工程项目中，任务书充分考虑人民建议征集中市民重点关注的停车不便、交通拥挤和就医环境等问题，重新梳理、规划院区场地，调整后的布局设置人车分流的主入口广场空间及内部中心疗愈庭院，为市民提供一个温馨高效的就医环境。

主动关切民生议题，突显城市高质量共建特色

青浦 21-03 地块社区公服配套设施和青浦盈秀路幼儿园，两个项目基地南北相邻，公众建议以“15 分钟社区生活圈”为核心特点设置征集议题，两个项目的设计团队在形态布局和功能互补上充分回应关于社区公服中心和幼儿园共享共建的建议，搭建人们可以交融、互动的社区活动空间，共同营造社区归属感。

关注蓝绿空间的需求

涉及室外公共空间、交通设施、配套功能服务等层面，充分体现市民的共同愿景，打造适合各新城的、有新意、有特点的休闲空间场景。2022 年 3 月绿环国际方案征集活动开展了“新城绿环，由您绘就”主题征集活动。本次人民建议征集以调查问卷形式进行，共收回问卷 1200 份，其中嘉定 172 份，青浦 363 份，松江 81 份，奉贤 223 份，南汇新城 361 份。意见集中反映了市民对新城绿环特色定位、交通到达方式以及绿环内活动和场馆的内容和类型等方面的诉求。

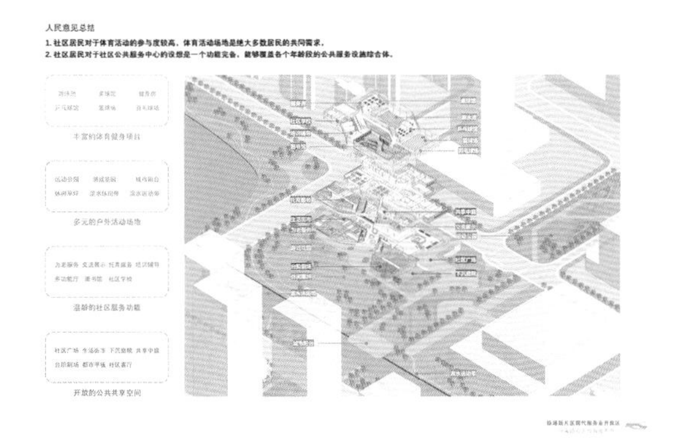

人民建议征集成果反馈：临港丹荣路社区级公共服务中心项目

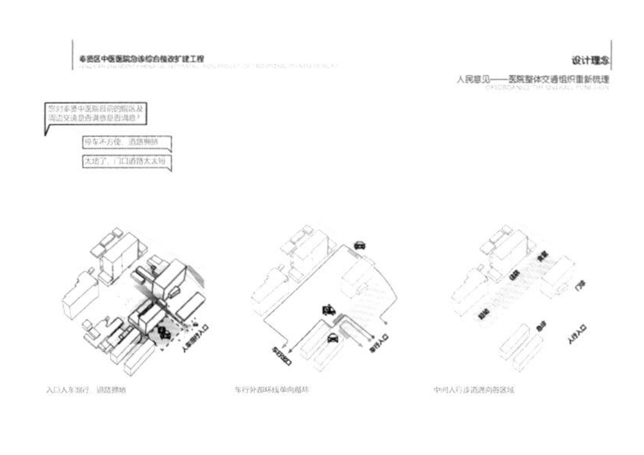

人民建议征集成果反馈：奉贤区中医医院急诊综合楼改扩建工程项目

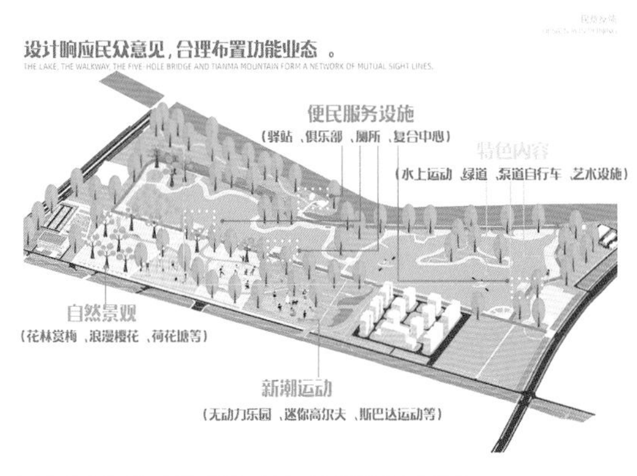

人民建议征集成果反馈：松江昆秀湖公园项目

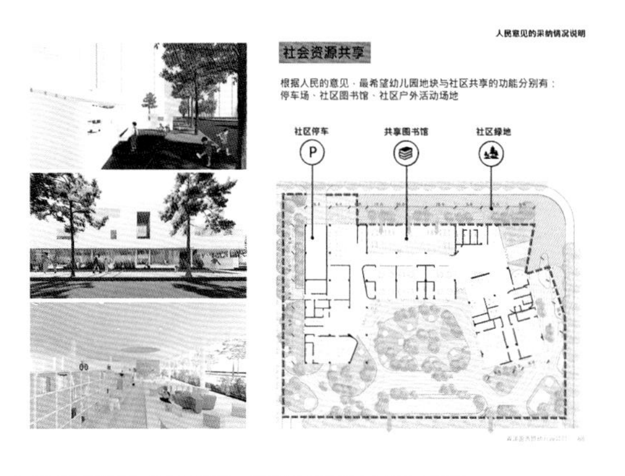

人民建议征集成果反馈：青浦盈秀路幼儿园项目

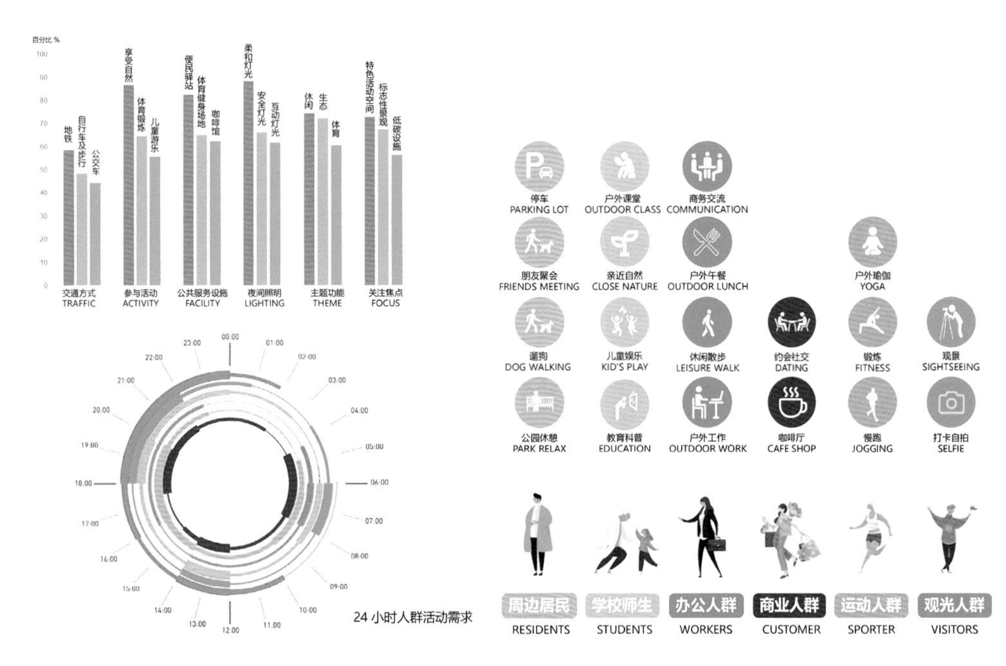

人民建议征集成果反馈：奉贤沿港河幼儿园项目

提取不同人群核心功能需求

6.3 高校众创众规

新城建设需要汇聚高质量人才，为吸引优秀青年人才关注以及参与建设五个新城，新城工作结合公共建筑和景观方案征集持续开展高校联合的众创众规设计活动。学生优秀课程设计和征集获奖方案均受邀参加新城设计展，在展览中充分进行互动交流，这些未来的建筑师们提出了各具特色的解决方案，描绘出青年心中未来之城的美好轮廓。

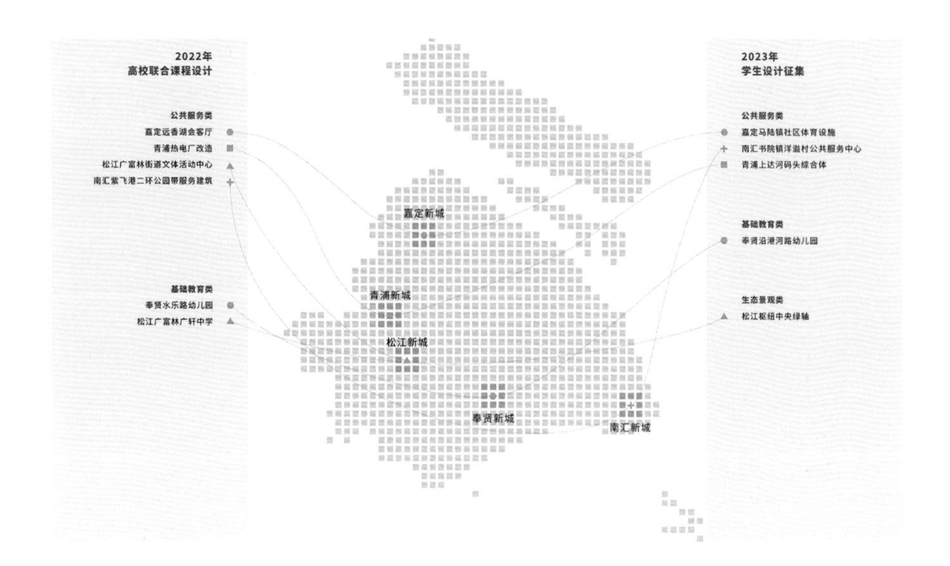

高校联合共创点位分布

6.3.1 设计共创，美好未来
——2022 年高校联合课程设计

2022 年，当新城公共建筑征集正紧锣密鼓地推进之时，由同济大学召集的“设计共创，美好未来”高校联合课程设计同步有序开展。来自同济大学、天津大学、重庆大学、清华大学、中央美术学院、上海交通大学、上海大学 7 所知名学府建筑专业的 20 组 100 余位本科生和研究生，以五个新城 10 个公共建筑征集项目为对象开展课程设计。

同济大学课程设计作品

风帆幼儿园

设计点位：奉贤水乐路幼儿园　　设计者：张茹真、张荣婕　　指导教师：江浩

方案从幼儿行为心理出发，利用不同高度上的旋转矩形体块创造出从私密到开放的过渡单元体，并借鉴中国传统村落的簇群肌理，形成有趣丰富的幼儿园空间。方案设置了大型活动场地、大小班不同簇群及彩色螺旋坡道，满足不同年龄小朋友寻找安全感、探索幼儿园、形成空间基本认知的不同心理需求。

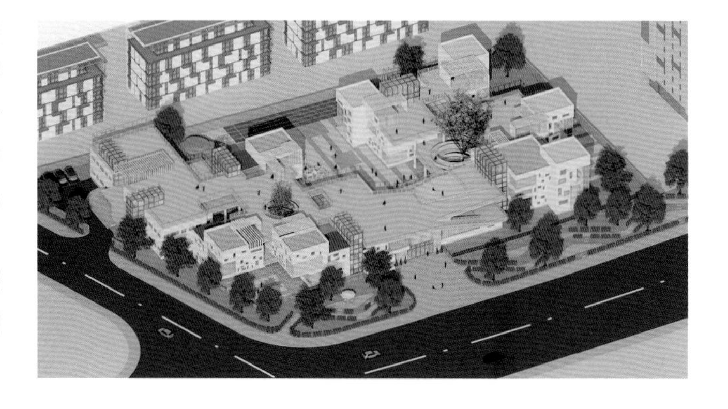

格·院

设计点位：奉贤水乐路幼儿园　设计者：刘彦迪、秦宇昕　指导教师：江浩

方案关注幼儿发展及其心理需求，从“内”出发，注重单体间的关系，形成一个认知与探索的集合。从“留白”中讨论行为的可能性，一个个小庭院和缝隙给了孩子探索启发的空间。多种错动的视线关系增强交互性，不同层级的公共庭院空间不仅提供了丰富的感知条件，还围合出了家的安全感。

天津大学课程设计作品

折板漫游

设计点位：松江广富林街道文体中心　设计者：高悦悦　指导教师：赵劲松

方案构建了一个公共性很强的半室外活动系统，把人们引导到环境更开放的城市界面，促进人们在活跃的灰空间中进行交流。人们在主动交往的同时，被城市中来往的人所看到，被动成为城市舞台上的角色。有机整合折板、体块和柱子三种空间元素，使之相互穿插形成一套在垂直方向上和水平方向上都连续的公共系统，让开放共享的城市客厅成为可能。

C2022：社区即城市，城市即社区

设计点位：松江广富林街道文体中心　设计者：田宇　指导教师：赵劲松

本次设计为城市中的文体建筑综合体，面对大尺度综合体建筑与更大尺度的城市空间，建筑师应构建衔接尺度差异的中介。设计基于松江地区“社区即城市，城市即社区”的概念，让建筑成为城市的复现，促进社区与城市边界的模糊，创造社区和城市空间的共融共享。

重庆大学课程设计作品

水畔枝下

设计点位：南汇紫飞港二环公园带服务建筑

设计者：傅麟、陈幸、康纤星晨　指导教师：王琦、顾红男、陈科

设计基于场地条件，以体现场地内的生态价值作为核心切入点，在场地上用几个具有生态功能的圆组成的“水滴”涟漪，来呼应滴水湖的生态肌理。建筑作为其中一环通过其特殊的曲面屋顶与绿色中庭参与到场地的生态循环中，将汇集的雨水与建筑中的生活污水汇入湿地系统中，作为低碳生态展览和活动的一个亮点，并统一在这个生态乐园之中。

艺体公园

设计点位：松江广富林广轩中学

设计者：郑柳浪、阿荷娜尔、黄砚池、曾维娟　指导教师：王琦、顾红男、陈科

本方案的核心设计理念是打造一个学校与城市共享的“艺体公园”。强化“公园”里的自然要素，将校园集中绿地打造为城市滨河绿带系统中的放大节点。通过不同功能竖向叠合，确保集中绿地最大化；将底层大量架空，营造通透舒适的近地面公共空间系统。

清华大学课程设计作品

结合海岸修复的弹性城市灾疫避难所

设计点位：南汇紫飞港二环公园带服务建筑

设计者：曲图良睿、闫霄玥、谢彦童　指导教师：饶戎、韦诗誉

设计对城市弹性公共卫生措施进行了创新性的思考，与此同时最大限度地尊重当地的湿地自然生态。采用能在常规时期和特殊时期之间转换的特殊空间规划原型，实现场地功能多样性和弹性。

来日屿

设计点位：青浦热电厂改造项目

设计者：李欣然、郝天泽、路怡璠、卢个乔　指导教师：饶戎、韦诗誉

设计将热电厂改造后的功能定位为“具有多尺度亲水空间的未来水上活动中心”，利用青浦水文特征的“圩田”形态特点对场地内水路进行规划。场地运营考虑引入轨道船作为主要交通工具，外部河道中保留服务于城市的货船，在扩大水面区域设置游船活动，三种船只共同构建了场地的水上交通系统。

中央美术学院课程设计作品

薪炎重燃，浦城共生

设计点位：青浦热电厂改造项目

设计者：贺礼、赵桐、李梓赫、李璐　指导教师：虞大鹏、傅祎、岳宏飞

方案面对工业遗产建筑以“新旧结合”的态度，探索新的城市公共空间和文化的创造。在保留青浦热电厂工业文化的同时，结合生态旅游、现代商业、城市广场、艺术文化等多样化元素，策划并设计了富有多样性的城市复合公共空间，让青浦热电厂的余热在新时代重燃。

远香中央，蕊瓣花香

设计点位：嘉定远香湖会客厅

设计者：朱超、张国水、赵曰皓、史碧竹　指导教师：虞大鹏、傅祎、岳宏飞

设计在原有“文化环”基础上提出了“蕊瓣花香”的概念，使会客中心像花蕊一般统筹周边的散瓣建筑，从而使基地整体成花绽放。基于嘉定新城核心区公共文化带的定位，对建筑进行主题叙事营造，构筑新的嘉定远香会客中心。

上海交通大学课程设计作品

理想国的热电厂

设计点位：青浦热电厂改造项目

设计者：陈艺璇、杨格、李依杭、唐玲　　指导教师：张海翱、徐航

本项目对热电厂与烟囱转化为迷宫与灯塔的形式，进行精神化的探索，试图表达现代人的精神需求及生活状态。迷宫象征着精神世界的迷茫，作为公共展览空间，其本身作为大型公共装置的同时，将吸引本地创作者的艺术品入驻，赋予整个空间流动性、时效性及互动性。

解开一朵缠绕的云

设计点位：青浦热电厂改造项目

设计者：何雅欣、王竟闯、钱琨、马丽宝　　指导教师：张海翱、徐航

设计以思辨的方式表达对于历史遗产空间保护和更新的多重理解，基于建筑本体、历史想象和服务人群，在对其物质空间本体进行操作的基础上，利用插件化的设计策略打造多元的现代生活和生产场景，构建出一个可以持续发展完善的文化创意园区。

上海大学课程设计作品

嘉定文化聚落

设计点位：嘉定远香湖会客厅　设计者：涂小龙

指导教师：张维、李钢、谢建军、吴爱民、柏春、刘坤、魏枢

本设计将建筑与周边环境相融合，为市民提供可容纳日常性活动的标志性建筑。嘉定文化聚落将嘉定区的传统文化、未来将重点发展的科技文化以及当今流行的原创文化融合为一体，扩大了公共设施的受众群体，同时也体现了嘉定区的文化包容性。

多层系统构成艺术与公共相融的聚落

设计点位：嘉定远香湖会客厅　设计者：翟倚天

指导教师：张维、李钢、谢建军、吴爱民、柏春、刘坤、魏枢

通过“地上空间设置创作坊和日常性公共空间，将传统的展陈空间置于地下”这一新的空间逻辑的提出，来促进不同背景和年龄的居民的融合与交流，同时希望这一手法能够激活基地已有的建筑资源，并彰显嘉定传统江南聚落文化背景下的空间形式、结构和材料，形成新城中独具特色的公共空间。

6.3.2 设计赋能，高校联创
—— 2023 年学生设计竞赛征集

2023 年新城公共建筑及景观项目设计方案征集继续开展学生设计征集环节。在公共建筑及景观方案征集按计划推进的同时，市规划资源局联合同济大学发布“设计赋能，高校联创”学生设计征集公告，并邀请高校和行业的教授专家共同指导、评审参赛作品，评选对于新城规划设计有创新设想的优秀方案。

优胜方案

活力核

设计点位：嘉定马陆镇社区体育设施建筑概念设计

设计者：尹泽诚、芮典、程鑫宇　指导教师：刘刊　学校：同济大学

方案设计动线串接运动与观景，空间连通室内与室外，形成运动观景互通、室内室外一体的马陆镇社区体育“活力核”：通过场地动线的组织，形成体验丰富的活力运动步道，串接起室内室外的运动活力节点，打造下沉穿越的滑板公园和逐层而上的户外公共运动系统；利用标高的变化形成丰富的室内外运动空间，置入全时全龄的多彩体育活动。

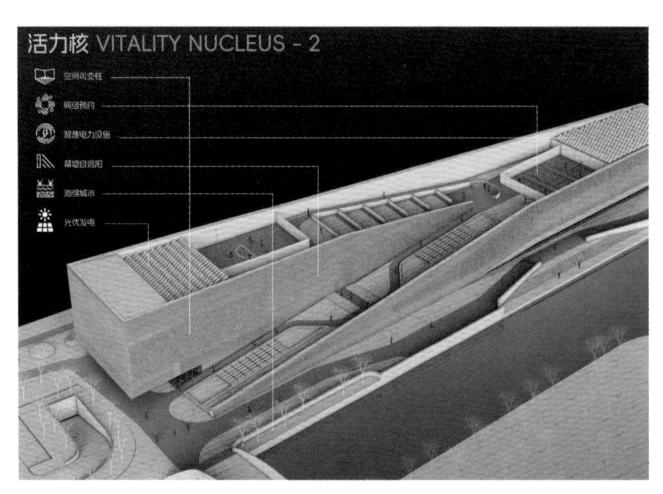

叠台翩跹

设计点位：南汇书院镇洋溢村公共服务中心建筑概念设计

设计者：姚佳欣、王静楠、张朕源、朱彦蓉　指导教师：王方戟　学校：同济大学

建筑基地四面环水，坐落在书院人家的民宿基地中，有着得天独厚的自然景观，建筑意向打造具有海派水乡风貌并契合书院镇本土文化的风貌建筑。以曲面单坡屋顶的错动和旋转形成建筑的基本体量，化整为零，低侧檐口亲水，上扬檐口打造通透界面，将四面的景色和光线引入室内，从外部形成蹁跹的动感。

织络连坊，百景绘城

设计点位：松江枢纽中央绿轴景观概念设计

设计者：凌嘉遥、宋万悦、张芃子、吴雨馨　指导教师：段威

学校：北京林业大学、北京理工大学、南京农业大学、东北林业大学

设计提取松江城水网筑基、多网交织的格局，提出“织络连坊，百景绘城”的设计概念，以纵横交织的形式组织各类功能空间，串以游廊，联系建筑与绿地，聚合周围组团，形成绿色健康、高效通行、智慧覆盖、惠民便利、开放共享的松江枢纽站前引力轴。

佳作方案

云端汇

设计点位：松江枢纽中央绿轴景观概念设计

设计者：姜木也、韩钰、陈清扬、王莉川　指导教师：张诗阳、蔡建国

学校：北京林业大学、苏州科技大学、浙江农林大学、海南大学

方案再现古代先民松郡九峰的生活场景，通过打造云间主脉动线，将历史场景进行现代转译，激活场地文化记忆，搭建跨越时代的感应与沟通，打造充满人文底蕴与未来想象的灵感绿轴。

6.4 新城设计展

新城设计展是面向公众展示新城规划设计工作成果的重要窗口，市规划资源局于 2022 年和 2023 年连续两年举办新城设计展，聚焦“新城发力”战略，集中展示“新城之新，在于创新”工作导向下的多项规划设计工作，积极探索集成联创的工作方法，形成常态化工作机制，以设计赋能持续推动新城品质提升。展览展出了新城规划设计工作的多项城市设计、建筑设计、景观设计的优秀成果，重点展示五个新城重点地区、专项评估、新城绿环和公共建筑及景观项目征集和人民建议意见征集成果。

新城设计展点位分布

6.4.1 设计赋能，未来之城—— 2022 年新城设计展

2022 年 10 月，以“设计赋能，未来之城”为主题的 2022 年上海新城设计展在上海城市规划展示馆拉开序幕，围绕推动“新城发力”战略以来全市上下聚焦新城规划设计，在新发展阶段贯彻新发展理念、构建新发展格局的新举措。基于设计如何为面向未来的新城建设服务这一脉络，展示五个新城规划设计的未来图景。

展览基于从谋划到行动、从自然到人居、从场所到建筑、从城市到区域、从个体到众创的五组关系，将整个展陈空间分为八个展示单元：

1）前言单元介绍了“新城发力”工作开展以来的整体目标和实施途径，以新城设计展的形式旨在展示上海新城规划建设的未来图景，思考设计如何以人民为中心，为面向未来的新城建设服务，从而激发新的行动方式与空间探索。

2）“新城发力，总体设计”单元展示五个新城围绕独立的综合性节点城市的总体目标，搭建起“1+6+5”的总体框架（1 份《关于本市“十四五”加快推进新城规划建设工作的实施意见》，6 份重点领域专项文件，5 个新城行动方案），实践五个新城总体城市设计，形成市区统筹联动、全面推进的良好态势。

3）“专项行动，建设赋能”单元围绕功能集聚提升、交通和生态筑底、民生服务保障、新理念落地实施四个方面，集中推进功能导入、产业发力、交通引导、蓝网绿脉、住有所居、公共服务提升、15 分钟社区生活圈、数字化转型、绿色低碳和安全韧性等十个专项行动，涵盖 36 项重点任务，全面推动五个新城社会经济发展。

4）“五城十区，示范引领”单元聚焦五个新城十个示范样板区的城市设计与控制性详细规划编制成果，展示示范样板区设计工作如何全面落实“最具活力”“最便利”“最生态”“最具特色”的发展要求，对标国际先进水平，挖掘区域资源禀赋，以规划实施为导向，践行产城融合、智能高效、低碳韧性、魅力品质等最新规划理念，并贯穿规划、建设、运营全过程的设计成果。

5）“人民城市，公共建筑”单元集中展示五个新城 10 个公共建筑方案征集活动中入围的 40 个优秀概念方案设计成果，持续推进优质教育、文化、体育等公共服务资源在新城布局，持续提升新城建设管理的精细化水平，展现优秀建筑理念对于公共建筑人民性和未来城市品质感的关注，让人们在新城感受更美好的生活。

6）“新城绿环，生态惠民”单元主要展示 2022 年年初五个新城开展新城绿环概念规划国际方案征集工作的成果，依托全域土地综合整治平台，将自然引入新城、将新城融入自然，构建“田园相嵌、蓝绿交织、森林环绕、绿道贯通、功能融合”的整体意象，打造五个新城各具特色、城乡融合、开放共享的大生态格局。

7）“油墩河谷，蓝绿长卷”单元展示油墩河谷综合设计通过空间意象研究、整体方案设计、实施方案深化等三阶段的设计成果，将油墩港航道工程打造成为全市市政工程提质增效、带动周边区域高质量发展的示范性项目，形成“一河、五段、十二单元、十八节点、三十六驿、九十九桥链”的总体空间格局，绘就一幅人与自然和谐共生的水韵长卷。

8）“公众参与，共同缔造”单元回顾了自 2021 年以来，围绕新城规划建设行动方案制订、新城绿环和公共建筑方案征集等多项工作，新城开展的多项人民建议征集和高校众创众规活动，并在展览中持续征求人民对于新城工作的各项建议，构建了人人可参与的新城共建、共治、共享、共创工作新格局。

整个新城设计展期间，聚焦新城示范样板区城市设计、新城绿环设计及公共建筑设计、人民建议征集等各项重点工作，举办了两场专题论坛。10 月 12 日开幕式后举办了“人民城市，未来之城”专题论坛，国内外相关优秀设计团队结合新城规划设计实践进行了研讨交流。11 月初围绕生态文明视角下的新城空间格局优化，举办了“设计赋能，油墩璀璨”专题论坛。结合油墩河谷设计成果，以方案研讨的形式，邀请参与油墩河谷设计的空间规划、景观设计团队首席和建筑专家共同开展研讨活动，为新城建构开放贯通的大生态格局、探讨蓝绿空间一体化设计提供新思路。

2022 新城设计展公众入口现场 © 夏至

"新城发力，总体设计" 单元现场 © 刘杰

"专项行动，建设赋能" 单元现场 © 刘杰

"五城十区，示范引领" 单元现场 © 刘杰

“人民城市，公共建筑” 单元现场 © 夏至

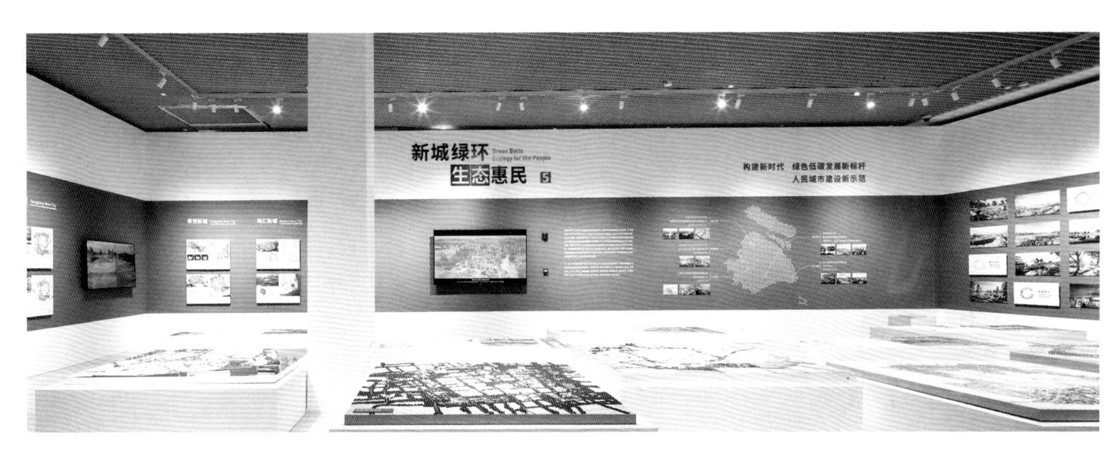

“新城绿环，生态惠民” 单元现场 © 夏至

“油墩河谷，蓝绿长卷” 单元现场 © 夏至

“公众参与，共同缔造” 单元现场 © 刘杰

6.4.2 集成设计，赋能新城—— 2023 年新城设计展

延续 2022 年的工作思路，2023 年新城设计展更加全面地展示了五个新城从建筑到场所、从城市到区域、从谋划到行动、从个体到众创的未来图景，展现览设计塑造空间、设计助推创新、设计服务人民的不同方向。设计赋能新城发展，相信高质量的规划设计必将使新城的未来工作与生活更加平衡、服务与交通更加智能、城市与自然更加融合、人文与个性更加突出。

本次展览共分为六个展示单元。

1）“新城发力，战略引领”单元主要回顾“新城发力”战略部署后阶段成果及新城规划设计工作历程，包括 2020 年谋篇布局、2021 年夯台筑基、2022 年乘势而上，2023 年全面发力，进入紧抓落实、跑出加速度、形成实物性工作量的新阶段。10 个示范样板区建设持续深入，“一城一中心”“一城一名园”“一城一枢纽”“一城一绿环”等专项工作全面铺开。

2）“人民城市，公共建筑”单元主要以 2023 年五个新城 15 个公共建筑及景观项目征集活动设计成果为载体，展示国内外高水平设计力量集聚推动新城公共服务设施高质量建设的过程，体现新城发展着力提升生态景观空间、教育医疗空间、社区服务空间品质，并积极回应人民群众提高生活品质的新需求。设计展期间也充分开放了人民建议征集渠道，听取人民意见。

3）“蕰藻新韵，吴淞创新”单元聚焦吴淞江—蕰藻浜航道工程和沿线地区，由国内外知名设计团队对标最高标准、最好水平开展方案设计，打造蓝绿交织、清新明亮的风貌特色，塑造连湖、串链、通江、达海鲜明水特色，创新创造功能集聚、滨水空间活力魅力彰显的上海大都市江南水廊发展带。

4）“三水八岸、十字水系”单元聚焦“黄浦江—金汇港—大治河三水交汇湾区周边地区”，多家国内外知名设计团队在功能定位、城市设计、建筑设计、景观设计、驳岸设计等方面从不同角度阐述了“三水交汇地区”未来发展的新格局，呈现高品质水岸空间的示范样板。

5）“生态之城，绿环熠彩”单元主要展示 2023 年五个新城绿环启动段实施方案和“大师园和云桥驿站”景观节点大师联创活动中的部分优秀作品。五个新城所在区政府（管委会）邀请国内外 25 位设计大师，通过协同联创的方式打造“大师园及云桥驿站”系列作品，围绕“整田、育林、理水、塑形、配套服务、公共艺术”等方面进行详细方案设计，塑造新城绿色发展新典范。

6）“创新之城，示范引领”单元主要展示新城创新理念和高质量发展推进过程中体现“新城之新”的六个方面，包括“新城可持续发展指数”暨“上海指数”在五个新城的创新主题应用，以及新城“十四五”以来在安全韧性建设、生态景观建设、绿色低碳建设、地下空间综合开发利用及数字化转型等五个专项领域的实施评估，展出一批有亮点、有特色、有示范性的创新实践案例。

2023 新城设计展公众入口现场 © 是然建筑摄影

“新城发力，战略引领”单元现场 © 是然建筑摄影

“人民城市，公共建筑”单元现场 © 是然建筑摄影

“蕰藻新韵，吴淞创新”单元现场 © 是然建筑摄影

“三水八岸、十字水系”单元现场 © 是然建筑摄影

“生态之城，绿环熠彩”单元现场 © 是然建筑摄影

“创新之城，示范引领”单元现场 © 是然建筑摄影

展览现场©刘杰

6.4.3 五个新城分站展览

展览期间，五个新城也同步设立分展场，全面展示每个新城各自的相关规划设计成果，让居住在新城的市民在家门口可以直观地感受到新城规划设计的美好蓝图。精彩纷呈的 1+5 “新城设计展” 全方位呈现了新城发展理念、展现了美好愿景、凝聚社会各方共识，推动上海五个新城迈向“最现代的未来之城”。

2022 年新城设计展五个新城分站展列表

新城设计展分站	设计展主题	地址
嘉定新城站	激越畛城，预见嘉境	嘉定区规划展示馆
青浦新城站	新筑未来，城载梦想	青浦新城规划展示馆
松江新城站	科技赋能，新城聚心，绿环串珠——设计赋能科创、人文、生态之城	青浦新城规划展示馆
奉贤新城站	设计点亮城市	奉贤规划资源展示馆
南汇新城站	未来共见，新城共建——创新设计点亮“滨海未来城”	临港新片区 AI 创新港

2023 年新城设计展五个新城分站展列表

新城设计展分站	设计展主题	地址
嘉定新城站	绿动嘉境，共绘新景	嘉定区嘉北郊野公园
青浦新城站	集成设计，赋能新	青浦新城规划展示馆
松江新城站	星河璀璨，点缀云间	松江区工人文化宫
奉贤新城站	设计创新境	奉贤区庄行郊野公园源生驿站
南汇新城站	美丽新城，绿意生活	临港新片区春花秋色公园一号营地

6.4.4 线上展览

新城设计展同步设立线上展览，通过扫描二维码，广大市民即可足不出户参观展览，还可通过互动留言功能发表对五个新城规划设计的意见、建议。

线上展览二维码：2022 年及 2023 年

新城设计展主展览和五个新城分站展览海报

图书在版编目（CIP）数据

设计赋能　集成营造：上海新城规划设计创新实践 / 上海市规划和自然资源局编著 . -- 上海：上海文化出版社，2024. 8.--（大都市营造系列丛书）. -- ISBN 978-7-5535-3036-9 （2025.1 重印）

Ⅰ . TU984.251

中国国家版本馆 CIP 数据核字第 2024KW2967 号

出 版 人　姜逸青
责任编辑　江　岱
装帧设计　孙大旺

书　　名	设计赋能　集成营造：上海新城规划设计创新实践
作　　者	上海市规划和自然资源局　编著
出　　版	上海世纪出版集团　上海文化出版社
地　　址	上海市闵行区号景路 159 弄 A 座 3 楼　201101
发　　行	上海文艺出版社发行中心
地　　址	上海市闵行区号景路 159 弄 A 座 2 楼　201101
印　　刷	上海雅昌艺术印刷有限公司
开　　本	889mm×1194mm　1/16
印　　张	21.5
版　　次	2024 年 8 月第 1 版　2025 年 1 月第 2 次印刷
书　　号	ISBN 978-7-5535-3036-9/TU.028
审 图 号	沪 S〔2024〕089
定　　价	198.00 元

告 读 者　如发现本书有质量问题请与印刷厂质量科联系。联系电话：021-68798999